黄河三角洲

//////////// 生态脆弱型人地系统研究

刘　凯◎著

U0380499

人民出版社

责任编辑:忽晓萌

图书在版编目(CIP)数据

黄河三角洲生态脆弱型人地系统研究/刘凯 著. —北京:人民出版社,
　2019.10
ISBN 978－7－01－021386－6

Ⅰ.①黄…　Ⅱ.①刘…　Ⅲ.①黄河-三角洲-生态环境保护-研究
　Ⅳ.①X321.2

中国版本图书馆 CIP 数据核字(2019)第 222246 号

黄河三角洲生态脆弱型人地系统研究

HUANGHE SANJIAOZHOU SHENGTAI CUIRUOXING RENDI XITONG YANJIU

刘　凯　著

人民出版社 出版发行
(100706　北京市东城区隆福寺街 99 号)

北京虎彩文化传播有限公司印刷　新华书店经销

2019 年 10 月第 1 版　2019 年 10 月北京第 1 次印刷
开本:710 毫米×1000 毫米 1/16　印张:17.5
字数:280 千字

ISBN 978－7－01－021386－6　定价:45.00 元

邮购地址 100706　北京市东城区隆福寺街 99 号
人民东方图书销售中心　电话 (010)65250042　65289539

前 言 | PREFACE

　　人地关系是地理学的研究传统，人地系统是地理学的研究核心。在典型区域人文—自然复合系统演化成为中国地理科学未来发展战略方向、"未来地球"计划为人文与经济地理学发展提供新机遇、人地关系日趋紧张的背景下，加强人地系统人文要素与自然要素相互关系与综合集成研究，建立人地系统的可持续发展模式，可促进典型区域人文—自然复合系统研究进一步深化，是丰富人地系统研究内容与基本范式的有效途径。黄河三角洲地理位置特殊、生态环境脆弱、人地关系复杂，可以视为典型的生态脆弱型人地系统，亟须建立可持续发展模式应对发展过程中的问题与矛盾。因此，以黄河三角洲生态脆弱型人地系统为案例进行生态脆弱型人地系统研究，不仅对于规避当前黄河三角洲的风险、优化国土空间开发宏观格局、推进生态文明建设和绿色发展具有重要意义，在一定意义上对全球三角洲降低损失和风险也具有警示作用。

　　全书主要包括八个部分：第一部分为绪论，主要分析了生态脆弱型人地系统的研究背景、研究意义、研究思路、研究内容、研究目标、研究方法、技术路线、特色与创新。第二部分为国内外研究进展与理论基础，从人地系统、脆弱生态环境与生态环境脆弱区、黄河三角洲可持续发展等三个方面进行研究综述，理论基础主要包括系统论、社会—经济—自然复合生态系统理论、人地关系理论、可持续发展理论、生态经济理论、主体功能区划理论。第三部分为生态脆弱型人地系统内涵、分类、构成与演变机理，通过分析这四个方面，为生态脆弱型人地系统实证研究提供理论基础。第四部分为黄河三角洲生态脆弱型人地系统概况和确定依据，从范围与位置、经济、社会和生态环境等四个方面对黄河三角洲人地系统进行介绍，通过位于多种介质的交错带导致先天生态环境基础脆弱、经济社会活动导致生态环境脆弱特征更加明显、生态环境脆弱进一步诱发人地系统脆弱性特征等因素，确定黄河三角洲为典型的生态脆弱型人地系统。第五部分为黄河三角洲生态脆弱型人地系统演变过程及驱动力，主要运用定量方法评价了黄河三角洲生态脆弱型人地系统的演变过程及内部子系统的相互关系，从人、地和供需两个视角分析了演变的主要驱动力。第六部分为黄河三角洲生态脆弱型人地系统脆弱性演变及影响因素，主要运用定量方法评价了黄河三角洲生态脆弱型人地系统脆弱性的时空格局演变以及导致脆弱性的主要影响因素。第七部分为黄河三角洲生态脆弱型人地系统可持续发展模式的选择，主要包括典型生态脆弱型人地系统可持续发展模式及启示，黄河三角洲生态脆弱型人地系统建立可持续发展模式的思路、原则、基本条件。第八部分为结论与展望，对全文进行总结并指出研究不足之处和展望。

刘凯

2018年12月于文澜楼

目 录 | CONTENTS

绪 论 ………………………………………………………………… **001**

第一章 生态脆弱型人地系统国内外研究进展与理论基础 ………… **020**

一、国内外研究进展 ……………………………………………… 020
  （一）人地系统研究 ………………………………………… 020
  （二）脆弱生态环境与生态环境脆弱区研究 ……………… 038
  （三）黄河三角洲可持续发展研究 ………………………… 042
  （四）研究评述 ……………………………………………… 048
二、理论基础 ……………………………………………………… 053
  （一）系统论 ………………………………………………… 054
  （二）社会—经济—自然复合生态系统理论 ……………… 055
  （三）人地关系理论 ………………………………………… 057
  （四）可持续发展理论 ……………………………………… 059
  （五）生态经济理论 ………………………………………… 060
  （六）主体功能区划理论 …………………………………… 062

第二章 生态脆弱型人地系统内涵、分类、构成与演变机理············ **064**

一、生态脆弱型人地系统内涵 ·································· 065
（一）基本概念 ·· 065
（二）基本特征 ·· 072

二、生态脆弱型人地系统分类 ·································· 076
（一）分类目标 ·· 077
（二）分类原则 ·· 079
（三）分类依据 ·· 081

三、生态脆弱型人地系统构成解析 ···························· 084
（一）生态脆弱型人地系统的要素 ························ 085
（二）生态脆弱型人地系统的结构 ························ 091
（三）生态脆弱型人地系统的功能 ························ 093
（四）生态脆弱型人地系统的子系统 ···················· 096

四、生态脆弱型人地系统演变机理 ···························· 099
（一）演变过程 ·· 100
（二）驱动机制 ·· 106
（三）可持续发展模式与优化调控 ························ 116

五、本章小结 ·· 121

第三章 黄河三角洲生态脆弱型人地系统概况与确定依据············ **123**

一、黄河三角洲生态脆弱型人地系统概况 ···················· 123
（一）范围与位置 ·· 123
（二）经济概况 ·· 126
（三）社会概况 ·· 129
（四）生态环境概况 ······································ 132

二、黄河三角洲生态脆弱型人地系统确定依据 ················ 134

（一）位于多种介质的交错带导致先天生态环境基础脆弱 ········· 134

（二）经济社会活动导致生态环境脆弱特征更加明显 ·········· 136

（三）生态环境脆弱进一步诱发人地系统脆弱性特征 ·········· 137

三、本章小结 ·············· 138

第四章　黄河三角洲生态脆弱型人地系统演变过程及其驱动力 ········ **139**

一、黄河三角洲生态脆弱型人地系统演变过程 ·········· 139

（一）指标体系 ·············· 139

（二）数据来源 ·············· 143

（三）研究方法 ·············· 143

（四）评价结果 ·············· 148

二、黄河三角洲生态脆弱型人地系统演变的驱动力 ·········· 170

（一）"人""地"视角下的驱动力 ·········· 170

（二）供需视角下的驱动力 ·········· 175

三、本章小结 ·············· 181

第五章　黄河三角洲生态脆弱型人地系统脆弱性演变及其影响因素 ··· **182**

一、黄河三角洲生态脆弱型人地系统脆弱性演变 ·········· 182

（一）指标体系 ·············· 182

（二）数据来源 ·············· 184

（三）研究方法 ·············· 185

（四）评价结果 ·············· 187

二、黄河三角洲生态脆弱型人地系统脆弱性演变的影响因素 ········ 203

（一）经济子系统脆弱性的影响因素 ·········· 203

（二）社会子系统脆弱性的影响因素 ……………… 205

（三）生态环境子系统脆弱性的影响因素 ………… 207

（四）人地系统脆弱性的影响因素 ………………… 209

三、本章小结 ……………………………………………… 211

第六章　黄河三角洲生态脆弱型人地系统可持续发展模式选择………　213

一、典型生态脆弱型人地系统可持续发展模式及启示 ………… 213

（一）北方农牧交错地区可持续发展模式 ………… 213

（二）西北干旱绿洲边缘地区可持续发展模式 …… 215

（三）西南干热河谷地区可持续发展模式 ………… 217

（四）南方石灰岩山区可持续发展模式 …………… 219

（五）启示 ……………………………………… 221

二、黄河三角洲生态脆弱型人地系统建立可持续发展模式的思路与原则

………………………………………………………… 221

（一）总体思路 ………………………………… 221

（二）基本原则 ………………………………… 222

三、黄河三角洲生态脆弱型人地系统建立可持续发展模式的基本条件

………………………………………………………… 223

（一）优势（Strength）条件 ………………… 224

（二）劣势（Weakness）条件 ………………… 225

（三）机遇（Opportunities）条件 …………… 227

（四）挑战（Threats）条件 ………………… 228

四、黄河三角洲生态脆弱型人地系统可持续发展模式 ………… 229

（一）SO 模式 ………………………………… 230

（二）ST 模式 ………………………………… 233

（三）OW 模式 ………………………………… 235

五、本章小结 ⋯⋯⋯⋯⋯⋯⋯⋯⋯⋯⋯⋯⋯⋯⋯⋯ 238

第七章　结论与展望 ⋯⋯⋯⋯⋯⋯⋯⋯⋯⋯⋯⋯⋯⋯ **239**

一、主要结论 ⋯⋯⋯⋯⋯⋯⋯⋯⋯⋯⋯⋯⋯⋯⋯⋯⋯ 240

二、不足与展望 ⋯⋯⋯⋯⋯⋯⋯⋯⋯⋯⋯⋯⋯⋯⋯⋯ 242

参考文献 ⋯⋯⋯⋯⋯⋯⋯⋯⋯⋯⋯⋯⋯⋯⋯⋯⋯⋯⋯ **245**

图目录

图1　研究技术路线 ……………………………………… 018

图1-1　人地关系论演变过程 …………………………… 021

图1-2　人地作用关系图 ………………………………… 026

图1-3　生态脆弱型人地系统的理论基础 ……………… 053

图1-4　社会—经济—自然复合生态系统示意图 ……… 056

图2-1　人地关系示意图 ………………………………… 066

图2-2　区域可持续发展三个子系统 …………………… 066

图2-3　脆弱性内涵扩展 ………………………………… 068

图2-4　人地系统脆弱性概念框架 ……………………… 069

图2-5　生态脆弱型人地系统分类 ……………………… 081

图2-6　生态脆弱型人地系统要素 ……………………… 085

图2-7　产业结构对于生态脆弱型人地系统的作用 …… 087

图2-8　生态脆弱型人地系统结构 ……………………… 091

图2-9　生态脆弱型人地系统要素、结构、功能的关系 … 094

图2-10　三个子系统作用方式演进 ……………………… 097

图2-11　生态脆弱型人地系统演变过程 ………………… 100

图2-12　生态脆弱型人地系统形成机制 ………………… 103

图2-13　供需驱动对经济增长的作用机制 ……………… 110

图2-14　生态脆弱型人地系统供需关系的类型 ………… 121

图3-1　黄河三角洲位置 ………………………………… 124

图3-2　黄河三角洲高效生态经济区位置 ……………… 125

图3-3　黄河三角洲人地系统位置与行政区划 ………… 126

图3-4 1990—2015年黄河三角洲人地系统GDP及占山东省GDP比重、GDP增长率 ···················· 127

图3-5 1990—2015年黄河三角洲人地系统和山东省人均GDP ········· 127

图3-6 1990—2015年黄河三角洲人地系统三次产业增加值比重 ········ 128

图3-7 1990—2015年黄河三角洲人地系统和山东省总人口 ········· 129

图3-8 2005—2015年黄河三角洲人地系统和山东省人口城镇化率 ······· 130

图3-9 1990—2015年黄河三角洲人地系统和山东省职工平均工资 ······· 130

图3-10 1990—2015年黄河三角洲人地系统和山东省城镇居民人均可支配收入 ···················· 131

图4-1 1991—2015年经济子系统指数演变 ················· 149

图4-2 1991年和2015年县域单元经济子系统评价结果 ········· 151

图4-3 经济子系统空间格局演变 ···················· 151

图4-4 1991—2015年社会子系统指数演变 ················· 152

图4-5 1991年和2015年县域单元社会子系统评价结果 ········· 154

图4-6 社会子系统空间格局演变 ···················· 154

图4-7 1991—2015年生态环境子系统指数演变 ············· 155

图4-8 1991年和2015年县域单元生态环境子系统评价结果 ······· 157

图4-9 生态环境子系统空间格局演变 ················· 158

图4-10 1991—2015年黄河三角洲生态脆弱型人地系统综合指数 ····· 159

图4-11 1991年和2015年县域单元生态环境子系统评价结果 ······ 161

图4-12 黄河三角洲生态脆弱型人地系统空间格局演变 ········ 161

图4-13 1991—2015年三个子系统的耦合度与耦合协调度 ······· 162

图4-14 1991年和2015年县域单元耦合度评价结果 ·········· 165

图4-15 黄河三角洲生态脆弱型人地系统耦合度空间格局演变 ····· 166

图4-16 1991年和2015年县域单元耦合协调度评价结果 ········ 167

图4-17 黄河三角洲生态脆弱型人地系统耦合协调度空间格局演变 ··· 167

图4-18 黄河三角洲生态脆弱型人地系统人类活动的自然地理环境响应指数 ···················· 169

图4-19 黄河三角洲生态脆弱型人地系统人类活动的自然地理环境响应度… 170

图4-20 "人""地"视角下黄河三角洲生态脆弱型人地系统演变的驱动力… 171

图4-21 1983—2014年黄河三角洲地区原油产量…………………… 173

图4-22 黄河三角洲生态脆弱型人地系统演变的供给驱动力………… 176

图4-23 黄河三角洲生态脆弱型人地系统发展动力转换 …………… 180

图5-1 1991—2015年经济子系统敏感性、应对能力和脆弱性评价结果 … 188

图5-2 1991—2015年经济子系统敏感性指标层评价结果 ………… 189

图5-3 1991—2015年经济子系统应对能力指标层评价结果 ……… 189

图5-4 1991年和2015年县域单元经济子系统脆弱性评价结果 …… 190

图5-5 经济子系统脆弱性空间格局演变 …………………………… 191

图5-6 1991—2015年社会子系统敏感性、应对能力和脆弱性评价结果 … 192

图5-7 1991—2015年社会子系统敏感性指标层评价结果 ………… 192

图5-8 1991—2015年社会子系统应对能力指标层评价结果 ……… 193

图5-9 1991年和2015年县域单元社会子系统脆弱性评价结果 …………… 194

图5-10 社会子系统脆弱性空间格局演变 …………………………… 194

图5-11 1991—2015年生态环境子系统敏感性、应对能力和脆弱性评价结果
……………………………………………………………………… 195

图5-12 1991—2015年生态环境子系统敏感性指标层评价结果…… 196

图5-13 1991—2015年生态环境子系统应对能力指标层评价结果… 196

图5-14 1991年和2015年县域单元生态环境子系统脆弱性评价结果…… 197

图5-15 生态环境子系统脆弱性空间格局演变 …………………… 198

图5-16 1991—2015年黄河三角洲生态脆弱型人地系统敏感性、应对能力和脆弱性评价结果………………………………………………………… 199

图5-17 1991年和2015年县域单元人地系统脆弱性评价结果………… 202

图5-18 黄河三角洲生态脆弱型人地系统脆弱性空间格局演变 ……… 202

图6-1 黄河三角洲生态脆弱型人地系统建立可持续发展模式的基本条件… 224

图6-2 黄河三角洲生态脆弱型人地系统可持续发展模式 ……………… 229

表目录

表1-1　可持续生计分析框架 ………………………………………… 042

表2-1　脆弱性概念演变 ……………………………………………… 068

表2-2　供给包含的内容 ……………………………………………… 111

表2-3　需求包含的内容 ……………………………………………… 113

表3-1　黄河三角洲人地系统主要生态环境问题 …………………… 134

表4-1　黄河三角洲生态脆弱型人地系统指标体系 ………………… 142

表4-2　三个子系统耦合协调类型划分 ……………………………… 146

表4-3　人类活动的自然地理环境响应关系类型划分 ……………… 148

表4-4　1991—2015年经济子系统准则层得分 ……………………… 150

表4-5　1991—2015年社会子系统准则层得分 ……………………… 153

表4-6　1991—2015年生态环境子系统准则层得分 ………………… 156

表4-7　1991—2015年黄河三角洲生态脆弱型人地系三个子系统耦合协调类型 ……………………………………………………………… 164

表5-1　黄河三角洲生态脆弱型人地系统脆弱性评价指标体系 …… 183

表5-2　1991—2015年黄河三角洲生态脆弱型人地系统应对能力障碍因素 … 200

表5-3　经济子系统脆弱性、敏感性和应对能力ADF单位根检验结果 … 204

表5-4　经济子系统脆弱性影响因素回归分析结果 ………………… 204

表5-5　社会子系统脆弱性、敏感性和应对能力ADF单位根检验结果 … 205

表5-6　社会子系统脆弱性影响因素回归分析结果 ………………… 206

表5-7　社会子系统脆弱性、敏感性和应对能力ADF单位根检验结果 … 207

表5-8　生态环境子系统脆弱性影响因素回归分析结果 …………… 208

表5-9　社会子系统脆弱性、敏感性和应对能力ADF单位根检验结果 … 209

表5-10　黄河三角洲生态脆弱型人地系统脆弱性影响因素回归分析结果 … 210

绪　论

一、研究背景

（一）理论背景

1. 人地关系地域系统（简称"人地系统"）是地理学的研究主题与研究核心。19世纪上半叶，以德国古典地理学大师洪堡（Alexander Von Humboldt）和李特尔（Karl Ritter）开辟新地理学事业为标志，地理学逐渐由古代地理学过渡到近代地理学，地理学者从那时起开始系统研究人类与自然界的相互关系。李特尔的名言"土地影响着人类，而人类亦影响着土地"，被认为是对人地关系最早的系统阐述（杨吾扬，1989）。直到20世纪20年代，人地观点一直在地理学思想中起主导作用，是地理学的主流观点。美国地理学家帕蒂森归纳总结出"地理学的四个研究传统"，即空间传统、区域研究传统、人地关系传统和地球科学传统（Pattison，1964）。美国当代著名地理学家特纳认为地理学有四个实质性的研究传统：地方—空间、人类—环境、自然地理和地图科学（Turner II，2003）。其中人地关系传统和人类—环境研究传统体现出人地关系研究在地理学中的重要地位，也是人地关系地域系统研究的重要支撑，为人地关系地域系统成为地理学研究主题与核心奠定基础作用。在传承地理学人地关系研究传统的基础上，1979年吴传钧院士在中国地理学会第四次全国代表大会所作报告《地理学的今天与明天》中指出"地理学的研究主题是人地关系的地域系统",并且在90年代初进一步指出"人地关系地域系统是地理学的研究核心"(吴传钧,1991)。陆大道院士认为人地关系地域系统是地球表层系统研究核心(陆大道,2002)。近年来,中国人地关系地域系统的研究内容不断丰富、研究领域不断扩展、研究理论不断深化、研究方法不断创新(刘凯,2016),虽然当前中国和世界的剧烈转型会影响到学科发展,但人地系统仍是地理学尤其是人文与经济地理学的理论方向(Fan,2016;陆大道,2017),人地关系论作为地理学研究的核心地位在巩固中得到提升,并且已经赶上了西方发达国家相同阶段的理论研究水平(毛汉英,1995;方创琳,2005)。

2. 生态脆弱型人地系统是人地系统研究领域的薄弱环节。地理环境不仅受到自然营力和全球变化等因素的影响,不同时空尺度的地理环境受作用范围逐渐扩大、强度逐渐提高的人类活动影响越来越深刻,陆地表层系统的水、土、气等要素发生剧烈变化。信息化和科学技术发展、经济和社会急剧转型导致人类活动理念碎片化和一体化并存,人类活动方式"面"上泛化与"点"上深化并存。纯粹的地理环境和纯粹的人类活动已越来越少,导致人与地之间的时空交互耦合程度加深、界面模糊,人与地相互作用的内生化趋势加剧、复杂性程度提高。伴随人地关系走向复杂的是人地矛盾的产生和人地关系的恶化:在人作用于地的过程中,往往由于人类活动的方式不合理以及强度过大从而对地理环境产生消极影响,带来资源枯竭、环境污染、生态破坏、温室效应、自然灾害等一系列自然环境问题;在地反作用于人的过程中,遭到破坏的自然环境又必然对经济社会可持续发展带来"阻尼"效应,使人类文明的进步受到限制。人地相互作用的综合研究与表达是人地系统研究的难点与薄弱领域(樊杰,2014),也是决定未来地理学前途和命运的关键问题(郑度,1994;美国国家科学院研究理事会,2011)。而日益复杂的人地关系进一步导致人地矛盾辨析困难,人地关系的恶化进一步导致人地系统调控难度增加,所以,需要运用新的视角和工具强化对典型人地系统的研究。虽然人地关系与人地系统研究在国内已经比较成熟，但通过不同视角对人地系统进行分类，对特殊性和典型性的人地系统进行系统深入研究是人地系统研究领域值得突破之处。生态脆弱型人地系统因其内部自然要素和人文要素存在复杂的作用关系，并且其可持续发展面临生态环境脆弱和经济社会活动不合理的双向瓶颈制约，可以视为特殊性和典型性的人地系统。现有的从资源、能源、生态、环境、社会、产业等不同视角研究生态环境脆弱区的文献（常春艳，2015；崔秀萍，2015；毛晓曦，2016），多从单个结构或单个要素层面上分析生态脆弱区产生的原因或作用机制，不足以从综合视角揭示生态脆弱型人地系统内部人类活动与自然地理环境之间的作用机制以及人地系统与外部环境之间的作用机制。而随着生态脆弱型人地系统人与地之间的矛盾日益突出，如何实现生态脆弱型人地系统可持续发展已经成为迫切需要解决的问题。只有在认识生态脆弱型人地系统的历史与现状特征基础上，了解其内部要素作用机理、整体演化过程，提炼出生态脆弱型人地系统的可持续发展模式并提出优化调控措施，才能促进现有人、地矛盾的解决。所以，需要从已有的研究中归纳与提升相关理论，在对人地系统进行分类的基础上，对已有生态脆弱型人地系统经济、社会与生态环境的研究进行提升性的归纳集成，系统形成生态脆弱型人地系统的研究理论与框架。

3. 典型区域人文—自然复合系统的演化成为中国地理科学未来发展的战略方向。综合性和区域性是地理学两大基本属性（傅伯杰，2014），综合性需要以人文和自然要素多样化与复杂性来体现，区域性则要求进行区域分异和典型区域研究。中国地理科学未来发展有九大战略方向，其中之一便是"典型区域人文—自然复合系统的演化"（傅伯杰，2015）。典型区域人文—自然复合系统演化研究需要在典型区域人文要素和自然要素耦合与综合集成的基础上，进行格局、过程与机理的系统研究。地理学研究地球表层人类活动与地理环境相互作用的机理，其综合性和系统性理念引领现代地球科学发展趋势。伴随岩石圈、水圈、生物圈、大气圈和人类智慧圈交互作用不断深化和过程不断复杂，表现形式日益多样化的人地关系为地理科学发展提供了新的机遇。因此，以"多维视角、综合集成、人地协调"的地理学先进理念为指导，以生态脆弱型人地系统为案例，研究自然要素与人文要素综合集成与相互关系，加深对典型地区人地复杂系统全面而综合的理解，符合中国地理科学未来发展方向。

4."未来地球"计划为人地系统和区域可持续发展研究提供新机遇。"未来地球"计划旨在提出系统解决可持续发展问题方案的学术思想、顶层设计、核心内容、研究方法等（樊杰，2015），整合现有全球变化与可持续发展领域的研究项目，推动科学家、政府部门、企业部门、资助机构"共同设计、共同实施、共享成果"，加强自然科学与人文社会科学的交叉与融合，为应对全球变化提供科学知识和技术方法，以期实现全球和区域经济、社会、生态环境协调与可持续发展（刘凯，2016）。"未来地球"计划为地理学研究人地系统的未来走向和区域可持续发展的战略方向提供了充分的参考价值。应该重视人类活动在人地系统变化过程中具有的影响和产生的响应研究，提供解决人地系统协调与可持续发展问题的理论解释和优化建议。以人地相互作用关系和人地耦合系统为研究对象，分析生态脆弱型人地系统内部人类活动对生态环境的影响以及生态环境对人类活动的反馈，研究生态脆弱型人地系统实现可持续发展的人类应对策略与调控行为，提升对生态脆弱型人地系统时空格局变化的评估水平和预测能力，可以完善对区域可持续发展调控过程和管制模式、建立区域可持续发展体制机制。

（二）现实背景

1. 中国经济高速增长引发严重的生态环境问题，其根源在于人地关系恶化。改革开放以后，中国经济建设取得举世瞩目的成就，从1978年到2015年，GDP由3650.2亿元上升到689052.1亿元，人均GDP由382元上升到49992元，经济总量稳居世界第二位；经济结构不断优化，第一产业稳定增长，第三产业增加值占GDP比重超过第二产业；城镇化率由17.9%提升到54.77%，提高了城乡生产要素配置效率，促进了城乡居民生活水平全面提升。但是高速积累的经济无法掩盖发展质量偏低导致的空间开发粗放低效问题以及发展理念落后导致的资源约束趋紧问题，经济社会与资源环境及其承载能力之间不能协调发展（徐勇，2016；刘凯，2016），土地退化、荒漠化严重、城市雾霾、资源短缺、环境污染、耕地与湿地减少、生物多样性锐减等问题凸显，从而导致生态环境持续恶化的趋势没有得到根本扭转。在世界范围内，二战后的和平发展环境以及科学和技术水平提高，极大促进了西方发达国家的经济发展，这些国家的工业化进入中期阶段，人口急剧增加，城市规模扩大，人类为了追求最大的经济利益，忽视了自然环境本身所具有的价值，在生产和生活过程中向自然界肆意索取，并且把产生的大量废弃物排入自然界，环境污染和生态破坏问题已由地区性蔓延到全球性，因为人类利用自然和改造自然的不合理行为造成的生态与环境问题，最终以负面的消极的影响反作用于人类的生产和生活，甚至威胁到人的生命。生态环境问题产生的根源在于错误发展观导致的人地关系恶化。在这种背景下，人类不得不重新审视自身的社会经济行为，重新定位"地"的地位，重新认识"人"与"地"的关系，进而反思已有错误的发展观及其背后的价值观、自然观和伦理观。1972年在斯德哥尔摩举行的联合国人类环境大会正式提出"可持续发展"概念，1992年在里约热内卢召开的世界环境与发展大会通过了《里约环境与发展宣言》和《21世纪议程》，可持续发展这一新发展理念在全球达成共识。中国政府为贯彻联合国环境与发展大会精神，颁布《中国21世纪议程——中国21世纪人口、环境与发展白皮书》；党的十八大以来，绿色发展和生态文明建设的地位逐渐突出，习近平总书记对"两山论"进行深刻分析，并进一步在十九大报告提出"人与自然是生命共同体"的新思想。因此，亟须在人地协调理念下，把"人"与"地"视为统一整体，系统地处理发展过程中出现的人地矛盾问题，建立可持续发展模式，实现人地和谐发展。

2. 生态脆弱型人地系统在人文和自然因素的双重影响下矛盾与问题较为集中。生态脆弱型人地系统由于其特殊的生态环境本底，容易受到人类社会经济活动扰动，并且遭受破坏后难以恢复，具有系统抗干扰能力弱、对全球气候变化敏感、时空波动性强、边缘效应显著、环境异质性高等典型特征，从人与自然相互关系的角度来看，具有先天生态环境基础脆弱、后天人类开发强度大、先天和后天因素共同影响下的生态环境脆弱性引发人地系统脆弱性等基本特征。中国是世界上生态脆弱型人地系统地域分布面积最大、脆弱生态类别繁多、生态脆弱性影响比较严重的国家之一，同时部分生态脆弱型人地系统与中国保护国土安全、进行生态保育和恢复建设的重要的生态功能区在空间上产生重叠。中国生态脆弱型人地系统大多位于生态系统过渡区、自然要素的交错带，是目前生态问题突出、经济相对落后和人民生活贫困区，也是中国环境监管的薄弱地区。由于人口压力较大，开发模式不合理，造成的土地退化、水土流失、生物多样性减少等生态灾害以及日益频繁的自然灾害，使得生态脆弱型人地系统的生态环境状况日趋恶化，成为中国生态安全及社会发展的潜在危机。生态脆弱、环境恶化、自然灾害多发、经济滞后、社会贫困等不同问题错综复杂，循环累积，经济增长、脱贫致富、生态恢复重建与保育等各种区域协调与发展的任务交织叠加，使得生态脆弱型人地系统的协调发展成为关乎中国生态文明建设的重要问题，亟须在人地系统框架内进行优化调控，以实现生态脆弱型人地系统可持续发展。

3. 作为典型的生态脆弱型人地系统，黄河三角洲亟须建立可持续发展模式应对当前的问题与挑战。在海平面上升和人类超强度开发导致湿地面积萎缩、生态环境恶化的压力下，全球河口三角洲面临的风险逐渐严重。黄河三角洲土地资源优势突出，未利用地面积大，但是以盐碱地为主，开发利用难度大；经济区位优越，位于中国环渤海经济圈南翼，是连接京津冀城市群与山东半岛城市群的中间地带，但是重大交通设施相对滞后，对外通达性不高，导致经济区位优势难以完全发挥，尤其表现在港口规模小、功能弱、配套不完善，疏港铁路及连接周边中心城市的干线铁路建设滞后，内外高速公路网络不健全；自然资源较为丰富，石油、天然气、岩盐等资源储量大，是中国重要的能源基地以及海盐和盐化工基地，但是在资源开发利用过程中对生态环境产生较强的扰动，并且经济以重化工业为主的结构性矛盾较为突出；生态系统独具特色，是世界上典型的河口湿地生态系统，但也是中国成陆时间最晚的土地，生态环境敏感且脆弱，淡水资源不足，自然灾害多发，脆弱的生态环境引发人地系统产生一系列问题。总体而言，黄河三角洲属于典型的生态脆弱型人地系统，经济社会与资源、环境、生态协调发展的任务繁重，尤其以自然地理概念上的黄河三角洲为区域主体的黄河三角洲高效生态经济区成为国家战略后，伴随开发强度不断加大，黄河三角洲生态脆弱型人地系统开发与保护之间的矛盾逐渐明显，因此需要建立黄河三角洲可持续发展模式，以期实现黄河三角洲生态脆弱型人地系统优化协调发展。

二、研究意义

（一）理论意义

1. 对典型人地系统类型剖析和深化研究，有助于实现人地系统深化研究和地理学综合研究的相互促进。所谓典型人地系统类型是根据自然界在地域空间上形成差异的自然地理地域功能类型（本底条件）基础上，结合后天人类生产和生活活动所履行的综合职能和发挥的作用形成的地域功能，对其功能属性进行的归类划分。人地系统类型可以根据功能区人和地的主导功能属性以及人、地互为作用的综合功能属性划分，按照人、地互为作用的综合功能属性大体可以划分为人地关系比较敏感的（人超强度开发，或者生态环境本身脆弱）生态脆弱型地域类型、系统内部各要素相互关系比较均衡的稳定型地域类型等。由于人地关系在不同区域之间存在着不同的特点和矛盾，即便在同一区域内部具有不同层次和尺度区域的人地关系同样存在较大差异，加之人与地之间及其内部要素之间、要素不同组合之间关系复杂难解，因此，需要在人地耦合基础上选择典型区域的人地系统进行综合剖析。一方面，典型区域人地系统的综合剖析依托陆地表层系统特定地域的自然环境及其附着在其上的人类活动，以过程归纳、区域比较、定性分析、逻辑判断等方法为基础，追溯长期以来人地耦合的作用过程、空间格局和影响机理，进一步通过优化调控的手段实现人地系统可持续发展，可以发挥地理学人地系统研究优势从而实现人地系统研究的不断深化。另一方面，自然科学和社会科学所属体制的分立，一定程度上加剧了地理学的二元分化现象，单独的自然科学或社会科学难以揭示人地关系的复杂格局和过程（Alberti等，2011），导致地理学交叉学科的优势难以发挥、性质难以达成共识（陆大道，2002；陆大道，2014）；片面追求"国际前沿"和"国际一流"的导向使得地理学的综合研究难以取得实质性突破（陆大道，2015）。人地系统是连接自然圈层和人文圈层的重要枢纽，人地系统综合研究不仅涵盖了以"地域——人地关系——可持续发展"为横轴、以"因素与机理——功能与系统——过程与格局——尺度与界面"为纵轴的人文与经济地理学研究的关键学科问题（樊杰，2013；樊杰，2014），而且其强调的功能属性、系统属性、协调属性、可持续属性是凸显地理学综合研究的关键所在（樊杰，2008），因此，加强典型区域人地系统研究是实现地理学综合研究以及发挥交叉优势的有效途径。把生态脆弱型人地系统作为一类典型的人地系统，认识生态脆弱型人地系统的基本特征，了解内部要素的相互关系和演化过程，并建立生态脆弱型人地系统的可持续发展模式，有助于深化人地系统的研究内容与领域，丰富人地系统研究基本范式。当今社会发展导致人地关系和人地系统的复杂性越来越明显，使空间差异上的人地系统类型研究比较薄弱，鲜见比较深入的典型实证及尺度间关联研究。通过对黄河三角洲的解剖和研究，为生态脆弱型人地系统提供实证案例，通过建立可持续发展模式，进而指导生态脆弱型人地系统的优化调控，给"人"能动调控的制度设计提供依据。

2. 对生态脆弱型人地系统人文要素与自然要素相互关系与综合集成研究，可促进典型区域人文—自然复合系统研究进一步深化。如果说地理学是自然科学和社会科学的"桥梁科学"（马蔼乃，2005），那么人地系统研究就是连接自然地理学、人文与经济地理学的重要枢纽。河海交错、海陆兼备、本底脆弱又正值开发旺期的黄河三角洲，作为生态脆弱型的人地系统类型，是一个极具典型意义的人文—自然复合区域，且这种中观尺度生态脆弱型人地系统的研究相对较少。坚持人文—自然要素综合集成，运用地球科学的系统视角和多学科工具分析解剖这类典型区域人地关系协调和时空格局变动，将有益于复杂三角洲系统的保护，同时也有益于泛三角洲区域的可持续发展，为中国典型区域人文—自然复合系统的演化研究做出典型示范。人地系统的分类一直是一个比较复杂、难以客观划分的命题，以往的研究大多突出了自然因素为主导功能的类型研究，重视自然因素对人地系统的影响，而忽略了人文因素尤其是人文—自然复合系统的演化过程研究。而在大的时空尺度上人地矛盾的恶化往往集中反映在一些典型区域，对这些典型区域的深入研究，不但可以为探索大尺度空间分异规律提供案例支持，同时也可以为典型区域缓解人地矛盾，推动可持续发展提供指导，实现典型区域人文—自然复合系统研究进一步深化。

3. 在人地关系框架下研究可持续发展问题，可有效贯穿人地关系理论在区域可持续发展研究中的理论指导作用。可持续发展是涉及地理学、经济学、环境科学、生态学等一系列学科的综合性概念。区域可持续发展是特定区域全面协调发展、长期持续发展和内部平衡协调发展的过程，是可持续发展理念落地后的具体表现。区域可持续发展系统的构成及其相互关系复杂，经济、社会、生态环境三个子系统之间不断进行物质、能量、信息的流动转换，最终实现经济效益、社会效益和生态环境效益最大化，其实质是人地协调、资源优化配置、由低级到高级、由简单到复杂的演变过程。地理学可为可持续发展战略提供理论基础（陆大道，2002），其中，人地关系理论能够较好地揭示区域可持续发展系统整体过程与机理，反映内部子系统的相互作用关系，并且指导于可持续发展的实践。人地关系理论将资源、环境、生态、社会、经济、发展等问题高度凝练为"人"与"地"之间的相互作用关系，进而推进到以区域为研究落脚点的人地系统与可持续发展问题，为区域内部经济、社会与生态环境协调发展提供了高度概括与凝练的理论指导，促进经济、社会与生态环境协调发展的同时，为其成为可持续性科学研究内容提供了理论基础。

（二）实践意义

1. 加强生态脆弱型人地系统的可持续发展研究，对于优化国土空间开发宏观格局、推进生态文明建设具有重要意义。通过分析生态脆弱型人地系统的基本条件，建立生态脆弱型人地系统的可持续发展模式，有助于促进生态脆弱型人地系统规避已有的矛盾与问题，实现"人"与"地"协调发展。经过改革开放近40年的发展，中国区域发展差距的内涵和内容不断发展变化，逐渐从重视和缩小地区之间的经济发展水平差距，转向在尊重地区客观自然差异的基础上，重视和缩小地区间的社会发展差距、改善和恢复生态环境的保护与建设。在主体功能区规划中，生态脆弱型人地系统的定位往往属于限制开发区和优化开发区，开发建设过程中需要根据其资源环境承载能力、现有开发密度和发展潜力，合理指导人类活动，协调人地关系，从而实现生态脆弱型人地系统可持续发展，尤其需要突出自身的生态地位、实现自身的生态功能，在高一层次区域范围内实现生产空间、生活空间与生态空间的均衡，对于优化我国国土空间开发宏观格局、实现生产—生活—生态空间均衡具有重要指导意义。生态脆弱型人地系统建立可持续发展模式需要参考限制开发区和优化开发区的定位，要坚持保护优先、在保护中发展，坚持适度开发、严格依据资源环境承载能力，坚持点状发展、加强外围地区的生态保护和环境改善，通过建立可持续发展模式引导生态脆弱型人地系统经济、社会与生态环境协调发展。

2. 建立可持续发展模式，对黄河三角洲可持续发展的实践具有重要指导作用。党的十八大以来，国家高度重视生态文明建设，相继提出"美丽中国""尊重自然、顺应自然、保护自然""绿水青山就是金山银山""人与自然生命共同体"等一系列新理念,党的十八届五中全会确立的"五大发展理念"重点强调了绿色发展理念,党的十九大报告提出"人与自然和谐共生现代化"目标。可见,生态文明、人与自然和谐共生是中国未来发展的必然选择。黄河三角洲脆弱的生态环境无法满足人民日益增长的美好生活需要和优美生态环境需要。黄河三角洲面对的问题、现实需求、空间分异和未来发展目标选择都受到生态脆弱的制约,因此,对黄河三角洲可持续发展模式选择和优化调控措施确定是审慎的,"三生"空间的合理匹配和综合效益目标的追求以及人地关系的协调发展对该类型人地系统尤为重要。另外,经济全球化、国家区域发展战略、供给侧结构性改革对这类处于旺盛开发期的"处女地"具有很强大的冲击力,人类后天开发以及需求不断增加会给这类人地系统带来很大的扰动。在系统分析黄河三角洲生态脆弱型人地系统演变规律的基础上,分析黄河三角洲生态脆弱型人地系统脆弱性的演变过程及其影响因素,可持续发展的思路、原则和条件,针对不同问题把不同条件进行优化组合,提出切实可行的不同类型的可持续发展模式以及对策建议,协调系统内部不同要素的矛盾和利益分配,使黄河三角洲处于循环再生、协调共生、持续自生状态,达到整体协调、共生协调、发展协调目标。通过建立可持续发展模式,一方面,可以提供更多优质生态产品以满足黄河三角洲日益增长的优美生态环境需要,创造更多物质财富和精神财富以满足黄河三角洲日益增长的美好生活需要;另一方面,通过改善人地关系、协调人地之间的尖锐矛盾,可以推动黄河三角洲形成人与自然和谐发展的现代化建设格局。

3. 研究黄河三角洲可持续发展模式,对全球告急的三角洲降低损失和风险的警示作用。在海平面上升、全球环境变化、人类高强度开发带来的一系列负面影响下,河口三角洲生态环境恶化、面积萎缩等问题成为全球范围内的普遍问题,联合国及有关国际组织近年来正在呼吁为降低损失和风险,建立基于科学研究的全球三角洲保护策略。在国际科学理事会(International Council of Science)与三角洲联盟(Delta Alliance)等组织的支持下,未来地球与可持续发展三角洲计划(Future Earth and Sustainable Deltas 2015)已正式启动。全球呼吁联合国的相关机构牵头成立专家团队来协调现有的国际和国家行动，呼吁各国政府加快相关科学调查、扩大检测与预报项目，对研究方向和公共民意施加影响。但是全球面对的现实是三角洲都是人口密集、城市集中的区域，据统计世界上有超过5亿人口生活在三角洲地区，保守估计，世界主要三角洲带来的经济效益和生态效益高达万亿美元级别。已经得到成熟开发的三角洲面对问题多是从工程措施入手遏制萎缩，并没有反思和调整人类自身的生产行为和发展模式。而对于像黄河三角洲这样得到国家战略扶持，正处于开发旺盛期的重点开发区，长期以来地方政府一直误以为这里还是造陆不断（1950—1980年，得益于上游每年10亿吨泥沙，每年造3万亩土地）的中国最年轻的土地。殊不知随着海平面上升和上游水利工程导致泥沙减少，自然地理意义上的黄河三角洲面积已发生了很大变化。同样面临风险的黄河三角洲面对地方政府强大供需变动意愿，是否意味着可持续发展的风险加大？因此，从自然地理上的黄河三角洲脆弱的生态环境入手，同时叠加人类开发活动过程和空间变化，可以探索黄河三角洲生态脆弱型人地系统的机制和规律，为缓解全球三角洲的压力，降低黄河三角洲发展风险，警示当下开发者转变发展观提供支持。

三、研究方案

（一）研究思路

人地系统是人类活动与地理环境相互作用形成的复杂系统，随着人类活动广度与深度的扩展，地球表层不同圈层以及不同要素之间交互作用和过程不断深化，复杂的人地关系不断为地理学展开人地系统研究提供新机遇，同时也给研究领域带来诸多挑战。面对日益复杂的人地系统，如何选取具有特殊性和典型性的人地系统类型进行深入研究以丰富人地系统的研究内容与范式？面对生态脆弱型人地系统，如何通过系统分析其概念与特征、分类、构成、演变机理等基本理论问题，提炼出生态脆弱型人地系统的基本理论分析框架？在生态脆弱型人地系统基本理论分析基础上，如何通过定量方法研究其时空格局演变过程、脆弱性时空格局演变过程以及建立可持续发展模式？这些皆是理论与实践研究过程中需要解决的问题。本书就是基于对上述问题的思考，按照从理论研究到实践探索，从一般规律到特殊实证的整体思路，对生态脆弱型人地系统进行理论与实证研究。首先，在生态脆弱型人地系统研究进展和理论基础分析的基础上，提出生态脆弱型人地系统的基本概念和内涵，分析生态脆弱型人地系统的分类依据、基本构成与演变机理，试图深入分析生态脆弱型人地系统的基本理论问题，初步建立生态脆弱型人地系统的基本理论分析框架。其次，对生态脆弱型人地系统进行理论分析的基础上，选择黄河三角洲作为典型的生态脆弱型人地系统进行实证研究，分别分析黄河三角洲生态脆弱型人地系统演变过程及其驱动力、人地系统脆弱性演变过程及其影响因素。最后，在对黄河三角洲生态脆弱型人地系统可持续发展总体思路、基本原则、基本条件分析的基础上，提出黄河三角洲生态脆弱型人地系统可持续发展模式与对策措施。

（二）研究内容

1. 生态脆弱型人地系统的内涵、分类、构成与演变机理等基本理论问题。生态脆弱型人地系统是根据综合划分方法、依据不同视角而得出的一种特殊类型的具有典型性的人地系统。生态脆弱型人地系统的内涵主要包括基本概念和基本特征两个方面；在生态脆弱型人地系统分类目标和原则基础上，根据分类依据划分为不同类型；在生态脆弱型人地系统构成方面，分析了其要素、结构、功能和子系统，以期对生态脆弱型人地系统的组成进行详细分解。具体分析了生态脆弱型人地系统的演变机理，包括演变过程、驱动机制和可持续发展模式。

2. 黄河三角洲生态脆弱型人地系统的演变过程及其驱动力。将经验科学、实证科学、系统科学等研究范式与人地系统研究有机结合，运用经验科学的过程记载判断人地系统"一方水土养一方人"的文化积淀；利用实证科学的典型案例研究范式从归纳走向演绎规律的探讨；运用系统科学综合集成思想研究自然人文互为作用机制及系统综合体的协调演化。首先从经济、社会与生态环境三个方面分析了黄河三角洲生态脆弱型人地系统的基本概况，提出黄河三角洲生态脆弱型人地系统成为生态脆弱型人地系统的基本依据；其次运用定量方法，综合评价黄河三角洲生态脆弱型人地系统的整体演变过程，经济、社会、生态环境三个子系统的耦合度与耦合协调度，"人"与"地"之间的响应指数和响应度；最后从"人"和"地"、供给和需求的角度，分析黄河三角洲生态脆弱型人地系统演变的驱动力。

3. 黄河三角洲生态脆弱型人地系统脆弱性演变过程及其影响因素。脆弱性已经发展成为当今可持续性科学的前沿领域与热点问题，对于生态脆弱型人地系统而言，定量评价其脆弱性并且分析其中的影响因素，对于规避风险、建立可持续发展模式具有指导意义。根据人地系统脆弱性内涵，通过脆弱性评价模型，对黄河三角洲生态脆弱型人地系统的脆弱性进行综合评价，运用障碍度模型、线性回归分析等方法，找出黄河三角洲生态脆弱型人地系统脆弱性的影响因素。根据定量评价得出的结果，对黄河三角洲生态脆弱型人地系统规避已有的脆弱性因素、预防潜在的脆弱性因素，从而为建立可持续发展模式提供参考与借鉴。

4. 黄河三角洲生态脆弱型人地系统可持续发展模式研究。在明确可持续发展目标的前提下，依据发展转型视角下黄河三角洲生态脆弱型人地系统演变与驱动力、脆弱性演变与影响因素研究，对未来黄河三角洲生态脆弱型人地系统可持续发展的基础条件进行分析与判断，明确可持续发展思路和原则，把优势、劣势、机遇、挑战等不同条件进行优化组合，提出黄河三角洲生态脆弱型人地系统不同的可持续发展模式，以及与可持续发展模式相对应的切实可行的措施与建议，为黄河三角洲不同级别政府的发展水平考核、优化区域环境、切实推进区域可持续发展提供决策依据。

（三）研究目标

1. 发挥地理学的"多维视角、综合集成和人地协调"先进理念，借鉴系统论、生态学、经济学相关理论基础，分析内涵、分类、构成、演变机理等生态脆弱型人地系统研究的基本理论问题，初步建立生态脆弱型人地系统理论分析框架，为生态脆弱型人地系统的实践提供理论指导。同时，尝试确定生态脆弱型人地系统类型的划分依据与确定标准，提出生态脆弱型人地系统判别标准，并通过对典型区的解剖总结特殊性的规律，为不同尺度空间人地系统类型地域分异规律的完善奠定研究基础。

2. 试图将人、地互为作用机理研究渗透，深层次地挖掘人类的开发活动对"地"的改造利用甚至掠夺的演变过程及所形成的时空格局，最终定量判断黄河三角洲生态脆弱型人地系统整体演变过程和脆弱性演变过程。追溯人地关系长期互为作用驱动力及空间过程分异规律，推动区域可持续发展，涵盖了"过程+格局（地理事象的时空格局）、因素+机理（地理事象时空格局的影响因素及动力机制）、功能+系统（地理事象耦合形成的地域功能和地域系统）、尺度+界面（研究区位到空间结构的集成、不同空间尺度功能与结构的转换、区域依赖性、不同圈层的耦合——复合——变异过程等）"等人文地理学过程和格局研究的关键学科问题，把这些关键学科问题应用于定量研究，反映黄河三角洲生态脆弱型人地系统演变和脆弱性演变过程。

3. 基于当下问题和未来发展目标，科学选择黄河三角洲生态脆弱型人地系统可持续发展的模式。从当下生态环境脆弱的本底条件和未来黄河三角洲受到的人类活动扰动，以及未来国家级区域发展战略的导向，为黄河三角洲的可持续发展模式的选择与调控措施的制定需要科学依据，通过系统分析黄河三角洲生态脆弱型人地系统可持续发展的基本条件（优势、劣势、机遇和挑战），建立黄河三角洲生态脆弱型人地系统可持续发展模式，并提出相应的对策建议，为促进黄河三角洲生态脆弱型人地系统可持续发展提供指导和借鉴。

（四）研究方法

生态脆弱型人地系统是具有复杂性特征的巨型系统，不仅内部要素与结构复杂，而且与外部系统之间相互关系复杂，增加了生态脆弱型人地系统的研究难度。本书在研究过程中主要运用了如下研究方法。

1. 文献查阅和实地调研相结合。在基本的研究思路、研究内容、研究目标和技术路线引导下，充分利用图书资料、文献检索数据库、经济社会数据库等资源搜集相关国内外研究成果和所需要的数据资料。选择黄河三角洲生态脆弱型人地系统作为生态脆弱型人地系统的典型案例进行实地调研，与政府部门和研究机构进行座谈交流，与当地群众进行访谈，在生态环境与经济社会矛盾集中区进行考察，充分掌握黄河三角洲第一手资料。通过文献查阅和实地调研相结合保证所获取数据的准确性，从而可以增进研究结果的可靠性和实用性。

2. 理论研究与实证研究相结合。在国内外研究进展和理论基础分析的基础上，进一步分析生态脆弱型人地系统的内涵、分类、构成和演变机理等基本理论问题，丰富生态脆弱型人地系统的理论研究。在理论分析的基础上，选择黄河三角洲作为生态脆弱型人地系统的案例，对生态脆弱型人地系统进行实证研究，并且进一步提出黄河三角洲生态脆弱型人地系统可持续发展模式，为生态脆弱型人地系统可持续发展提供参考与借鉴。

3. 定性分析和定量分析相结合。定性分析和定量分析相结合，也就是地理学经验主义方法论和逻辑实证主义方法论相结合。在文献收集和实地调研基础上，对生态脆弱型人地系统进行整体感知，对生态脆弱型人地系统的内涵、分类、构成与演变机理等基本理论问题通过定性分析的方法进行梳理。利用已有数据建立指标体系，利用数理统计模型反映生态脆弱型人地系统的时空格局演变和脆弱性时空格局演变，为提出可持续发展模式提供可靠的依据。

4. 综合归纳和比较论证相结合。在对黄河三角洲生态脆弱型人地系统演变过程、脆弱性演变过程以及空间特征分析基础上，运用综合思维方式分析人地系统演变的驱动力以及脆弱性演变的影响因素，梳理出黄河三角洲生态脆弱型人地系统的整体过程的同时，归纳出驱动力和影响因素的整体框架。在综合归纳的基础上，把黄河三角洲生态脆弱型人地系统演变的驱动力、黄河三角洲生态脆弱型人地系统脆弱性演变的影响因素进行比较，对比分析出驱动力和影响因素的主要方面。通过综合归纳和比较论证相结合，把学科综合和比较的研究方法作用于黄河三角洲生态脆弱型人地系统，促进研究结果更具科学性。

5. 交流与互动相结合。针对人地系统研究的交叉性和综合性，实现地理学、生态学与经济学等不同学科的交流与合作，通过座谈会、研讨会、"专家头脑风暴会"等形式进行集思广益，吸纳不同观点。通过与高等院校、科研院所、政府机关等机构合作，通过开展广泛的交流共同促进研究成果集成创新。通过与黄河三角洲相关工作部门的沟通，提高研究的现实应用价值。

（五）技术路线

首先，在资料收集的基础上梳理与人地系统、脆弱生态环境与生态脆弱区、黄河三角洲可持续发展相关的国内外文献，归纳总结已有研究的特点、存在的不足及今后研究趋势；并且总结基础理论，为后续研究提供指导和借鉴。其次，提炼生态脆弱型人地系统内涵、分类、构成与演变机理，构建生态脆弱型人地系统理论研究的整体分析框架，为实证研究提供理论依据。最后，以黄河三角洲生态脆弱型人地系统为案例，展开生态脆弱型人地系统实证研究，在对其演变过程及其驱动力、脆弱性及影响因素研究的基础上，建立黄河三角洲生态脆弱型人地系统可持续发展模式，并对每个模式提出具体的对策建议。研究技术路线见图1。

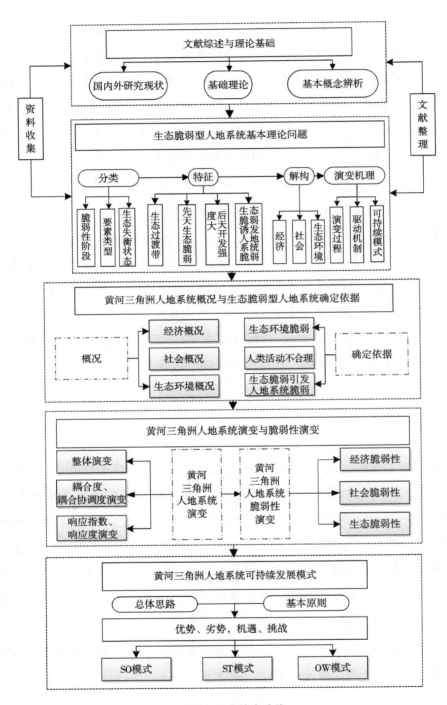

图1 研究技术路线

四、特色与创新

总结了人地系统、脆弱生态环境与生态环境脆弱区、黄河三角洲可持续发展的研究进展，在理论分析的基础上，进一步提出生态脆弱型人地系统内涵、分类、构成、演变机理等基本理论问题，初步建立了生态脆弱型人地系统的理论分析框架，在理论上具有一定的创新性。

选择黄河三角洲作为生态脆弱型人地系统的典型案例进行实证研究，定量研究了黄河三角洲生态脆弱型人地系统时空格局演变过程、脆弱性时空格局演变及其影响因素，从供给和需求、"人"和"地"的角度分析了黄河三角洲生态脆弱型人地系统演变的驱动力，一定程度上推动经济学和地理学实现交叉，从而共同作用于生态脆弱型人地系统研究。

通过系统分析黄河三角洲生态脆弱型人地系统建立可持续发展模式的总体思路、基本原则和条件，提出黄河三角洲生态脆弱型人地系统可持续发展的SO模式、ST模式和OW模式，并且相应提出对策建议，从而为黄河三角洲的发展实践提供了指导与依据，有助于推动黄河三角洲实现可持续发展。

第一章　生态脆弱型人地系统国内外研究进展与理论基础

一、国内外研究进展

（一）人地系统研究

1. 人地关系思想及人地关系论

"每一时代的理论思维，从而我们时代的理论思维，都是一种历史的产物，在不同的时代具有非常不同的形式，并因而具有非常不同的内容。"人地关系是从古至今哲学家和地理学家持续思考与研究的问题。因此，随着时代变迁、生产力水平进步和认知能力提高，人地关系思想和人地关系论也在不断进行发展。"熟知人的思维的历史发展过程，熟知各个不同时代所出现的关于外在世界的普遍联系的见解，对理解自然科学来说是必要的，因为这为理论自然科学本身所建立起来的理论提供了一个准则。"所以，了解不同时代的人地关系思想和人地关系论及其在不同时代的演变过程具有重要的理论价值。从古代至现代，人地关系思想经历了天命论（以及朴素协调论）、决定论、或然论、征服论和协调论的演变过程（图1-1）。

图1-1　人地关系论演变过程

（1）天命论

在古代人类社会，生产力水平极其低下，人类对自然界的规律无法找到合理解释，把自然界对人类的影响归因于超自然力量的作用。此时，人类对自然界处于敬畏状态，形成一种依赖关系。所以，这一时期占统治地位的人地关系思想可以概括为天命论，具体表现为祖先崇拜、图腾崇拜、自然崇拜、英雄崇拜等不同形式。殷墟卜辞中有"帝其令雨""帝其令风"（中国科学院自然科学史研究所地学史组，1984）的记载，孔子所言"君子三畏"其一便是"畏天命"，《圣经》记载的"起初，神创造天地"，泰勒斯认为神用水创造出万物，柏拉图主张的地球上一切可以观察到的事物是理念的拙劣的摹象……均是天命论的体现。天命论的人地关系理论产生于人类思想意识的萌芽阶段，开启了人类认识自然环境、探索人与地相互关系的先河，但是受落后的社会存在制约，人类的实践活动和认识活动相当有限，影响到人类创造性的发挥。与此同时还有朴素协调论思想观，这种思想观认为人是自然界的一部分，人对自然应采取顺从、友善的态度，由于这种思想观是在人类没有掌握自然规律情况下产生的，所以可以称之为朴素人地协调论思想观。《周易》的"与天地合其德"、儒家的"赞天地之化育"、道家的"道法自然"等可以视为朴素协调论的代表；古希腊唯物主义思想家、天文和地理学者德谟克里特推测出的生物对气候条件的依存性以及地理环境与人类社会的关系问题也体现出了人地协调的思想。朴素协调论思想观有其合理的一面，但由于是特定历史阶段下的特殊产物，其合理性并没有为今后指导人地关系实践提供理论依据。

（2）决定论

决定论也称为地理环境决定论，在古希腊哲学思想中就有所体现，例如希波革拉底在《论空气、水和地方》中分析了炎热环境和寒冷环境对人的身体和性格的影响（波德纳尔斯基，1986），但是普遍认为地理环境决定论滥觞于文艺复兴（蔡运龙，1989）。法国思想家孟德斯鸠认为，东方国家的宗教、文化、风俗习惯、政治制度和法律长期稳定，其原因在于人们精神上和思想上懒惰，而这种懒惰是由气候因素所导致的。德国哲学家黑格尔认为平原地区人民依靠农业维持生活，世代被束缚在土地上，性情守旧、呆板，便于实行君主制政体；大海附近的人民出海捕鱼维持生活，具有冒险精神，通过海运便于开展工商业，政体上过着民主制生活（王恩涌，2000）。英国历史学家巴克尔的历史学体系的基本框架是人的生理条件受到地理和气候条件的影响，由于生理条件差异进一步导致不同人群具有不同的精神和气质，从而最终导致了不同的社会历史产生。发展到近代地理学阶段以后，人与地之间的关系受到越来越多学者的关注。德国地理学家拉采尔是地理环境决定论思想集大成的人物，认为人类是地理环境的产物，类似于其他生物，人类的活动、发展和分布严格受到地理环境的制约，环境"以盲目的残酷性统治着人类的命运"（李旭旦，1985）。另外，美国Huntington E.（1915）的气候对文明影响学说，Semple E. C.（1911）的地理环境对人类活动的影响的观点也是决定论的体现。决定论的人地关系思想推动了地理学发展，对于人们认识地理环境的整体性和差异性发挥了重要作用，对于打破唯心主义和宗教枷锁起到一定作用，但是把人的生理和心理特征完全归结于自然环境的决定作用缺乏严谨的论证，存在过分夸大地理环境的作用、生硬地将地理环境和人的生理特点联系起来的问题，因此，缺乏科学的严密性，受到后人较多批判。

（3）或然论

当决定论受到强烈批判的时候，法国地理学发展的引路人维达尔·白兰士根据拉采尔的人类地理学第二卷形成了人地关系的或然论观点（普雷斯顿·詹姆斯，1982）。他认为，自然环境规定了人类居住的界限，并为人类居住提供了可能性，但是人类对自然环境产生的不同条件进行反应或适应，同时反应和适应状况也受到已有的传统生活方式的影响。人类的行为和生活方式并不完全取决于自然地理环境，而是受到各种因素的综合影响，在相同自然环境下可以产生不同的生活方式，环境中包含着多种可能性，具体是哪种可能性得以实现取决于人类的选择方式。维达尔的学生让·白吕纳认为："自然环境是相对固定的，人文是不定的，自然与人文的关系随历史的发展而变化。人类的心理因素是地理事实的源泉，是人类与自然的媒介和人类行为的指导者。"（李旭旦，1985）法国历史学家吕西安·费弗尔把这种理论称为"或然论"，并且认为"世界没有必然性，反之到处都存在着或然，作为机遇主人的人类正是利用机遇的评判员"。或然论的人地关系思想否定了机械的决定论，但是没有对人地相互影响的规律进行科学解释，只是强调决定论的片面性以及"人""地"是相互关联的仍然较机械生硬，并且没有进一步由"人地相关"上升到"人地和谐"。

（4）征服论

20世纪，尤其是二战结束之后，生产力得到突飞猛进发展，人类对自然界的开发利用的广度和深度均达到空前程度，人类膨胀地认为可以征服自然，导致征服论的人地关系思想盛极一时（蔡运龙，1989），"驾驭自然""作自然的主人"成为人地关系的主流意识形态。这种思想走向极端便成为无视地理环境和随心所欲地践踏地理环境的地理虚无主义以及否定理性主义的唯意志论。由于过分渲染人类中心主义，几乎所有工业化国家都存在工业化发展过程中的资源大规模消耗和环境严重污染的现象，由于违背自然规律导致生态环境走向恶化。中国作为发展中国家也不例外，"大跃进"运动不仅忽视了经济规律造成的严重经济困难，而且炼钢、毁林、填湖、开荒种粮造成巨大的环境污染和生态破坏，生态环境遭遇到新中国成立以来第一次集中的污染与破坏。"我们不要过分陶醉于我们人类对自然界的胜利。对于每一次这样的胜利，自然界都对我们进行报复。"随着自然界对人类的"报复"越发明显，以至于严重影响到人类的正常生活，人们才逐渐认识到，虽然经济需要发展，但人类最赖以生存的仍然是自然环境。于是，征服论的人地关系思想逐渐被人类抛弃。

（5）协调论

虽然近年来自然环境的地位重新得到确立，但决定论观点并未重新形成主流人地关系思想，因为决定论并不符合现代哲学与科学学思想，并不能解决工业化以来的一系列生态环境问题。当代科学的发展趋势日渐整体化与综合化，系统科学领域的系统论和协同论的建立是其突出表现。从系统论和协同论角度出发，人类与地理环境形成一个巨大复杂的人地系统，内部包括诸多相互联系相互作用的子系统（吴传钧，1991）。伴随人类对传统发展观不断进行反思，倡导经济、社会与环境协调发展的可持续发展理念应运而生，尤其是1992年世界环境与发展大会，促进可持续发展作为一种新的发展理念逐渐在世界范围内得到认可。这种从更高层次上把人类与地理环境统一在整体系统内，强调不同子系统协调发展的思想，使人地关系思想彻底摆脱了并未产生实质性作用的谁决定谁的争论。于是，新的人地关系思想应运而生，这就是人地系统中人类与地理环境必须协调一致的协调论思想。虽然英国著名地理学家罗士培20世纪30年代就主张探寻人地关系的稳定性、持续性及共存性的适应论思想（Roxby，1934；张雷，2015），美国地理学家巴罗斯20世纪20年代提出地理学是研究人类对自然环境适应的人类生态学观点，但受到时代的束缚，并没有实现进一步发展，也没有对于人类正确认识人地关系发挥应有作用。

2. 人地系统内涵、特征与基本原理

人地系统内涵、特征、基本原理研究是人地系统基础理论研究的重要组成部分，可对人地系统实证研究和人地系统可持续发展实践提供指导和借鉴。

（1）人地系统内涵

面对日益严峻的全球环境问题，以及全球变化过程中人文因素的作用不断增强，Holling C. S. 提出社会—生态系统概念，认为社会—生态系统是人与自然紧密联系的复杂适应系统（Holling C. S.，1973）。吴传钧院士在其《论地理学的研究核心——人地关系地域系统》中首先提出了人地关系地域系统的概念，认为人地关系地域系统是以地球表层一定地域为基础的人地关系系统，也就是人与地在特定的地域中相互联系、相互作用而形成的一种动态结构（吴传钧，1991）。在分析人地关系地域系统概念之前，分析了人地系统的概念——由地理环境和人类活动两个子系统交错构成的复杂的开放的巨系统，内部具有一定的结构和功能机制，在这个巨系统中，人类活动和地理环境两个子系统之间的物质循环和能量转化相结合，就形成了发展变化的机制（吴传钧，1991），其中的人类活动可以划分为经济活动和社会活动（图1-2）。杨青山认为人地关系系统可定义为由人与地的诸因子相互作用和影响形成的统一整体，提出基于人地关系经典解释的人地关系系统构型——人类与自然环境相互作用系统以及基于人地关系非经典解释的人地关系系统构型——人类与地理环境相互作用系统（杨青山，2001）。韩永学提出了人地关系协调系统的概念，认为人地关系协调系统是一种非线性、动态的复合系统，需要对复合系统内部子系统进行协调管理来促进复合系统保持协调状态（韩永学，2004）。

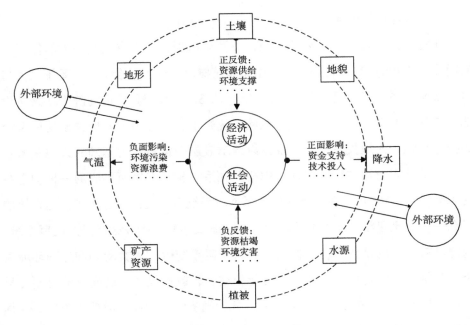

图1-2 人地作用关系图

（2）人地系统特征

Gimderson L. H. 等认为在自身和外界干扰与驱动的作用下，人地系统具有不可预期性、自组织性、多稳态性、阈值效应、历史依赖性、非线性、脆弱性、弹性、适应性、可持续性等特征（Gimderson L. H.，2002；Brian Walker，2004；Ahjond S. Garmestani，2014；Fabrice G. Renaud，2010；Yongdeng Lei）。王黎明提出了面向区域人口、资源、环境与发展问题的人地关系系统构型理论，并认为人口、资源、环境、发展构型具有针对性、综合性、地域性、动态性、可调控性等基本特征（王黎明，1997）。余之祥认为人地系统具有自然性和社会性、开放性、结构性和层次性、时空特征（余之祥，1991）。申玉铭把人地系统特点归结为：①动态的、开放的、复杂的巨系统；②反馈是一种固有性质；③具有时间和空间特征；④存在不协调和互惠共生两种类型的人地关系；⑤演化是两阶段过程；⑥人地系统调控是人地关系共生与和谐的基本目的（申玉铭，1998）。方修琦认为人地系统具有多重性、人的主动性、多重决定性、异时相关性和异地相关性等五个方面的特征（方修琦，

1999）。杨青山把人地关系地域系统的特征归纳为开放性、人性、开发性、协调性（杨青山，2001）。左伟在系统论指导下分析的人地关系系统的特征主要有整体性、结构性、层次性、功能性、动态性（左伟，2001）。韩永学认为人地关系协调系统是一种非线性的复合系统，具有目的性、整体性、动态性、层次性、美丽性等特征（韩永学，2004）。王爱民认为人地关系演进过程中具有演变过程加速化、主客体同一化、地域一体化、深层次化、高层次化、主体扩展化等特点（王爱民，1999）。郑冬子认为地理环境与人文要素的关系具有并协和泛协特征，并协是既相反又相互依赖的状态，泛协是地理环境与人文要素在优势和非优势条件下均可以发生相互影响和联系的状态，其中人类因素是系统性质的关键因素（郑冬子，2003）。

（3）人地系统基本原理

Arika Virapongse提出应用于环境管理的社会—生态系统理论分析框架（Arika Virapongse，2016）。Tomas M. Koontz在整合20年相关研究基础上，从制度变迁引导的角度，建立人地系统自适应组织理论分析框架（Tomas M. Koontz，2015）。张雷在分析中国现代人地关系资源环境的基础上，提出中国人地关系研究的出发点是资源环境基础论（张雷，1999；张雷，2008）。杨青山提出人地关系地域系统的协调发展原理，分别是人类活动结构的协同进化原理、地理环境协调有序利用原理和外部区际关系作用下的人地关系系统自组织原理（杨青山，2002）。潘玉君将"人地关系地域系统"和"协调共生"结合起来，提出人地关系论的新理论形态——人地系统协调共生理论，认为这既是地理科学的基本理论，也是区域可持续发展核心理论（潘玉君，1997）。王爱民提出人地关系演进的人地渗透律、人地矛盾律、人地互动律、人地作用加速律、人地关系不平衡律，以及人地关系的土地承载力限制与超越原理、人地关系地域关联互动原理（王爱民，1999）。蔡运龙基于地域系统实证、全球实证和哲学与伦理思辨提出人地关系研究范型（蔡运龙，1998；蔡运龙，1996；蔡运龙，1996）。昌拉昌提出人地关系数量范式、质量范式、结构范式、行为范式、文化范式以及人地关系地域系统分析范式（吕拉昌，

1998）。方修琦在人地关系异化理论基础上分析了人地关系的4次异化过程，认为人地系统异化受到自然、技术和社会环境等因素的共同驱动（方修琦，1996）。李后强提出人地协同论的概念，指出人地协同论的基本原理是能动调控原理、约束优化原理、主量支配原理、关联性原理（李后强，1996）。叶岱夫研究了人地关系地域系统和可持续发展系统的相互作用机理，探讨了人地系统的发展本质、可持续发展的本质、人地协调发展的时空背景、二者相互作用机理的哲学本质等问题（叶岱夫，2001）。龚建华从人的生存发展需求角度讨论了人地关系矛盾的内涵与外在表现，并且提出了实现区域可持续发展的一般原则（龚建华，1997）。朱国宏将人地关系的基本原理总结为土地承载力限制与超越原理和人地关系地域关联互动原理（朱国宏，1996）。刘毅分析了人地演进路径和模式（刘毅，2018）。

3. 人地系统地域分异与类型划分研究

人地系统的地域分异规律和地域类型分析是人地系统的主要研究内容之一（吴传钧，1991），是人地系统优化调控、强化人地系统功能的重要依据。虽然同样涉及地理学的区域差异研究，但是人地系统地域分异和人地系统类型划分又有所不同。人地系统地域分异是同一区域人地系统内部的组成要素在空间上因某些方面可以保持特征的相对一致性，而在其他方面表现出比较明显的不同或者呈现出规律性变化，从而在这一人地系统内部区分为不同地域类型。人地系统类型划分是人地关系长时期在一个特定区域不同要素互为作用形成表现出来的某种主导特质属性，可以在不同区域形成不同的人地系统类型。

（1）人地系统地域分异

人地系统地域分异区分的方法通常采取定性和定量两种。定性方法是在实地调研和主观经验基础上，根据自然和人文因素共同作用下人地系统形成不同的结构和功能进行区分。王爱民把临夏地区人地系统划分为北部旱作农业人地系统、南部二阴高寒农牧林人地系统以及中部河谷地带城镇、工业、灌溉农业人地系统，把青藏高原东北缘及其毗邻地区人地系统划分为兰州市河谷盆地城市人地系统、河谷川盆地多产业人地系统、黄土低山丘陵区旱作农业人地系统、高寒阴湿山区农牧林人地系统、岷迭高山深谷区林牧农人地系统和甘南山原区牧业人地系统，把石羊河流域人地系统划分为祁连山高山寒漠冰川人地系统、高寒湿润牧业人地系统、高寒湿润林牧交错人地系统、中低山农牧交错人地系统、低山丘陵旱作农业人地系统、中位绿洲人地系统、低位绿洲人地系统、沙漠荒漠人地系统（王爱民，2000；王爱民，2000；王爱民，2001）。陈慧琳把南方岩溶区人地系统划分为岩溶山地贫困区、岩溶盆地谷地城镇区、岩溶风光旅游区（陈慧琳，2000）。定量方法通常用到主成分分析、耦合度、协同演化等模型，杨青山把东北经济区人地系统划分为工农业发达的生态经济地域类型、农业发达的生态经济地域类型、林业为主的生态经济地域类型、林农并重的生态经济地域类型、牧业发达的生态经济地域类型（杨青山，2000）。郭伟峰把关中平原人地系统划分为协调型、拮抗型、低水平协调型、磨合型（郭伟峰，2009）。孙才志将中国沿海地区人海关系地域系统划分为掠夺型、冲突型、协同型（孙才志，2015）。

（2）人地系统类型划分

人地系统类型划分是根据"人"和"地"的主导作用以及所表现出的"共同属性"进行划分。根据"地"的主导作用功能属性主要是考虑自然地理环境因素，人与自然地理环境的主导类型两个方面的因素在特定的区域范围根据一定的规律而交互耦合，通过内在的相互影响、相互制约等不同作用形式而共同形成外在的具有一定结构、功能和子系统的复合系统，主要有人海关系地域系统（Adalberto Vallega，1999；韩增林，2007；张曙光，2008；孙才志，2015）、流域人地关系地域系统（宋豫秦，2002；张洁，2010；张洁，2010；张洁，2011）、海岸人地系统（Sirak Robele Gari，2015；Claudia F. Benham，2016）、农牧交错带人地系统（蔡博峰，2002）、喀斯特人地系统（胡宝清，2014；Mario Parise，2015）、人水系统（左其亭，2007；刘海猛，2014；刘静，2015）、生态地区人地系统（哈斯巴根，2013）、森林人地系统（Tatiana Kluvánková，2016）、人山关系地域系统（钟祥浩，2011）。根据"人"的主导作用功能属性主要是考虑社会经济因素尤其是聚落类型或经济社会在长期的"人""地"互为作用过程中的发展水平，主要有城市人地系统（蔡运龙，1997；辛馨，2009；程钰，2015）、村域和农业地区人地系统（乔家君，2006；程叶青，2010；哈斯巴根，2014）、城乡交错带人地系统（陈佑启，1998）、居住景观人地系统（Elizabeth M. Cook，2012）。其中的人海关系地域系统、海岸人地系统、农牧交错带人地系统、喀斯特人地系统、生态地区人地系统可被视为生态脆弱型人地系统。

4. 人地系统演变过程与驱动机制研究

时间演变过程是地理学研究的重要组成部分（傅伯杰，2015），地理过程研究是揭示地域系统成因机理和演变规律的核心内容（樊杰，2008；樊杰，2014）。探究"人"与"地"互为作用下人地系统演变的动力机制是人地系统实现可持续发展的有效依据。在不同时间尺度下研究人地系统中人地关系演变的一般过程，分析不同驱动因素作用下影响人地关系演变的动力机制，并且通过把历史上的人地关系与当前人地关系进行梳理与对比，可为实现人地系统可持续发展、人地关系协调发展提供参考与借鉴。

（1）人地系统演变过程

根据人地系统演变的时间尺度差异，可以把已有研究归为两种类型：一种是历史时期人地系统演变研究，另一种是近年来人地系统演变研究。

历史时期人地系统演变研究主要通过历史地理资料，即历史文献资料、野外调查资料、仪器记录资料等探索人地关系的历史变迁。Dearing认为通过古环境研究能够查找影响人地关系的因素并且预测近期变化轨迹（Dearing J. A.，2006）。Giannecchini运用历史分析方法研究了乡村文化景观中土地覆被变化和人地相互作用关系（Giannecchini M.，2007）。Jordi Revelles从农业实践、植物资源管理、人类影响、景观转换的角度研究了新石器时代早期伊比利亚半岛人与环境的关系（Jordi Revelles，2016）。韩春鲜把18世纪中期以来新疆奇台人工绿洲开发过程中的人地关系划分为相对协调期、发展失衡期、脆弱平衡期（韩春鲜，2008）。任启平把近代以来东北地区人地关系划分为协调发展阶段、恶化阶段、加剧恶化阶段（任启平，2004）。夏可慧把几千年来甘肃省人地关系划分为自然主导、人地互动、人地冲突、严重失调、和谐发展五个阶段（夏可慧，2015）。谢红彬把塔里木盆地人地关系划分为依附自然、干预—顺应自然、干预自然、回归自然四个阶段（谢红彬，2002）。王长征认为中国沿海地区的人地关系依次经历了混沌阶段、原始和谐阶段、矛盾发展阶段、矛盾激化与调整阶段（王长征，2003）。潘玉君把人地系统演进的模式归纳为渐变型和突变型两种模式（潘玉君，2009）。陈忠祥认为宁夏南部回族社区人地关系由人类无节制地掠夺自然资源演进为人、地相互报复的发展态势（陈忠祥，2002）。李小云等分析了中国人地关系的历史演变过程，经历了从萌芽到以土地为核心的一元化关系再到以土地、水、能矿等资源为核心的无序多元化关系，以及现如今重新探索有序多元化人地关系的总体历程（李小云等，2018）。

近年来人地系统演变研究主要是基于统计数据和遥感数据对人地系统演变进行定量研究。胡启武认为新中国成立以来鄱阳湖区人地关系经历了紧张阶段、调整缓和阶段、和谐阶段（胡启武，2010）。陈兴鹏运用人类活动指数、生态环境指数和政府干扰指数三类数据反映人地系统，运用主成分分析法定量评价了1980年以来甘肃省定西市人地系统演变过程（陈兴鹏，2012）。王磊通过分析"人"子系统和"地"子系统的相互作用关系研究了新中国成立后盐池县的人地关系演变（王磊，2007）。程钰运用协调度、耦合度、响应度模型探讨了山东省和黄河三角洲人地关系演进趋势（程钰，2015；程钰，2017）。郭晓佳分别研究了1985—2005年宁夏和甘肃少数民族地区人地系统的物质代谢和生态效率的变化过程（郭晓佳，2009；郭晓佳，2010）。杨廷锋研究了1978—2012年西南岩溶石山地区人地关系可持续发展状态的演变趋势（杨廷锋，2014）。刘凯等在时间序列向量自回归模型基础上运用协整检验、格兰杰检验和方差分解等方法研究了黄河三角洲人地关系演变过程（刘凯等，

2018）。刘毅认为中国现代人地关系经历了三个发展阶段：20世纪50年代到改革开放前后，新旧人地关系转折期；改革开放到20世纪末期，多元人地关系形成期；2000年至今，人地关系全面紧张。

（2）人地系统演变的驱动机制

Wiebke Kirleis认为人类活动和气候变化是Lindu生物保护区人类—环境相互作用的主要驱动力（Wiebke Kirleis，2011）。孔翔认为地域人口的社会、经济结构是人地相互作用中的关键性链接因素（孔翔，2010）。任启平指出受经济与政治因素影响，在外力和内力双重作用下的人口、城市、交通与环境共同成为影响东北地区近百年人地关系演变的因素（任启平，2004），对于人地关系地域系统的演化，耗散结构是基本条件，协同和竞争是基本动力，突变是途径，反馈机制是形式（任启平，2007）。夏可慧认为人口压力与掠夺式开发是导致甘肃省人地关系由互动转向冲突的关键原因（夏可慧，2015）。谢红彬认为塔里木盆地历史时期人地关系受自然因素影响较大，近100年来人类活动对人地关系的演化逐步起主导作用（谢红彬，2002）。王武科认为关中平原人地关系演变在不同阶段受到不同因素的影响，石器时代受气候、水源等自然环境因素影响较大，从先秦—西汉时期到元明清—民国时期，伴随人类生产生活活动对人地关系由稳定到紧张产生重要作用，现代人地关系演变以工业文明发展为主线（王武科，2009）。李小建通过对黄河沿岸人地关系研究，认为气候温暖湿润、水量充沛、黄土冲积平原最适合早期的居住和农耕等地理环境条件使黄河文明成为中国古代文明发展的中心地区（李小建，2012）。陈国阶认为，由于人类利益的驱动，导致人地矛盾不断被激化，其中的核心因素在于人类不同利益集团之间的相互争夺（陈国阶，2000）。胡启武认为鄱阳湖区人地关系紧张的原因在于"围湖造田"，而"退湖还田"调整缓和了鄱阳湖区人地关系（胡启武，2010）。颜廷真认为清代以来西辽河流域人地关系恶化的主导因素是移民开荒政策，重要因素是牧民游牧生活方式的转变，基本因素是气候和土壤条件（颜廷真，2004）。黄鹄认为随着人类需求层次的提高，人地系统向高层次、复杂化和网络化方向发展，技术进步是驱动人地关系演进的最重要、最活跃的因素（黄鹄，2004）。束锡红指出来自中原的以农耕活动为主的大规模移民迁入是导致历史时期宁夏人地关系变迁的主要因素（束锡红，2003）。杨青山把影响人地关系地域系统发展的因素归结于人类需求结构因素、人类活动结构因素、地理环境供给结构因素和区际关系结构因素四个方面（杨青山，2002）。龚胜生把人地关系的动力机制分为人对地的作用和地对人的作用，人对地的作用包括直接利用、改造利用和适应，地对人的作用包括固有影响和反馈作用（龚胜生，2000）。潘玉君把人地系统演进的驱动力归结为三类：内部扰动力，因内外交流而引起的拉动力以及由于体制、政策、科技信息、基础与服务设施、资金等因素的改善而对人地系统演进产生的推动力（潘玉君，2009）。李小云等认为，生产力是最核心的动力，人口是最活跃的动力，生产关系起到间接作用，战争和自然灾害起到促进和阻碍的双面作用（李小云等，2018）。

5. 人地系统可持续性与脆弱性评价研究

1987年，世界环境与发展委员会在报告《我们共同的未来》中提出被广为接受的可持续发展概念之后，可持续发展理念受到联合国和世界各国的高度重视，也成为学术界和社会各界广泛关注的理论和实践问题（Yuya Kajikawa，2008；苏飞，2016）。2001年，Kates在《科学》杂志中首次系统地介绍了可持续性科学（Kates，2001），可持续性科学应运而生，成为可持续发展的科学依据和实践指导，并且促进全球可持续发展研究不断深入（Hardi Shahadu，2016）。可持续性科学首先关注的是人类—环境耦合系统中的问题（Arnim Wiek，2012），是研究人与环境之间动态关系的整合型科学，特别是研究耦合系统的脆弱性、抗扰性、弹性和稳定性（Jerneck A.，2011；邬建国，2014）。人地系统正是人与环境相互关系而形成耦合系统的典型类型。因此，可以把人地系统可持续性评估和脆弱性评估视为可持续性科学研究的核心问题。

（1）人地系统可持续性评价

人地系统可持续性是人地系统具有的能够长期而稳定地提供经济、社会和生态环境系统服务从而维持和改善人类福祉的综合能力（Turner B. L.，2003；Wu J.，2013）。人地系统可持续性评价，是从发展演化视角对人地系统进行动态分析，判断人地系统可持续发展的阶段和状态。人地系统的可续性评价主要包括通过建立可持续性指标体系进行评价，或者通过可持续性指数反映人地系统可持续性。在人地协调和可持续发展理念下，通过建立包括经济、社会和生态的综合评价指标体系，中国科学院可持续发展战略研究组评价了中国1995—2011年人地系统可持续性（中国科学院可持续发展战略研究组，2014），谢高地评价了中国1978—2005年人地系统可持续性状态和趋势（谢高地，2008），段晓峰对黄河三角洲地区资源—环境—经济系统的可持续性进行了能值分析（段晓峰，2006），程钰研究了2001—2012年山东半岛蓝色经济区人地系统可持续性的时空格局（程钰，2015），孙兴丽评价了河北省2005—2014年生态经济系统的可持续性（孙兴丽，2016）。运用可持续性指数研究人地系统可持续性主要包括，Giulio Guarini把可持续指数应用于后凯恩斯增长模型，认为环境创新可以促进竞争力提高（Giulio Guarini，2016）。Ferdouz V. Cochran运用土著生态日历法评价了亚马逊地区的气候变化和可持续性指数（Ferdouz V. Cochran，2016）。李经纬运用人类可持续发展指数评价了中国1990—2010年人类—环境系统可持续性（李经纬，2015）。黄茄莉提出了基于系统演化视角的可持续性评价方法（黄茄莉，2015）。另外，在可持续性指数方面，还包括环境载荷指数（王青，2006）、生态效率指数（诸大建，2009）、生态足迹（Wachernagel M.，1996）、人类发展指数（Giddings B，2002）、物质生活质量指数（Yakovlev A. S.，2008）、包含资源环境的社会会计矩阵（Dietz S.，2007）等。

（2）人地系统脆弱性评价

脆弱性是包含暴露、风险、敏感性、适应性、恢复能力等要素在内的综合性概念，是可持续性科学的重要研究工具，在人地相互作用程度、机理和过程分析中具有独特优势，已由最初的自然系统脆弱性扩展至社会系统以及人类—自然耦合系统脆弱性（Turner，2003）。"脆弱性"最早出现于自然灾害领域研究（Janssen M. A.，2006），在地学领域，Timmerman P.于1981年首先研究了脆弱性的概念（Timmerman P.，1981）。20世纪80年代以来，随着全球变化相关研究的兴起，脆弱性以其独特视角逐步在世界范围内发展为全球环境变化和区域可持续发展研究的热点问题与前沿领域（Kates R. W.，2001；Turner II B. L.，2003；Janssen M. A.，2007），并且成为多个国际性科学研究计划和机构（IHDP、IGBP、IPCC等）的重要研究内容。随着相关概念、评价方法不断完善，脆弱性研究逐渐建立了基础性科学知识体系（Cutter S. L.，2003；史培军，2006），形成了压力—释放模型（PAR）、可持续生计框架、地方—风险模型、BBC框架、Vulnerability Scoping Diagram（VSD）评估框架、人—环境耦合系统模型等研究框架与模型，并且凭借在人地相互作用程度、机理和过程分析中的独特优势，脆弱性也逐渐发展为可持续性科学的研究视角和研究工具（Downing T. E.，2000；Cutter S. L.，2006；Roberts M. G.）。国外学术界已将脆弱性研究应用到自然科学和人文社会科学等诸多领域（Martensa P.，2009；Ziad A. M.，2009；Leichenko R.，2008），由于全球环境变化中的人文因素不断受到重视，研究对象由最初的自然环境系统的脆弱性逐渐扩展到生计脆弱性（Pramod K. Singh，2014；Belay Simane，2016）、人文社会系统脆弱性（Tate E.，2013；Bich Ngoc P.，2014；Shah K. U.，2013；黄晓军，2016）和人地系统脆弱性（Turner II B. L.，2003；Vaibhav Kaul，2014）。国内学者主要通过集对分析、情景分析等方法，通过构建压力（暴露）—敏感性—恢复力、敏感性—应对能力、压力—状态—响应、经济—社会—生态环境脆弱性函数对人地系统脆弱性进行评价。杨新军运用情景分析方法研究了榆中县中连川乡社会—生态系统脆弱性（杨新军，2015）。韩瑞玲、王乃举、程钰等运用集对分析方法研究了不同资源型城市人地系统脆弱性（韩瑞玲，2012；王乃举，2012；程钰，2015）。哈斯巴根研究了生态地区和农业地区人地系统脆弱性（哈斯巴根，2013；哈斯巴根，2014）。张立新和温晓金分别研究了大遗址区和山地城市人地系统脆弱性（张立新，2015；温晓金，2016）。陈佳利用VSD评估框架，定量测度了榆林市2000—2011年社会—生态系统脆弱性空间分异特征及演化趋势，探讨了脆弱性时空演化内在原因（陈佳，2016）。

6. 人地系统仿真模拟与优化调控研究

人地系统仿真模拟和优化调控是两个相互补充、相互支持的过程。一定地域人地系统的动态仿真模型是人地关系地域系统的主要研究内容之一（吴传钧，1991），是人类加强对人地系统认知的重要手段，人地系统仿真模拟对人地系统优化调控具有重要参考。人地系统优化调控是人地关系地域系统的研究目标（吴传钧，1991），是21世纪人地关系研究的前沿领域（郑度，2002）以及当代地学的前沿综合性重大研究项目之一（项目建议书起草小组，1992），总之，人地系统优化调控是协调人地关系、实现人地系统可持续发展的重要手段。

（1）人地系统仿真模拟

对人地系统进行仿真模拟，一般运用定量或定性两种方法。在定量方法模拟方面，Gimblett认为模拟系统有助于分析人地关系，可以把研究结果与真实环境的实地验证进行对比，表征了人类在动态环境下的决策过程、行为方式及其影响（Gimblett R.，2001）。Ahlqvist O.研究了模拟人地关系地理空间的通用框架，通过将地理信息系统与在线游戏技术整合来进行人地资源管理与决策的一体化建模（Ahlqvist O.，2012）。Roberts C. A.通过设计大峡谷国家公园旅行模拟器对复杂的动态人地关系进行建模，并且该模型在人地相互作用的背景下推进了对复杂系统建模的能力（Roberts C. A.，2002）。M. Kissinger运用IPAT方程研究了以色列Bedouin镇人类与环境相互影响的过程（M. Kissinger，2015）。乔家君运用熵原理对人地系统进行综合模拟，把人地系统状态函数用人地关系系统熵表示，把人地系统的发展变化用熵变反映，把人地系统不同空间类别地域主体之间的流动用熵流表示（乔家君，2006）。郭伟峰运用系统动力学构建关中平原人地关系地域系统模型，建立了理想条件下、资源约束下、资源环境约束下系统的仿真结果（郭伟峰，2010）。刘继生认为以地理信息系统为技术支持，建立以细胞自动机为核心的综合集成模型是人地关系复杂性研究的主要方向，并且提出了开发智能化CA-GIS模拟方法的初步设想（刘继生，2002）。程叶青运用系统动力学理论与方法，建立人地系统演变的动态调控模型，分别探讨了黄陵县和东北地区农业地域系统三种方案下的人地系统演化特征（程叶青，2006；程叶青，2010）。王建华采用系统动力学的研究方法，提出人地关系冲突模型、掠夺模型、和谐模型（王建华，2003）。李扬和汤青构建了基于人类社会子系统和资源环境子系统的人地系统耦合度模型（李扬和汤青，2018）。另外，运用不同定量方法对人地系统进行评价也可视为人地系统仿真模拟的组成部分，此处就不再具体综述。

在定性方法模拟人地系统方面，周晓芳基于易经阴阳思想提出人地关系中人和地互为中心或互不为中心，并根据阴阳"一生二"的思想提出从人地关系地域系统的人系统和地系统的两个中心假设，以"二生三"即阴阳此消彼长的关系来构建人地关系地域系统模型（周晓芳，2015）。王圣云通过对太极图阴阳辩证法及太极S曲线的透视，对人地关系系统中人、地阴阳属性进行解释，并以耗散结构理论为纽带，对人地系统进行太极阴阳系统分析（王圣云，2013）。孙峰华分别运用周易和风水学对人地关系进行解释，并且梳理了人地关系理论模式（孙峰华，2012；孙峰华，2014）。

（2）人地系统优化调控

相关学者运用多学科综合交叉、多方法综合集成，对典型区域人地系统进行动态优化调控研究，分析了人地系统内部不同要素的相互作用及人地系统的整体演变过程与调控机理，从空间格局、时间过程、组织协调、复合效应、系统互补等方面理解和探索不同尺度大小、不同类型特点人地系统的整体优化、综合平衡及调控措施的机理。郑度指出协调处理好人与自然的关系，需要树立正确的环境伦理观念，重视环境伦理的研究、教育和实践（郑度，2005；Zheng Du，2012）。H. Liu（2017）认为可以通过区域政府合作、智慧和绿色城市规划、协调城市密度等方式控制城市雾霾污染、使城市人地系统得到优化。佘之祥认为人地系统调控的机理包括人地系统模式、人地系统的动态演变过程与规律、人地系统的能量物质转换机制和人地系统研究的实验、观测手段的建立（佘之祥，1991）。胡兆量认为技术是人地关系的媒介，调整人地关系的钥匙（胡兆量，1996）。方创琳认为人地系统优化调控的动态机理在于模拟"人圈"与"地圈"的最佳距离，优化调控的空间结构形成区域定位与空间共生（方创琳，2003）。罗静提出了在全球化条件下的人地关系优化调控思路，一是在全球化时代人地关系伦理需要具有先行性，二是要建立优化人地关系的全球性评估网络和政策网络（罗静，2003）。王义民分析了人地关系优化调控的区域层次，从自然区域层次、文化区域层次、人类活动地域单元层次3个界面上探讨人地关系优化调控的可行性（王义民，2006）。程叶青认为东北地区农业地域系统的合理发展模式是农牧综合协调发展模式，构建合理农业地域结构必须控制非农用地快速扩张、挖掘农业综合生产潜能、培育优势农产品基地和产业带（程叶青，2010）。张复明认为人地复合关系的协调机理的表现是意识进化、认知统一、资源组合和活力汇聚，协调机制主要有人与自然在能量、物质和信息的流转、交换的耦合与匹配中所形成的互惠、互生和演替进化的良性循环（张复明，1993）。张洁、王长征、杨杨等根据不同地区提出人地系统现状提出优化调控的具体措施（张洁，2010；王长征，2003；杨杨，2007）。

（二）脆弱生态环境与生态环境脆弱区研究

脆弱生态环境的概念由生态交错带演变而来。生态交错带（Ecotone）是两个相对均匀的相邻群落相互过渡的突发转换地带，是边缘效应产生地带和生物多样性出现地带，同时也是生物分布、动物活动范围的重要限制区域，具有宏观性、动态性和过渡性的特征。1905年，Elements将Ecotone这一术语引入生态学。在20世纪60年代的国际生物学计划（IBP）、70年代的人与生物圈计划（MAB）、80年代开始的地圈—生物圈计划（IGBP）中，逐步把脆弱带明确提上研究的日程。尤其是80年代以来，随着生态学的发展，特别是景观生态学的兴起，Ecotone得到了生态学界的新关注。1988年，在布达佩斯召开的第七届环境问题科学委员会（SCOPE）上，与会成员明确认定了Ecotone概念，并通过决议，呼吁国际生态学界开展对Ecotone的研究，认为它把生态系统界面理论以及非稳定的脆弱性特征结合起来，可以作为识别全球变化的基本指标（牛文元，1989）。20世纪80年代后期至90年代中期，中国地球科学、环境科学等学科学者将Ecotone中的过度地带思想引入各自研究领域中，形成生态环境脆弱带或生态环境脆弱区研究。

1. 脆弱生态环境

导致生态环境脆弱的原因，有其先天的自然背景因素，但更为直接的与人类后期不合理的开发活动对生态环境产生的负面影响过大有关，因此是自然因素与人为因素共同影响和彼此叠加共同导致的结果，其中自然因素形成了生态环境脆弱的基本骨架，是先天因素和基本因素，人类通过国土开发、自然资源利用、经济社会发展对其施加不同类型的影响，其中的负面影响进一步加剧了生态环境的脆弱程度，是后天因素和直接因素（马海龙，2008）。生态环境的脆弱程度是一个相对概念，绝对稳定的生态环境是不存在的。任何生态系统因其要素、能量、结构、功能和子系统不同，与其他生态系统交错分布后导致的脆弱性表现形式和程度也不同。相对稳定的生态环境并不能表明脆弱因子不存在或者导致生态环境脆弱的因素不存在，对于脆弱的生态环境而言，也不能表明其所有的构成因素都脆弱。可见，在稳定的生态环境和脆弱的生态环境之间并没有完全明确的界限。随着人类对自然改造利用的规模和强度不断增大，往往导致原本相对稳定的生态环境功能失调、结构紊乱、系统退化，从而演变为脆弱的生态环境。从这个角度来说，任何生态环境系统都具有脆弱性的一面。

生态环境定量评价研究对于研究生态脆弱区具有重要参考价值。关于脆弱生态环境定量评价，赵跃龙从成因指标和结果表现指标建立评价脆弱生态环境的指标体系，通过线性加权求和法评价了全国26个省、区生态环境脆弱度（赵跃龙，1998）。杨育武在建立空间数据库和参评因素数据库的基础上，用层次分析和综合指数模型评价了生态环境脆弱程度，并进行了分区（杨育武，2002）。姚玉璧以甘肃省14个地区为评价单元，通过计算生态环境脆弱度，评述了不同脆弱生态环境区的问题和成因（姚玉璧，2007）。随着"脆弱性"成为区域可持续发展领域的研究热点，生态环境脆弱性评价逐渐增多，并且对生态环境保护与修复具有指导意义。王雪梅以生态环境脆弱的渭干河—库车河三角洲绿洲为研究对象，基于Landsat 8遥感数据源，利用ArcGIS空间分析功能，以植被覆盖度、地形起伏度、坡度和土壤盐渍化为评价因子，通过生态环境脆弱性评价模型进行生态环境评价（王雪梅，2016）。马骏基于遥感和地理信息系统技术，采用"压力—状态—响应"模型，选取18个评价指标，利用空间主成分分析手段对2001—2010年三峡库区（重庆段）生态脆弱性进行综合定量评价（马骏，2015）。

2. 生态环境脆弱区

生态环境脆弱区最初研究一些与Marginal Zone（边缘地带）相关的问题。1989年的国际地圈—生物圈计划中国委员会将生态环境脆弱区引入中国学者视野。陈全功以GIS为平台，首次定量划定了生态环境脆弱区的地理分布（陈全功，2006）。中华人民共和国环境保护部编制的《全国生态脆弱区保护规划纲要》把生态脆弱区分为东北林草交错生态脆弱区、北方农牧交错生态脆弱区、西北荒漠绿洲交接生态脆弱区、南方红壤丘陵山地生态脆弱区、西南岩溶山地石漠化生态脆弱区、西南山地农牧交错生态脆弱区、青藏高原复合侵蚀生态脆弱区、沿海水陆交接带生态脆弱区。刘军会划定了18个重点生态脆弱区：古尔班通古特沙漠边缘生态脆弱区、塔克拉玛干沙漠边缘生态脆弱区、黑河流域中下游生态脆弱区、腾格里与乌兰布和沙漠边缘生态脆弱区、毛乌素沙地生态脆弱区、阴山北麓—浑善达克沙地生态脆弱区、科尔沁沙地生态脆弱区、呼伦贝尔沙地生态脆弱区、西南横断山生态脆弱区、黄土高原丘陵沟壑生态脆弱区、三峡库区生态脆弱区、大别山生态脆弱区、罗霄山生态脆弱区、黄山山地生态脆弱区、仙霞岭—武夷山生态脆弱区、天山生态脆弱区、西南喀斯特生态脆弱区、羌塘高原西部生态脆弱区（刘军会，2015）。黄成敏确定西南生态脆弱区的类型有：中度胁迫中度生态脆弱区、重度胁迫高度生态脆弱区、低度胁迫高度生态脆弱区、重度胁迫中度生态脆弱区、中度胁迫高度生态脆弱区（黄成敏，2003）。

由于生态环境脆弱区生态环境脆弱并且受人类活动扰动影响强烈，因此，其可持续发展问题受到国内外学者的关注。Jose Luis Iriarte以智利南部在世界具有典型意义的Patagonia为例，提出基于生态系统服务的开发管理战略（Jose Luis Iriarte，2010）。Roopam Shukla分析了全球气候变化背景下印度的生态脆弱现状以及脆弱地区的自适应管理行动来应对全球变化（Roopam Shukla，2015）。张军涛和刘晓琼分别运用定量方法评价了东北农牧交错生态脆弱区和陕西省榆林市可持续发展状态，根据影响区域可持续发展的关键因子，提出可持续发展建设的对策建议（张军涛，2005；刘晓琼，2009）。以生态经济为主要内容的循环经济是缓和经济社会发展与生态环境脆弱之间矛盾的重要途径，有助于实现区域经济与生态环境良性互动和可持续发展，董锁成研究了切合黄土高原生态脆弱典型区——陇西县实际的循环经济发展模式，提出了发展循环经济的对策建议（董锁成，2005）。冷疏影分析了中国脆弱生态区的人口—资源—环境与发展矛盾，分析了典型脆弱生态区可持续发展指标体系建立的指导原则和基本方法，提出了典型脆弱生态区可持续发展指标体系（冷疏影，1999）。

生态脆弱区不仅生态问题突出，而且是经济相对落后、贫困问题突出的区域，贫困地区的地理分布与生态脆弱区的高度耦合性促使生态脆弱区的可持续生计问题成为研究的热点问题。可持续生计（Sustainable Livelihoods）研究的思想起源于20世纪80年代和90年代对于解决贫困问题的理论与方法研究，除了传统意义上的收入贫困外，还注重研究发展能力的贫困，对导致贫困深层次的原因进行了辩证思考，如生计提高的限制因素、发展能力和机会贫困等（Sen，1981；Chambers，1992）。现有可持续分析的分析框架主要有三个（汤青，2015）（表1–1），分别是英国国际发展署（DFID）建立的可持续生计分析框架（Sustainable Livelihoods Approach，SLA）（DFID，2000）、美国援外合作组织（CARE）提出的农户生计安全框架（Frankenberger T. D，2000）以及联合国开发计划署（UNDP）提出的可持续生计途径（Lasse K.，2001）。其中，DFID建立的SLA框架得到了广泛的推广和应用，成为农户可持续生计分析的经典研究范式。国内学者围绕生态脆弱地区农户的脆弱性背景、生计资产、政策机构过程、生计策略、生计输出等方面开展了大量实证研究（杨浩，2016；尹莎，2016；刘艳华，2015；仲俊涛，2015）。

表1–1　可持续生计分析框架

框架名称	提出机构	主要内容
可持续生计分析框架	英国国际发展署	归纳和总结关于发展和贫困研究的一系列关键问题及之间的联系；将研究的焦点放在关键的影响因素及过程上；强调影响农户生计的不同因素及多重性交互作用；以人为中心，旨在确定增加贫困农户生计可持续性的目标或手段。
农户生计安全框架	美国援外汇款合作组织	以家庭为焦点，同时强调关注家庭内部的性别差异和生育关系；分析儿童、妇女、男性、老人所发挥的不同作用；强调基于综合视角，注重理解脆弱性内容和影响生计的关键因素。
可持续生计途径	联合国开发计划署	基于整体发展观，包含收入、自然资源的管理、赋权、使用合适的工具、金融服务等因素，并强调这些因素的协同作用；设计了一系列生计安全监测指标，包括投入、产出、成果、影响及过程。

（三）黄河三角洲可持续发展研究

黄河三角洲是世界增长速度最快的三角洲，是中国三大河口三角洲之一，与长江三角洲、珠江三角洲相比，黄河三角洲有着特殊的经济、社会和生态环境特征，是一块经济亟待开发、资源丰富、生态环境脆弱的地区，是典型的生态脆弱型人地系统。纵观已有关于黄河三角洲的研究，研究内容以环境保护与资源开发为主，通过梳理近年来黄河三角洲主要研究文献，从区域可持续发展的视角，总结关于黄河三角洲的研究重点及存在的问题。

1. 可持续发展视角下黄河三角洲综合研究

可持续发展视角下黄河三角洲综合研究是以可持续发展理念为指导，以高效生态发展为目标，通过定性或定量方法剖析黄河三角洲的现状与问题，提出黄河三角洲地区发展的对策、机制或路径。段晓峰基于能值理论与方法，对黄河三角洲地区环境经济系统的可持续性进行了分析与评估，指出该地区经济增长的同时资源消耗和环境问题突出（段晓峰，2006）。步伟娜认为"油地+城乡"的二元结构是制约黄河三角洲可持续发展的限制性因素，并且提出多元可持续发展的思路（步伟娜，2005）。丁兆庆提出创新发展是黄河三角洲高效生态经济区加快转变经济发展方式、提高区域核心竞争力、实现跨越式发展的必由之路，并且进一步分析了创新发展主要路径（丁兆庆，2011）。李鹏认为黄河三角洲国家可持续发展实验区的管理体制和运行机制是制约该区域可持续发展的关键因素，提出加快跨行政区域实验区发展的机制（李鹏，2011）。韩传峰分析了黄河三角洲可持续发展的制约因素，探讨了黄河三角洲发展循环经济的战略选择（韩传峰，2007）。赵英奎认为脆弱的生态系统和二元经济结构是黄河三角洲必须发展低碳经济的现实选择（赵英奎，2011）。慈福义在黄河三角洲高效生态经济区循环经济发展的SWOT分析基础上，提出了黄河三角洲高效生态经济区循环经济发展的总体战略目标以及近期、中期和远期战略目标（慈福义，2009）。城镇化与生态环境系统协调发展是保证区域可持续性的内生动力，苏昕和刘超以黄河三角洲各地区数据为基础，分别研究了黄河三角洲城镇化与生态环境交互协调行为（苏昕，2014；刘超，2015）。经济与环境互动发展是实现可持续发展的必然要求，生态经济耦合状况影响着区域可持续发展的态势，孙海燕和刘贤赵运用定量方法研究了黄河三角洲地区经济发展与生态环境建设互动水平（孙海燕，2012；刘贤赵，

2013)。王介勇通过借鉴一般系统论思想，运用区域生态经济系统耦合过程模型，定量分析了黄河三角洲区域生态经济系统的耦合过程与变化趋势（王介勇，2012)。

2. 黄河三角洲经济可持续发展研究

黄河三角洲经济可持续发展研究针对区域可持续发展三个子系统中的经济子系统。产业结构生态化和高效生态产业发展是黄河三角洲坚持高效生态道路的重要内容，魏学文提出黄河三角洲产业结构生态化发展路径（魏学文，2012)。郭训成提出发展高效生态产业的思路、原则、目标、重点和保障措施（郭训成，2012)。特色产业园区是黄河三角洲高效生态经济区重要实现途径之一，刘庆林探讨了黄河三角洲促进产业集群、发展特色产业园区的对策（刘庆林，2012)。姜东杰分析了黄河三角洲临港产业区的定位与政策建议（姜东杰，2014)。王瑞和吴晓飞研究了国家战略对黄河三角洲高效生态经济区投资与创新的影响，认为国家战略对地区投资与创新产生一定带动作用（王瑞，2015；吴晓飞，2016)。

在第一产业方面，许学工在黄河三角洲地区生态环境分异和生态农业研究基础上，提出7种适用的生态农业模式，探讨了该区的农业地域结构规划（许学工，2000)。周鑫根据渔业系统可持续发展原理，对位于黄河三角洲主体部分的东营市进行了高效生态渔业的综合效益评估（周鑫，2015)。李广杰认为应以发展高效生态农业为导向，以转变农业增长方式为主线，以科技进步为动力，以加强农业综合配套体系建设为保障，促进农业发展质量和效益的全面提升，不断增强农业可持续发展能力，逐步实现黄河三角洲农业的可持续发展（李广杰，2007)。刘兆德分析了黄河三角洲地区农业综合开发的优势及限制因素，探讨了农业综合开发的原则，提出了促进黄河三角洲农业综合开发的对策建议（刘兆德，2000)。

在第二产业方面，任建兰在黄河三角洲高效生态经济区工业与碳排放的现状、影响因素和情景设置分析的基础上，从工业结构、能源结构及技术进步等方面提出节能减排的对策建议（任建兰，2015）。杨志利用基于松弛的序列方向距离函数评价了黄河三角洲高效生态经济区的工业增长绩效（杨志明，2015）。慈福义研究了黄河三角洲高效生态经济区循环型工业产业结构、循环型工业产业关联与产业组织、循环型工业布局（慈福义，2010）。

　　在第三产业方面，姚吉成认为黄河三角洲文化产业的发展应多层面、多维度培育，打造具有区域特色的文化产业品牌，立足优势传统项目，向文化创意产业转型（姚吉成，2011）。刘小青研究了经济社会发展过程中黄河三角洲生产性服务业和城市化的互动作用，认为区域生产性服务业和城市化通过人口结构转型、经济结构转型、地域空间转型和生活方式转型四个传导路径进行直接相互作用，并通过四个传导路径之间的作用产生间接的相互作用（刘小青，2014）。张振鹏提倡黄河三角洲建立融经济生态、自然生态和文化生态文明三位一体的文化产业发展模式（张振鹏，2013）。董会忠通过研究第三产业发展与城镇化水平的关系，认为黄河三角洲高效生态经济区需优化产业结构，拓展现代化服务业的发展空间，充分发挥城镇化发展的后发优势（董会忠，2016）。

3. 黄河三角洲社会可持续发展研究

　　黄河三角洲社会可持续发展研究针对区域可持续发展三个子系统中的社会子系统。社会脆弱性是反映社会可持续发展"瓶颈"的重要方面，刘凯认为由于敏感性下降和应对性上升，黄河三角洲地区社会脆弱性呈现不断下降的趋势（刘凯，2016）。人口是社会子系统的核心，李玉江根据不同生活标准下人均所需食物消费量，模拟测算出黄河三角洲人口承载力（李玉江，1996）；陈晴基于土地利用数据和夜间灯光数据研究了黄河三角洲高效生态经济区的人口空间化模型（陈晴，2014）。在科技方面，张志新对黄河三角洲区域科技创新能力进行了综合分析与评价（张志新，2014）；李治国研究了黄河三角洲经济顶点城市科技创新与经济发展互动关系（李治国，2014）；杨玉珍进行了黄河三角洲高效生态经济区科技创新基础条件平台建设研究（杨玉珍，

2012）。城镇化的可持续发展是黄河三角洲地区在脆弱生态环境约束下的必然选择，顾朝林分析了黄河三角洲城镇体系布局的基础，提出了黄河三角洲城镇体系布局的设想（顾朝林，1992）；盛科荣提出促进农村城镇化持续发展的对策，认为黄河三角洲小城镇建设应走集约化、非均衡城镇化道路（盛科荣，2010）；张东升分析了黄河三角洲城镇发展历程与城镇空间发展的动力，认为存在城镇规模小、空间布局分散的城镇空间现状特征，需要挖掘城镇空间发展动力，探寻即空间结构扁平化发展（张东升，2012）；魏学文分析了黄河三角洲城市群的发展现状、未来发展格局和发展战略（魏学文，2014）。实施生态补偿制度是保障黄河三角洲高效生态区可持续发展的基础，赵建军在明晰黄河三角洲高效生态区生态补偿原则和利益相关方各自的责任和义务的基础上，提出并设计了黄河三角洲高效生态区生态补偿平台建设思路和生态补偿运行机制（赵建军，2012）。

4. 黄河三角洲生态环境可持续发展研究

黄河三角洲生态环境可持续发展研究针对区域可持续发展三个子系统中的生态环境子系统。由于黄河三角洲地区自然资源丰富、生态系统独具特色，所以黄河三角洲生态环境可持续发展研究一直是地理学、生态学和环境科学等不同学科领域的研究热点。为评价黄河三角洲生态环境的可持续状态，专家学者分别从生态安全预警（徐成龙，2014；董会忠，2016）、生态敏感性（宋晓龙，2009）、生态与环境脆弱性（王介勇，2005；李连伟，2013）、生态风险（徐学工，2001）、生态环境质量（杨海波，2011）、生态承载力（张绪良，2015）、资源环境承载力（任建兰，2012）等不同角度对其进行了分析与评价。

黄河三角洲湿地是世界上土地资源自然增长最快的地区之一，是中国暖温带地区保存最完整、最广阔、最年轻的湿地生态系统，是物种保护、候鸟迁徙和河口生态演替的重要地点，在《中国生物多样性保护行动计划》中被列入了中国湿地生态系统的重点保护区域。因此，湿地研究在黄河三角洲生态系统研究中占有重要地位。黄河三角洲湿地面临大规模开发、黄河断流、湿地污染、海平面上升和海岸蚀退等问题，加强对黄河和本地区统筹管理、做好湿地规划和监测、湿地开发与恢复相协调、重视污染防治与自然湿地保护区建设以及扩大国际合作科研与交流等措施是保护本地区湿地生态系统得以良性循环的根本对策（陈为峰，2003；蔡学军，2006）。了解黄河三角洲湿地动态变化，可为制定正确的湿地可持续发展战略提供依据，部分学者运用遥感和地理信息系统技术对黄河三角洲湿地面积进行动态监测后得出自然湿地面积呈现萎缩趋势、人工湿地出现增加趋势，并且分析了湿地面积变化的影响因素（孙晓宇，2011；栗云召，2011；陈建，2011；洪佳，2016）。另外，韩美和张绪良从经济学视角研究了黄河三角洲湿地生态补偿标准和湿地生态系统服务价值（韩美，2012；张绪良，2009）。

　　黄河三角洲土地资源优势突出，土地后备资源得天独厚，黄河冲积年均造地1.5万亩。因此，土地资源可持续发展是黄河三角洲开发建设的基础和保障，土地持续利用优化研究对黄河三角洲可持续发展具有指导意义。从黄河三角洲土地可持续利用的角度，何书金在分析土地利用现状和变化特征分析的基础上，提出黄河三角洲土地持续利用优化原则、目标、约束分析与优化配置方案（何书金，2001）。黄河三角洲受人类活动影响时间短，是进行遥感动态监测和多元复合分析的理想区域，不同学者以黄河三角洲为研究对象，利用多源遥感和空间数据，运用遥感与GIS空间分析方法，对其土地利用/覆被变化的时空特征、区域分异与驱动力进行研究（汪小钦，2007；周文佐，2010；张成扬，2015），认为对土地的盲目垦荒和粗放经营方式导致耕地和未利用地（农用地与荒地）之间转换最为频繁，人类活动是黄河三角洲土地利用/覆被变化的主要驱动力。国土开发适宜性是判别区域开发方式是否可持续的手段，张淑敏研究了国家战略背景下黄河三角洲地区国土开发适宜性格局（张淑敏，2016），韦仕川评价了黄河三角洲未利用地适宜性（韦仕川，2013）。

　　黄河三角洲淡水资源短缺，水资源的瓶颈效应越来越凸显，成为制约可持续发展的重要因素。韩美对黄河三角洲高效生态经济区核心城市东营的水安全状况进行了评价分析，认为东营市水安全状况逐渐好转（韩美，2013）；连煜建立了黄河入海口湿地生态需水生态—水文模拟系统，确定了河口湿地的合理规模及生态需水量，并且评价了湿地补水后的生态效果（连煜，2008）；张欣构建了水资源承载力多目标优化计算模型，利用相对承载指数法评价了水资源承载力的相对状态，认为节水是提高研究区水资源承载力的重要措施（张欣，2013）；从水资源可持续利用的角度，韩美基于DPSIR模型，认为黄河三角洲水资源可持续利用的整体水平呈波动上升趋势（韩美，2015）。

（四）研究评述

从国内外已有研究来看，人地关系思想与人地系统内涵、特征、基本原理、地域分异、类型划分、演变过程、驱动机制、仿真模拟、优化调控是人地系统的主要研究内容，形成了人地系统研究的主要骨架，支撑起人地系统的地理学研究主题与核心地位。

相比于人地关系其他研究内容，人地关系思想是人类对人地关系进行的最早探索，而天命论思想是人地关系思想的最早表现形式，其产生主要是人类以服务自身生存为目的对自然界进行感知，不是主动的研究行为，是一种生产和生活过程中不自觉形成的观念与认识，但是对于后人研究早期人地关系思想提供了重要线索，对于人地关系思想延续奠定了基础。随着社会进步与时代发展，人地关系思想逐步发生变化，决定论与或然论是人地关系的经典理论，虽然随后遭到批判，但是有着深远影响，尤其重要是从决定论开始，人地关系思想被视为一个科学问题被思想家和地理学家进行讨论与研究，极大地促进了地理学发展。征服论思想是经济发展和科技进步之后，人类自我膨胀的结果，环境污染、资源消耗和生态破坏是在这一人地关系思想导向下导致的恶果，而协调论思想正是在对征服论思想进行反思与否定的基础上人类追求人地关系协调与和谐而产生的新思想，与当今世界可持续发展、绿色发展、循环发展、低碳发展潮流相符合，当今人地关系研究需要以协调论思想为指导。尤其是对于生态脆弱型人地系统，更加需要以协调论思想为指导规避其脆弱性，提高其可持续性，促进生态脆弱型人地系统可持续发展。

人地系统内涵是以吴传钧院士为代表的学者在全新视角认识人地关系本质、深入分析人地系统特征、合理定位人地关系研究地位基础上形成的科学认识，人地系统概念的提出促进了中国地理学尤其是人文地理学的发展。国外的人类—环境系统、社会—生态系统等概念可以等同于中国的人地系统，进行复合系统研究可有效促进自然地理学与人文地理学的交叉融合。人地系统的特征是国内外学者基于不同研究视角和指导理论对人地系统进行的进一步描述，生态脆弱型人地系统作为人地系统的一种特殊类型，除了具有人地系统的一般特征外还具有其特殊特征，需要对生态脆弱型人地系统的特征进行进一步分析。人地系统的基本原理通过汲取古今中外的思想与理论精华正在不断丰富，逐步形成人地系统理论体系，可以为生态脆弱型人地系统研究提供理论支持，另外需要建立生态脆弱型人地系统的理论体系以支撑实证研究。

在人地系统地域分异研究方面，国内研究与国外研究相比占有明显的优势，无论是运用定性方法还是定量方法均秉承了地理学区域差异的研究传统，体现出人地系统研究的综合与系统观念、地域和层次观念，对于人地系统地域分异进行了较好的分类与阐释。对于生态脆弱型人地系统的地域分异研究，既需要运用"一方水土养一方人"的经验判断和实地调研基础上的定性研究，也需要利用实证研究范式的定量研究方法从归纳走向演绎规律的探讨。从国内外人地系统类型划分研究来看，已经形成了丰富的人地系统类型研究，但无论是根据"人"的主导作用、"地"的主导作用还是"人""地"所表现出的"共同属性"进行人地系统类型划分，均是以人地系统中的人文要素或自然要素为主要依据，缺乏运用系统的方法、综合的视角对人地系统类型进行综合界定，并且对具有特殊性和典型性的人地系统类型研究较少。因此，本研究选择生态脆弱型人地系统作为典型案例，进一步进行生态脆弱型人地系统理论与实证研究，以期丰富人地系统的研究内容，促进生态脆弱型人地系统可持续发展。

国外历史时期人地系统演变主要是具有古环境学学科背景的学者展开研究，国内主要是具有历史地理学学科背景的学者展开研究。历史时期人地系统演变的研究对象主要集中于具有悠久开发历史并且后期人地矛盾尖锐的地区，通过分析人地系统的演变过程，为协调人地关系提供历史借鉴。近年来人地系统演变研究是定量方法在人地关系研究中的集中应用领域之一，通过不同方法，反映人与地之间的作用程度和作用关系，不仅有助于解决现实问题，而且也不断推进人地关系研究方法和技术手段创新。由于黄河三角洲生态脆弱型人地系统成陆时间晚，在发现石油资源之前人类开发强度小，所以，本文致力于近25年来黄河三角洲生态脆弱型人地系统演变研究。不同类型人地系统演变的驱动机制有所不同，由于人类活动的广度和深度不断加大，"纯"自然环境越来越少，所以人类因素成为多数人地系统演变的主要驱动机制。研究生态脆弱型人地系统演变的动力机制，尤其要重视人类活动的作用，包括积极作用与消极作用及对自然环境影响的限度，正常开发与破坏之间度的界限与量的区分，为生态脆弱型人地系统优化调控提供依据。

随着可持续性科学不断发展，国内外人地系统可持续性评价已经建立了比较完善的指标体系，形成了丰富的评价方法，但是也不难发现，从社会、经济与生态环境中的一个或几个维度出发建立指标体系评价，通过不同方法评价人地系统可持续性，缺乏对人地系统可持续性的机理进行深入研究。由于人地系统具有复杂性和时空异质性的特点，需要运用系统与整体的观点深入分析人地系统可持续性的机制与机理，在此基础上，通过一定的指标体系与研究方法评价人地系统可持续性的状态演变和阈值范围，使评价结果的意义更加明确。在人地系统脆弱性评价方面，国内实证评价研究发展相对迅速，评价模型和评价指标繁多但缺乏统一的理论规范，并且理论研究发展明显滞后于国外。因此，完善人地系统脆弱性理论体系，在人类活动与地理环境两大系统耦合作用机理分析基础上，通过定性分析与定量分析相结合，进一步探索生态脆弱型人地系统经济、社会与生态环境脆弱性的影响因素和对人地系统脆弱性的作用程度，丰富人地系统脆弱性的理论研究内容。

从定量方法进行人地系统仿真模拟研究来看，国内外学者在复杂系统科学指导下，运用计算机技术、传统地理学的空间分析技术、指标体系评价方法、系统动力学方法，促进人地系统仿真模拟研究方法趋于多元化，新方法和新手段不断得到应用，促进人地系统综合集成交叉与技术支持系统研究不断融合，对生态脆弱型人地系统仿真模拟提供了参考。运用定性方法进行人地系统仿真模拟，主要是国内学者把中国古代传统文化应用于人地关系领域研究基础上对人地系统进行模拟，把这种模拟方法称之为定性方法并不完全合理，但为了能够与"定量"相对应，暂且称之为定性方法。这类方法以古代"天人合一"的自然观为主线对人地系统进行解释，为人地关系协调和谐提供了哲学方法论，并且充实和发展了中国传统文化思想。人地系统优化调控决定着区域可持续发展的成败（方创琳，2003），已有人地系统优化调控研究既包括对优化调控的机理、思路、模式的高度概括，也包括针对具体区域的人地系统优化调控的对策建议，促进人地系统优化调控的研究内容不断完善，为黄河三角洲生态脆弱型人地系统的优化调控提供了借鉴。对生态脆弱型人地系统进行优化调控，需要在综合分析现状和问题基础上，概括出生态脆弱型人地系统优化调控的机理、思路与模式，然后针对具体区域提出有针对性的对策建议。

脆弱生态环境和生态环境脆弱区研究通常从自然环境因素出发，研究脆弱生态环境的成因、对脆弱生态环境进行定量评价，研究生态脆弱区的类型、范围及其可持续发展问题，对生态环境脆弱区的修复、重建以及可持续发展具有重要指导意义。但是生态环境脆弱的成因中，人类活动因素是重要方面，因此，研究脆弱生态环境和生态环境脆弱区，还需要进一步从综合视角把人类活动因素系统考虑进来，从自然和人文、地和人的综合视角对其进行研究，有助于指导人类行为自我调控，进一步促进脆弱生态环境的改善以及生态脆弱区的可持续发展。从人地系统尤其是生态脆弱型人地系统的角度研究脆弱生态环境和生态脆弱区可避免研究过程中偏重自然环境因素，有效实现自然要素和人文要素的耦合与综合。以往生态环境脆弱区由于贫困问题而多聚焦于可持续生计模式，而黄河三角洲生态脆弱型人地系统作为生态环境脆弱区，其贫困问题并非是制约其发展的主要问题，而是依托于石油资源经后天高强度开发而实现经济社会高度发展，但是传统的发展模式已经难以为继，需要把研究重点聚焦于如何进行转型而建立可持续发展模式。

早期黄河三角洲可持续发展研究主要集中于生态环境方面，伴随黄河三角洲高效生态经济区上升为国家战略，黄河三角洲的开发强度进一步加大，对于黄河三角洲经济社会发展研究开始逐渐增多。对于黄河三角洲可持续发展研究涉及以自然地理概念上的黄河三角洲和国家战略——黄河三角洲高效生态经济区两个研究对象，相关学者的研究背景涉及地理学、环境学、生态学、经济学、社会学、管理学等不同学科。虽然已经形成了大量而丰富的研究成果，但是没有形成系统且完善的黄河三角洲可持续发展研究指导框架，导致已有研究成果学科分布比较零散，不能相互融合交叉，导致不能形成合力共同促进黄河三角洲可持续发展研究获得进一步突破；部分研究成果忽略了黄河三角洲最典型的问题——生态脆弱，导致研究结果不能行之有效地应用于黄河三角洲可持续发展的实践；并且已有研究没有从系统论和人地系统的高度把黄河三角洲的经济、社会、生态环境融合为一种特殊的整体，从而导致黄河三角洲研究的综合性和系统性有所欠缺。

综合国内外研究现状与发展动态，可以看出国内外学者对人地系统展开了较为详细的研究，取得了一系列理论与实践成果，理论体系和实证解剖都有较大进展。但还存在以下亟待解决和反思的问题：1. 人地系统理论研究有待进一步深入。人地系统理论研究虽然取得了一定的成果，但呈现多、杂、乱的特点，没有形成完整的理论体系，尤其是在人地系统理论体系指导下系统地对典型性和特殊性的人地系统进行深入研究相对缺乏，对于"人"和"地"之间的作用机理和作用规律研究相对零散，导致人地系统研究进一步发展面临困境。2. 典型人地系统研究有待进一步强化。在人地系统分类基础上加强对典型人地系统研究，包括典型人地系统的确定依据、内涵、理论基础、理论分析框架和实证案例研究等，是有助于丰富人地系统理论与实证研究，促进典型人地系统建立可持续发展模式的有效途径。3.黄河三角洲可持续发展研究需要人地系统理论为指导。需要把黄河三角洲经济、社会与生态环境进行统筹与综合，统一形成生态脆弱型人地系统，从人地系统角度出发，建立黄河三角洲可持续发展的研究框架，在黄河三角洲人地协调发展基础上形成可持续发展模式，实现经济、社会和生态环境协调发展。

二、理论基础

理论基础是为研究课题提供一般指导或主要规律的基本原理和理论，为了便于对生态脆弱型人地系统演变与可持续发展提供指导与借鉴，对相关基础理论进行梳理，主要包括：系统论、社会—经济—自然复合生态系统理论、人地关系理论、可持续发展理论、生态经济理论、主体功能区划理论（图1-3）。

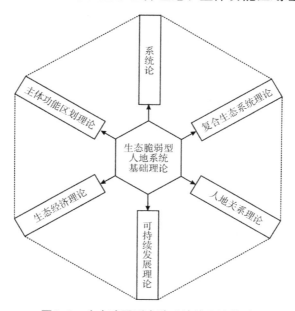

图1-3　生态脆弱型人地系统的理论基础

（一）系统论

系统论最初为一般系统论，由贝塔朗菲（L. V. Bertalanfy）在20世纪40年代提出。系统论认为，整体性、关联性、等级结构性、动态平衡性、时序性等是所有系统的共同基本特征。系统论的基本思想方法，是把所研究和处理的对象视为一个系统，分析系统内部的结构和功能，研究要素、系统与外部环境三者的互动关系与变动的规律性，并从系统优化发展的角度研究问题。把研究对象视为一个有机整体，在分析研究对象各组成部分之间的相互联系和制约关系时，不仅是系统整体各组成部分的机械加总，而是各组成部分有秩序、有规律地进行有机组合，并且客观上存在各组成部分最优的或较优的有机组合秩序和状态，促进系统总体的能力与功效大于各组成部分能力与功效之和。在系统论中，系统内部结构和功能的辩证关系是最重要问题之一（钱学森，1990）。结构是系统内部组成要素之间相对稳定的联系方式、组织秩序及其时空关系的内在表现形式的综合，这样的综合形成了系统的一种内在的整体性约束与形式；功能是指系统内部要素之间以及系统与外部环境之间在相互联系和相互作用中表现出来的性质、能力和功效。整体优化的根本是促进系统整体实现最佳的组织结构和组织功能。由于系统内部要素之间的非线性相互作用是其具有综合性的内部依据，所以系统整体优化的内部依据在于系统中各要素的竞争和协同。研究系统演变与优化，从基本的优化设计和调控，直到可持续发展模式建立，其最终目的是为了实现系统的整体优化发展。

无论是自然环境系统还是人类社会系统都是开放系统，开放系统不断地与外界进行物质、能量、信息交换，从而使系统的整体平衡得以维持或从低级向高级得以有序演化，否则系统将持续走向退化，以至最终消亡，其中的核心思想就是系统的整体观念。因而，在可持续发展模式中，经济子系统、社会子系统和生态环境子系统协同演化的必要条件是系统存在开放性和动态性，认为经济子系统、社会子系统和生态环境子系统均是建立在系统的整体性上的动态发展过程，需要分析系统及其子系统共同构成的整体网络的动态演变过程。因此，在人地系统和可持续发展研究中，把经济、社会和生态环境子系统的演化视为一个彼此相互联系、相互作用的统一整体，包括经济子系统、社会子系统和生态环境子系统在内的人地系统协同演化需要把可持续置于核心地位。否则经济子系统、社会子系统和生态环境子系统的动态演变将向反方向发展，导致系统最终走向退化。系统论不仅内化了整体性、综合性和动态性等属性，在发展过程中还进一步体现出定量化、精确化和最优化，以及可以有效解决复杂性问题等和现代科学技术与时俱进的科学方法论的特征。

系统论作为可持续发展和人地系统理论研究与实证评价层面科学的理论基础，主要用来指导研究者自觉地将评价对象视为一个系统，运用系统的思维和方法，对研究客体进行认识、分析和把握，以此来提高人地系统研究的科学性与合理性。众多的研究实践表明，研究对象越复杂，系统论的理论和方法的优越性体现得越明显。从系统论和可持续发展系统的视角出发，人地系统是由经济子系统、社会子系统和生态环境子系统共同形成，既包括以"人"为主导的系统，也包括以"地"为主导的系统。在对黄河三角洲生态脆弱型人地系统进行研究时，通过树立系统观，在整合现有人地系统研究的基础上，从经济、社会、生态环境等多个角度，深入开展生态脆弱型人地系统的演变规律研究，并且通过梳理整体优化观，建立生态脆弱型人地系统可持续发展模式。

（二）社会—经济—自然复合生态系统理论

20世纪80年代初，在系统论的基础上，马世骏教授提出了社会、经济、自然是一个复合大系统的社会—经济—自然复合生态系统理论（马世骏，1984）（图1-4）。其中，社会是经济的上层建筑；经济是社会的基础，又是社会联系自然的媒介；自然是整个经济、社会的基础，是整个复合生态系统的基础。虽然社会、经济和自然是有各自的结构、功能及其发展规律的三个不同性质的系统，但它们各自的生存和发展，又受其他系统结构和功能的制约。因此，不能割裂三者关系而孤立地分析社会问题、经济问题或生态环境问题，而是应该将三者作为一个耦合整体来研究，将其称为经济—社会—自然复合生态系统问题。在这一复合系统中，人是积极因素，也是破坏因素，既可以体现出社会属性，也可以体现出自然属性：一方面，人是具有社会属性的人，通过自己的智慧和劳动开发自然并利用自然，促进生产力水平不断提高；另一方面，人是具有自然属性的人，其所有生产活动和生活活动受到自然条件的约束和限制，因此人类活动不能违背自然规律任意而为。自然属性和社会属性的基本冲突与博弈，是社会—经济—自然复合生态系统得以存在的基本依据。

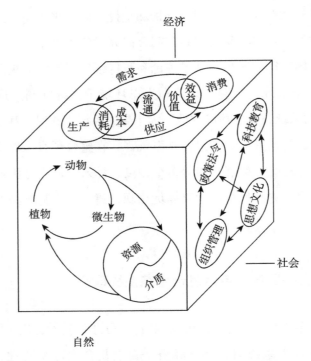

图1-4 社会—经济—自然复合生态系统示意图

社会—经济—自然复合生态系统理论提出以后，由于既蕴含着对唯物辩证法和现代系统论基本原理的运用，又充分体现了生态整体逻辑视角，凸显了自然资源的可持续利用对社会整体利益和经济可持续发展的重要意义，因此逐渐得到了认可，并被应用到具体实践中。社会—经济—自然复合生态系统理论是研究复杂系统内部组成要素及其相互作用关系的基本理论，这一理论对生态脆弱型人地系统研究的指导意义包括：第一，根据社会—经济—自然复合生态系统理论的基本观点，生态脆弱型人地系统的研究对象应为经济系统、社会系统和生态环境系统的综合，其子系统与子系统之间的联系以及它们的自组织演化都具有复杂规律性，因此需要采用复杂系统的思维方式和研究方法进行研究。第二，生态脆弱型人地系统是资源、环境、经济、社会相互依存、相互依赖、共同生存的共生复合整体，内部子系统之间及不同要素之间具有特定的、复杂的非线性联系，但各个子系统和不同要素在发展的同时也受到其他子系统和要素的影响与制约。生态脆弱型人地系统研究应充分考虑到各要素之间相互作用的复杂性，对各要素及子系统之间的相互关系进行综合分析。

（三）人地关系理论

人地关系是对人类活动与地理环境之间相互作用与相互影响关系的抽象概括，是诸多学科共同关注的基本命题之一，在地理学整体性和区域性思维中逐步发展成为地理学的基本理论。人地关系涉及人类社会和地理环境两个系统，这两个系统按一定规律交织在一起，交错构成复杂具有一定结构和功能机制的巨系统，构成地球表层以一定地域为空间和物质载体的人地关系地域系统，也是人和地在特定地域中相互联系、相互作用的一种动态联系系统（吴传钧，1991）。具体而言，"人"是指人类的社会经济活动，"地"是地球表层自然与人文要素按一定规律相互交织、紧密结合构成的地理环境，人类利用、改造、适应地理环境，地理环境对人类产生固有影响和反馈作用，人地关系的矛盾表现在空间上就是人类向地理环境要素的无节制索取以及空间占有的矛盾。在这个复杂的人地关系地域系统中，人始终占据主导地位，"人"与"地"之间关系的协调、矛盾的解决过程从古至今一直是地理学和其他相关学科重点研究的综合课题（毛汉英，1995）。人地关系研究是近代地理学发展的基础，地理学中曾经流行的环境决定论、文化景观学和人类生态等都是聚焦于人地关系研究的不同流派（郑度，2002）。随着社会文明发展、社会生产力提高以及人类开发利用自然过程的演进，人类活动的强度与范围逐渐增大，自然地理环境受人类的影响越来越明显，因而，随着社会经济结构逐渐塑造，自然结构也在明显发生变化。随着人地系统内部不同要素之间联系越来越紧密，每一个要素的变化都可能引起其他要素的变化和整个系统的变化，人地关系地域系统正向着广度与深度发展（陆大道，2002），人地关系理论也成为指导研究人地关系协调、人地系统优化、推动人类和自然和谐共生的重要理论。

地理环境为人类社会经济活动提供了物质基础和活动场所，被人类认识、利用和改造，同时又制约着经济社会发展的广度、深度和速度，人地关系的和谐对于人类的发展具有重要的意义，而地理环境稳定是人地关系和谐的重要因素。人地关系的认识经历了从地理环境决定论到或然论到人地关系协调论的发展过程。人地系统的形成是人类利用自然、改造自然与自然向人类反馈的集中体现，也是人地关系作用最为复杂和激烈的地域。人地系统的发展过程也就是人地矛盾由产生到不断协调的过程，这个过程中人类活动因素一直占据主导地位。生态脆弱型人地系统因其特殊的生态本底和人类不合理开发活动凸显出其内部人地关系的不协调和人地矛盾的升级，要降低生态脆弱型人地系统的脆弱性，提高生态脆弱型人地系统的可持续性，必须在机理分析基础上建立可持续发展模式。

人地系统中的人地协调理论提供了建立生态脆弱型人地系统可持续发展模式的理论基础，根据这一理论，生态脆弱型人地系统的可持续发展模式应该从合理调控人类行为和加强生态保护和建设等两方面着手。生态脆弱型人地系统的研究对象可以概括为生态环境系统、经济系统和社会系统三大系统，要实现生态脆弱型人地系统可持续发展，必须使这三大系统之间的相互作用关系维持在适度范围之内，从而使人地系统经济与社会发展所依赖的生态环境系统不仅满足当前发展，也能满足未来长远发展。

（四）可持续发展理论

"可持续发展"（Sustainability Development）的概念最早在1972年斯德哥尔摩举行的联合国人类环境研讨会上开始讨论，20世纪80年代末期正式提出。可持续发展理论是人类在面对一系列环境危机反思过去发展理念和方式的基础上提出的一种新型科学发展理论，以合理方式处理人与自然的关系是可持续发展理论的核心问题，从而使生态、资源与环境基础得以和人类的发展水平和方式相适应。自1987年世界环境与发展委员会发表《我们共同的未来》以来，"可持续发展"成为政府、社会和专家学者共同关注的热点问题。并且《我们共同的未来》关于可持续发展的定义"既满足当代人发展又不对后代人发展构成威胁"为学者普遍接受（张志强，1999），该定义体现出以下原则：公平性原则，包括代内公平合理分配有限资源、代际之间公平持久利用有限资源；持续性原则，即人类的经济活动需要在资源环境承载力范围之内进行；共同性原则，地球是一个统一整体，每个国家是地球的一员，不可能离开整体而独立发展，实现可持续发展需要全球所有国家共同合作。可持续发展理论是人地关系的协调论思想在当代条件下的新发展，其中的关键论点是正确合理地处理发展与可持续之间的关系，认为发展是最终归宿和根本，可持续是实现发展的基本手段和基础内容，需要将二者统筹协调。实现人与自然和谐相处、经济社会与生态环境协调发展，需要从可持续发展的理性高度来认识人与自然的关系。根据可持续发展理念提倡的系统化、整体化和可持续的新发展观，人类在发展过程中需要避免只顾眼前利益而忽略长远利益的行为以及注重局部利益而放弃全局利益的行为，而是需要统筹兼顾眼前利益与长远利益、局部利益与整体利益；既要注重经济发展和社会进步，也要兼顾生态平衡、环境保护和资源合理开发；既要实现本地区的发展，又不能使本地区的发展对其他地区造成影响。可持续发展理论强调人类社会经济系统和自然生态环境系统协调永续发展，强调了时间序列上对生态环境条件的要求以及生态环境条件对于经济社会发展的作用约束，要求经济、社会、生态、资源、环境等各要素在时空范围内整体协调，其核心是既满足人类基本的需求、提高人类的发展能力，又保证自然系统得到合理开发与保护，在保证资源环境合理开发利用的条件下保持人类生活质量持续提高。从区域可持续发展系统的角度来看，实现可持续发展需要系统内经济、社会和生态环境三个子系统相互协调、全面发展。

可持续发展理论是人地系统研究的重要基础理论之一，对生态脆弱型人地系统研究及其可持续发展模式研究具有重要的指导作用。第一，根据可持续发展理论的基本要求，生态脆弱型人地系统规避内部的脆弱性，实现可持续发展需要以经济、社会与生态环境协调发展为基础。因此，需要使经济社会发展在生态环境承载范围之内，通过优化经济社会发展方式来合理开发利用自然资源，保障生态环境质量，实现经济高效生态化发展、社会日益进步、生态环境质量提高，最终推动生态脆弱型人地系统建立可持续发展模式。第二，生态脆弱型人地系统研究不仅要实现区域整体脆弱性降低，而且要实现不同尺度区域范围内公平与协调发展，缩小内部区域差异，共同建立可持续发展模式。因此，需要加强生态脆弱型人地系统地域分异研究，在对内部差异进行综合分析的基础上，以空间均衡为目标，实现区域之间的协调发展。第三，可持续发展理论既强调代内公平，又强调代际公平。因此，不仅需要研究生态脆弱型人地系统的现状，还需要在仿真模拟与预警研究基础上，研究生态脆弱型人地系统的演变趋势，为人地系统长期持续发展提供借鉴。

（五）生态经济理论

生态经济理论是发端于20世纪中期主要探索经济系统和生态系统协同演

进、共生发展的新理论，基于对经济增长过程中出现的环境污染和生态退化等问题的反思，提出包括生态经济系统、生态经济平衡和生态经济效益在内的三个基本理论来解决上述问题（Rutger Hoekstra，2002）。美国著名环境分析家莱斯特·R.布朗在他的著名著作 *Ecological Economy: an economic vision conducive to the earth* 中着重强调了生态经济研究的重要性，论证了经济是环境的一部分，并非像传统观点所说环境是经济的一部分。生态经济系统具有自反馈机制和自我发展能力，本质上是一个可以进行自我调节来保持正常发展的自组织系统。但这种自我调节能力并非不受限制，而是当系统的内外涨力超过一定阈值之后将会受到明显破坏，造成内部结构破坏、功能退化，导致生态系统和经济系统发生退变。所以，经济系统向生态系统索取生态、资源与环境等要素时，需要维持系统的自我调节机制正常运行，不能逾越其本底条件任意开采，即在人类实现经济发展的过程中对生态系统的影响程度不能超过生态系统的阈值。同时，人口规模的增长和城市建设用地规模的扩张，不能超过生态环境和自然资源的承载能力，经济增长过程中向自然界排放的废弃物和污染物，需要在环境容量范围内，并且尽可能实现循环化利用，否则，生态环境一旦遭到破坏，生态系统和经济系统协同发展就会受到严重影响，进一步导致"人"与"地"之间不能协调发展。

生态经济理论以生态经济系统、生态经济平衡和生态经济效益为研究内容，以实现生态系统与经济系统耦合发展为基本目标，在区域发展过程中将生态建设与经济建设统一在协同系统中，为生态脆弱型人地系统可持续发展提供了理论指导。生态脆弱型人地系统大多位于生态过渡区和植被交错区，生态脆弱、环境承载力低，生态保护与经济发展的矛盾非常突出，在发展过程中需要立足于生态脆弱这一根本属性，强调经济过程和生态过程统一，既要避免重经济发展轻生态保护，也要避免重生态保护轻经济发展。尤其是对于黄河三角洲而言，在国民经济和社会发展"十五"计划纲要中就明确要求这一地区大力发展高效生态经济，但是生态本底脆弱、资源型地区经济社会发展、生态环境保护之间不平衡、不协调的问题突出，因此，需要在生态系统和经济系统协调发展的基础上，推进产业结构生态化、经济形态高级化，实现经济与生态有机统一。

（六）主体功能区划理论

主体功能区划是指在对不同区域的资源环境承载能力、现有开发密度和发展潜力等要素进行综合分析的基础上，以自然环境要素、社会经济发展水平、生态系统特征以及人类活动形式的地域分异为依据，划分出具有某种特定主体功能的地域空间单元（樊杰，2015），按开发方式分为优化开发区域、重点开发区域、限制开发区域和禁止开发区域。主体功能区划是未来中国引导与约束人口布局、经济格局、国土利用分布和城镇化格局的总体方案，将对中国规范空间开发秩序、形成合理的空间结构产生深远和实质性的影响。同时，主体功能区划的理念符合区域发展规律，对政府调控区域发展格局具有重要参考价值，是与国际现代化空间治理理念接轨的集中体现；对于地理学而言，是把人地系统"落地"的有效、直观、合理的表达方式，也是地理学发挥综合性和区域性学科价值处理空间格局有序化工作的有效理论，具有重要的理论与实践价值。

优化开发区域是指综合实力较强、能够体现区域竞争力，经济规模较大、能支撑并带动区域经济发展，城镇体系比较健全、有条件形成具有影响力的城市群，内在经济联系紧密、区域一体化基础较好，科学技术创新实力较强、能引领并带动区域自主创新和结构升级的城市化地区。限制开发区主要包括农产品主产区和重点生态功能区。限制开发的农产品主产区是指具备较好的农业生产条件，以提供农产品为主体功能，以提供生态产品、服务产品和工业品为其他功能，需要在国土空间开发中限制进行大规模高强度工业化城镇化开发，以保持并提高农产品生产能力的区域。限制开发的重点生态功能区是指生态系统十分重要，关系较大范围区域的生态安全，目前生态系统有所退化，需要在国土空间开发中限制进行大规模高强度工业化城镇化开发，以保持并提高生态产品供给能力的区域。

　　一般而言，生态脆弱型人地系统主要涉及优化开发区域和限制开发区域，比如黄河三角洲生态脆弱型人地系统的东营区、广饶县、滨城区属于优化开发区域，惠民县、阳信县、无棣县、沾化县和博兴县属于农产品主产区，河口区、垦利县、利津县属于重点生态功能区。一方面，生态脆弱型人地系统的工业化和城镇化已经发展到一定阶段，人类活动对自然环境施加的影响已经达到阈值，因此，需要根据资源环境承载力控制开发强度，通过对人类活动进行调控以进一步提高发展质量的同时弱化对自然环境的负面影响；另一方面，生态脆弱型人地系统面临农业生产或生态系统具有重要性、脆弱性等问题，需要坚持保护优先，在资源环境承载范围内发展特色产业与生态产业，进行循环化改造，在保护中实现发展。

第二章　生态脆弱型人地系统内涵、分类、构成与演变机理

　　在对已有研究进行综述以及对生态脆弱型人地系统理论基础进行分析的基础上，进一步剖析生态脆弱型人地系统的基本概念和基本特征，对生态脆弱型人地系统进行分类，并对其构成进行详细分析，深入分析其演变机理，形成生态脆弱型人地系统的基本理论研究框架。

　　生态脆弱型人地系统是根据"要素"＋"状态"进行综合划分得出的一种具有特殊性和典型性的人地系统类型。首先，从"要素"划分来看，生态因素在生态脆弱型人地系统发挥主导地位，这种主导地位主要体现在生态脆弱上，经济和社会扰动容易引起生态系统失衡，生态脆弱成为影响经济和社会系统发展的关键因素，进一步导致人地系统类型成为生态脆弱型人地系统。其次，从"状态"划分来看，生态脆弱型人地系统具有典型的脆弱性特征，这种脆弱性最先集中体现在生态脆弱性上，环境容量低下、抵御外界干扰能力差、敏感性强、稳定性差、自然恢复能力弱，人类活动容易对生态环境产生破坏，"人"与"地"之间容易形成相冲突的作用关系，然后生态脆弱又进一步导致人地系统脆弱，从而使人类活动受到限制。因此，生态脆弱型人地系统是由于生态脆弱而导致整个人地系统具有脆弱性特征的特殊人地系统类型。分析生态脆弱型人地系统的基本理论问题，需要了解生态脆弱型人地系统的内涵、分类、构成、演变机理等问题。

一、生态脆弱型人地系统内涵

（一）基本概念

1. 人地系统

在人地系统内涵综述的基础上，本书认为人地系统中的"人"是具有自然和社会双重属性的人及其经济与社会活动，"地"是自然地理环境和人文地理环境共同形成的自然—人文地理环境复合体，人类积极适应并改造地理环境，地理环境对人类行为产生影响与反馈，从而形成复杂的人地关系。在人地关系形成的基础上，从一般系统论出发，通过对地球表层特定区域的"人"与"地"进行综合与耦合，由人类活动和地理环境两个子系统在特定地域范围内相互联系、相互影响共同形成复杂开放巨系统——人地系统（图2-1）。从区域可持续发展的视角，也可以把人地系统视为经济、社会和生态环境三个子系统相互作用而共同形成的复杂系统，即区域可持续发展系统中经济、社会与生态环境三个子系统通过相互联系、相互作用共同形成了人地系统（任建兰，2013）（图2-2）。人地系统既涉及自然要素格局也涉及人文要素格局，既涉及自然过程也涉及人文过程，同时还涉及自然要素与人文要素之间相互作用的机理，是涵盖"格局+过程+机理"的地理学综合性概念。对于人地系统和人地关系地域系统，吴传钧院士把后者作为前者在特殊地域上的表现形式（吴传钧，1991），陆大道院士认为前者是后者的简称（陆大道，2011），也有学者认为人地系统就是人地关系地域系统（方创琳，2003；赵明华，2004）。本书不再对人地系统和人地关系地域系统进行严格比较与区分，认为人地系统就是人地关系地域系统，或者人地系统是人地关系地域系统的简称。

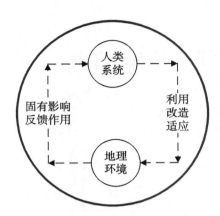

图2-1　人地关系示意图

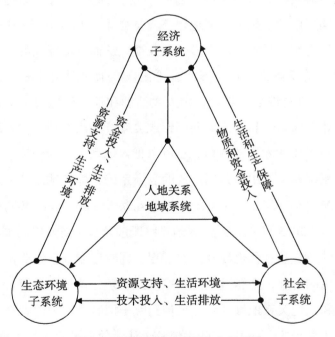

图2-2　区域可持续发展三个子系统

人地系统的特征主要有：1. 整体性。这是人地系统的最基本属性和最根本特征，不同人地系统之间具有不同的空间形态、特征和边界，在时间上是系统整体的具有延续性的演化过程，在物质内容上"人"与"地"形成有机整体。2. 开放性。系统与系统之间以及系统内部各要素之间相互联系、相互影响，通过物质循环、能量流动和信息交换，以保持其耗散结构，不仅促使人地系统具有开放性，而且可以促进人地系统的结构和功能可以得到改善和优化。3. 区域性。区域差异是地球表层客观存在的现象，落地在不同区域上的人地系统由于人类活动方式和强度、地理环境各具特点，导致人地系统具有区域性特征。4. 层次性。人地系统由"人"和"地"两大子系统构成，子系统内部又分为不同级别的低级系统，形成人地系统的层次性特征。5. 复杂性。人地系统是复杂的多维度系统，要素与要素之间、子系统与子系统之间按一定规律相互影响，具有复杂的非线性关系。6. 动态性。人地系统及其组成要素不是静止的、稳定的，而是一个永恒动态的变化过程，从而导致人地系统具有动态性特征。

2. 脆弱性

自然灾害领域最早引入脆弱性概念进行研究，认为脆弱性是因外部自然灾害等不利因素的影响对研究对象产生扰动，而使研究对象遭受损害的程度或可能性，偏向于单一因素扰动所造成的多重影响与后果研究（White，1974）。Timmerman将脆弱性概念引入地学领域后，认为脆弱性是系统遭受外部灾害事件所受到的不利影响程度，这种不利影响程度进一步受到系统自身弹性的影响，弹性可以反映系统承受外部灾害后从中恢复的能力（Timmerman，1981）。随着各学科研究不断深入，脆弱性概念内涵也不断丰富（表2-1）（图2-3），并且形成风险—灾害模型、压力—释放模型、钻石模型、地方—灾害分析框架、AHV框架、交互式脆弱性评估框架。脆弱性从最初单纯针对自然系统发展到针对自然和社会系统的综合研究，从以注重自然环境导致的脆弱性评价转变为注重人类活动对脆弱性的影响，由被动面对和评价脆弱性对社会经济造成的损害转变为积极主动研究制定应对和规避脆弱性（方修琦，2007）。

表2-1 脆弱性概念演变

研究对象	内涵	研究重点
一元	作为内在风险因素的自然脆弱性 作为可能受伤害程度的脆弱性	强调潜在影响 强调结果
二元	具有敏感性和应对能力双重结构的脆弱性	侧重应对能力
多元	包括敏感性、应对能力、暴露程度、适应能力的 多元维度的脆弱性	注重系统内部因素及 内外因素的相互作用
多维度	自然、经济、社会、环境和制度等多维特征的脆弱性	考虑系统结构和功能

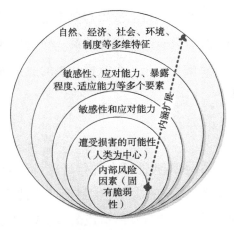

图2-3 脆弱性内涵扩展

目前，脆弱性已逐渐演变为一个复杂、独立的概念体系，对脆弱性概念内涵的界定主要可以分为五种类型：第一，与风险类似，突出系统暴露于不利影响或遭受损害的可能性；第二，强调系统面对扰动的结果，指遭受不利影响或损害的程度；第三，强调系统自身的应对能力或抵抗能力，即面对不利影响的承受能力；第四，强调脆弱性的表征，是暴露、敏感性、适应性和恢复能力等概念的集合；第五，强调系统内部结构与功能，是系统对扰动的敏感性和缺乏抵抗力而造成的系统结构与功能容易发生改变的一种属性。

3. 人地系统脆弱性

人地系统脆弱性是指人地系统在外部扰动因素及内部不稳定因素的共同

作用条件下，其内部经济、社会、生态环境子系统表现出高度敏感性并缺乏相应的应对能力，从而使人地系统的内部结构与整体功能容易受到损害的状态或可能性，是人地系统内部经济、社会、生态环境3个子系统的脆弱性的耦合与复合（李鹤，2011），每个子系统的脆弱性由各自的敏感性和应对能力两个维度构成，比如经济子系统脆弱性由经济敏感性和经济应对能力构成。人地系统脆弱性概念框架包括敏感性、应对能力和相互间的耦合关系三个方面（图2-4）。

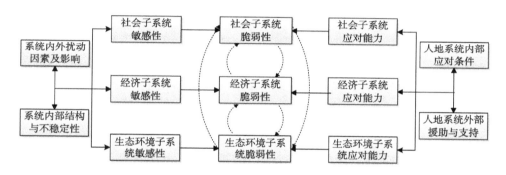

图2-4 人地系统脆弱性概念框架

敏感性是系统及其内部子系统对于不利扰动的响应状况，是人地系统脆弱性产生的前提及直接原因，决定了产生于人地系统上的不利扰动因素对人地系统结构和功能带来怎样的不利影响以及这种不利影响的程度。敏感性的大小与人地系统受到不利扰动因素的类型、方式和强度具有较大联系，并且人地系统敏感性大小也与系统内部结构是否稳定存在较大的相关性。分析人地系统敏感性既要剖析人地系统面临的主要扰动因素及其特征，也要结合经济、社会、生态环境子系统的内部状态来进行整体判断。

应对能力是指人地系统对于不利扰动的适应以及从扰动中自我恢复的能力，对扰动影响起到消除和缓解作用，是人地系统脆弱性重要表征指标之一。从某种意义上说，人地系统应对能力的大小主要取决于人地系统的自身条件，具体而言，提高人地系统应对不利影响的能力，需要充分利用人地系统内部各种已有或潜在的应对资源，充分发挥人类自身的调控能力。并且，人地系统的应对能力还与该系统所在区域和较大区域对其提供的援助能力有关，如政策倾斜、项目援助、人才输入、资金支持等。

作为人地系统脆弱性两种基本构成维度的敏感性与应对能力，二者对脆弱性产生了不同的影响方向，一般而言，敏感性与脆弱性为正比例关系，即敏感性越高脆弱性也越高；应对能力与脆弱性为反比例关系，即应对能力越高脆弱性越低。人地系统的脆弱性高不仅在于对敏感性的响应程度高，并且自身对于不利扰动影响的应对能力也相对较低，相反，若外部不利扰动对人地系统产生的敏感性影响程度弱，同时人地系统对于不利扰动具有较强的应对能力，则人地系统的脆弱性就会减弱。人地系统脆弱性耦合关系不仅包括社会、经济、生态环境子系统的敏感性与应对能力之间的相互作用，同时还包括3个子系统脆弱性之间的复杂相互作用。

4. 生态脆弱型人地系统

在分析人地系统、脆弱性、人地系统脆弱性等概念基础上，本书认为生态脆弱型人地系统是"人""地"之间相互作用尤其在生态脆弱地区发生相互作用，由于生态本底脆弱并且受到人类不合理活动方式影响更加脆弱，因为生态脆弱而导致整个人地系统具有敏感性高和应对能力不足特征的特殊人地系统类型。这种特殊的人地系统既具有生态脆弱性特征也具有人地系统脆弱性特征，在生态脆弱型人地系统中，由于生态脆弱性导致生态因素成为制约经济与社会发展的主要因素，进一步导致人地系统产生脆弱性特征，生态系统在经济—社会—自然复合系统中具有制约经济系统与社会系统发展的作用，从而制约人地系统整体功能的发挥；或者生态功能在人地系统中发挥重要作用，生态系统受到外界扰动就会产生敏感性特征，导致整个系统失衡，主导着系统整体功能的发挥。由于人类对自然地理环境的开发强度过高、开发范围过大，导致生态环境更加脆弱，加剧了生态脆弱型人地系统的脆弱性。除了具备人地系统的基本特征外，生态脆弱型人地系统还具有独特的要素、结构、功能和子系统，其演变过程有着自身的规律性。由于生态脆弱型人地系统自然要素与人文要素错综复杂，可以认为是一种典型性、特殊性的人地系统。

5. 生态脆弱型人地系统可持续发展模式

"可持续发展"是"既能满足当代人的需要，又不对后代人满足其需要的能力构成危害的发展"，需要在生态环境承载力范围之内，保持生态系统的完整性，维持资本系统的平稳性，维护社会系统的公平性，在实现自然资源合理高效利用的基础上提高人类生活水平和经济发展水平。1992年6月，世界环境与发展大会后，可持续发展作为一种新的发展理念被绝大部分国家和地区接受，走可持续发展之路在世界各国达成共识。区域可持续发展系统是由经济、社会和生态环境3个子系统组成，以人类活动为主体和主要纽带的复合系统，以经济效益、社会效益和生态环境效益协同演化为主要目标。

模式是指某种事物的标准形式或使人可以照着做的标准样式，关于区域发展模式，学者们对此定义进行了一定扩展。费孝通提出"苏南模式"，他认为模式是在一定地区、一定历史条件具有特色的经济发展路子（费孝通，1997）。吴传钧指出，一个国家的农村发展模式，是该国所选择的农村发展战略和农村发展过程中所形成的具有本国特色、能够使经济和社会持续发展的农村经济结构和经济运行方式的理论概括，一定区域的农村发展模式是农村经济发展过程中具有本区域鲜明特征的经济结构和经济运行方式的理论概括（吴传钧，2001）。区域经济发展模式是指在特定地域和历史条件下，根据区域内外的基本条件，确定一个共同经济发展战略以及为实现这一战略目标而采取的方法、路径和机制的抽象概括（方创琳，2000）。

生态脆弱型人地系统可持续发展模式是生态脆弱型人地系统内部全面协调发展、长期持续发展和系统与系统之间（区际）平衡协调发展的作用规律、运行方式，乃至综合发展程式的理论与路线概括。全面协调发展是指系统内部经济、社会、生态环境三个子系统的发展时序与程度相互协调、全面发展；长期持续发展是指发展模式需要具有连续性、持久性和长远性，对眼前利益和长远利益进行综合平衡，发展过程中在自然资源供给能力和生态环境容量范围内保证自然资源合理高效利用以及生态环境质量良好，既能实现当前阶段的经济、社会与生态环境协调发展，同时对今后发展不造成负面影响；系统与系统之间（区际）平衡协调发展是指具有不同内部特征的系统之间以及不同尺度层次的系统之间，在开放性与互动性的引导下，通过要素之间的相互流动，实现系统之间的交流与合作来控制发展差距，在发展过程实现局部利益和全局利益统筹发展。

（二）基本特征

通过综合分析生态脆弱型人地系统的基本概念可知，除了具有整体性、开放性、区域性、层次性、复杂性、动态性等人地系统的基本特征外，生态脆弱型人地系统还具有多数位于生态过渡带或交错区、先天生态环境基础脆弱、后天人类开发强度大、生态脆弱性导致人地系统脆弱性等独有特征，正是这些独有特征也导致了生态脆弱型人地系统的脆弱性尤其是生态脆弱性问题更加明显。

1. 多数位于生态过渡带或交错区

生态脆弱型人地系统多数位于农牧、林牧、农林、海陆等生态过渡带或交错区，交界过渡区域的自然地理条件与两个生态系统内部核心区域的自然地理条件存在明显差别，是自然环境产生突变的区域，因此，又进一步衍生出抗干扰能力弱、自我修复能力差、时空波动性强、边缘效应显著、环境异质性高等问题。

生态脆弱型人地系统暴露于自然和人为因素的作用之下，由于生态子系统对外界环境变化反映比较敏感，子系统内部结构缺乏稳定性并且应对敏感性的应对能力较差，导致自身的抗干扰能力弱，在外界的干扰下容易导致生态脆弱型人地系统产生退变。例如，山地和平原交界地带由于地形反差大，使得该种类型的生态脆弱型人地系统对降水的抗干扰能力较弱，暴雨发生后常成为滑坡、泥石流等自然灾害多发地区。

由于生态脆弱型人地系统内部自然环境变化频繁且振幅大，某一自然要素出现问题可以导致整个系统产生一系列连锁反应，脆弱性问题逐渐增大，导致可以恢复自然本底的难度增大，其结果是削弱系统自身的适应能力和恢复能力，即便具有自我修复的条件，往往也将需要较长时间进行恢复。例如，青藏高原土层浅薄，土壤发育缓慢，一旦被人为破坏将难以进行自我修复，并且会使生态功能遭到破坏。

波动性是不稳定性因素在生态脆弱型人地系统内部产生的时空位移。在时间方面表现为导致脆弱性产生的自然和人文要素随着季节和年际发生的变化；在空间方面表现为脆弱性要素在系统界面出现摆动或生态脆弱型人地系统类型产生变化。例如，当河流在中上游携带泥沙在下游平原发生沉积或冲刷后可以导致河道发生摆动，并且可以在河流入海处淤积形成河口三角洲，长时间作用的结果导致河流变迁带发生空间位移。

生态脆弱型人地系统多位于生态过渡区，具有生态交错的基本特征，正因如此，也是环境发生明显梯度变化的区域，不同要素之间相互作用强烈，是多要素之间相互关系由量变到质变的转换区，要素关系发生突变之后，导致边缘效应异常显著。例如，大兴安岭周边森林和草原交错地带分布有典型的林缘草地，由于不同要素交错复杂导致边缘效应的存在，每平方米植物种数远高于森林生态系统和草原生态系统的植物种数。

生态脆弱型人地系统的边缘效应使区内气候、植被、景观等相互渗透，环境与生物因子均处于相变的临界状态，在全球气候变化进一步刺激下，以及容易发生突变和演替，导致环境异质性逐渐增大。地表植被旱生化、群落组成复杂化、地表景观破碎化、生态系统退化明显等现象均是环境异质性的具体表现，系统变化和演替的结果往往是形成新的环境类型。

2. 先天生态环境基础脆弱

由于生态脆弱型人地系统多数位于生态过渡带或交错区，抗干扰能力弱、自我修复能力差、时空波动性强、边缘效应显著、环境异质性高等问题进一步引发生态环境子系统敏感性强、应对能力弱、容易遭受损害，因而最终导致脆弱生态环境产生，并且产生之后因不可逆性难以进行恢复。由于这种类型的脆弱生态环境是在生态环境过渡或恶劣区域内因生态环境子系统存在先天缺陷而导致，并非由于强度过高、方式不合理的人类经济社会活动而引发，或者说即便没有受到人类活动的不利扰动也不会影响脆弱生态环境问题出现，因此，把生态脆弱型人地系统这种特征称为先天生态环境基础脆弱。比如，在海陆交错带，先天生态环境基础脆弱表现在海水入侵、海岸侵蚀、风暴潮灾害、盐碱化、台风、潮汐等问题；在农牧交错带，先天生态环境基础脆弱表现在气候变化影响下的水资源短缺、植被覆盖度低、风沙和土地荒漠化等问题；在南方石灰岩山区，先天生态环境基础脆弱表现在土壤肥力下降、石漠化、水土流失、土层瘠薄、滑坡、泥石流等问题。生态环境基础脆弱导致生态脆弱型人地系统具有先天不足的劣势，是其可持续发展的限制条件。

3. 后天人类开发强度大

先天生态环境基础脆弱是生态脆弱型人地系统的基本特征之一，但并不意味着仅仅先天生态环境基础脆弱一定能够形成生态脆弱型人地系统，或者说先天生态环境基础脆弱并不是生态脆弱型人地系统的必要条件。由于人地关系地域系统是"人"与"地"综合作用的结果，需要同时纳入有关"人"与"地"的因素进行综合考虑，并且生态脆弱型人地系统的形成必然离不开人类在脆弱生态环境基础上的高强度开发方式，因此可以把后天人类开发强度大视为生态脆弱型人地系统的第二个特征。生态脆弱型人地系统生态环境基础脆弱，随着经济社会发展与科技水平提高，人类对生态环境的开发利用强度加大，尤其是资源开采过量以及环境污染严重，在人类活动扰动的影响下导致脆弱的生态环境进一步恶化，系统原有的相对平衡难以继续维持，产生生态空间锐减、资源承载能力下降、环境问题突出、生态系统不稳定等一系列问题，从而导致原本生态脆弱的人地系统在高强度的后天开发下其脆弱性进一步增强，并且人类开发强度大是导致生态脆弱型人地系统后天畸形发展的直接诱因。例如，在农牧交错地区形成的生态脆弱型人地系统，由于过度垦殖或者过度放牧等高强度的人类活动施加于自然地理环境，导致生态系统更加紊乱，从而进一步演变为生态系统脆弱性。人类开发强度的大小是一个相对的概念，既是当前人类活动强度相对于之前人类活动强度而言，也是某一地区自然地理环境所能承受的人类活动强度相对于实际人类活动对这一地区自然地理环境所产生的影响强度而言。

4. 先天和后天因素共同影响下的生态环境脆弱性引发人地系统脆弱性

由于存在先天生态环境基础脆弱和后天人类开发强度大的特征，生态环境子系统脆弱性逐渐增强，在一系列生态环境问题不断恶化的同时，脆弱的生态环境进一步对人类经济社会活动产生制约与扰动作用。人类经济社会子系统受到外界脆弱生态环境恶化的扰动以及子系统内部结构不稳定等因素影响，也开始呈现脆弱性问题，表现为敏感性不断增强、应对能力有所不足、恢复能力有限。在生态环境子系统脆弱性和人类经济社会子系统脆弱性的共同耦合作用下，生态脆弱型人地系统整体脆弱性问题不可避免。由于生态脆弱性产生的影响逐渐增大，不仅使生态系统自身面临一系列问题，而且脆弱的生态环境进一步对人类经济社会活动产生约束作用，比如，由于生态承载能力有限，导致特定区域内的人口规模和城镇规模扩张受到限制，或者由于脆弱的生态环境导致特定产业发展受到限制，从而产生人类活动脆弱性，也就是说产生经济脆弱性和社会脆弱性。在生态脆弱性和人类活动脆弱性的共同作用下，人地系统开始出现脆弱性特征，具体表现为敏感性增强、应对能力减弱、恢复能力有限，此时生态脆弱型人地系统需要通过建立合理模式或优化调控，对其脆弱性及其一系列问题进行规避。可见，生态脆弱型人地系统最初表现为受自然和人为因素的双重影响的生态环境子系统脆弱性，生态环境脆弱性对人类经济社会活动造成影响进一步造成人类经济社会子系统脆弱性，最终表现为人地系统脆弱性。此时的人地系统脆弱性已不再仅仅是单要素的脆弱性问题，而是上升为时空格局牵制扰动性强的系统脆弱性问题，甚至可以对更高一级尺度区域产生影响。由于该类型的人地系统脆弱性滥觞于生态环境脆弱性，而生态环境脆弱性是由先天和后天因素共同作用而形成，所以把这一特征归纳为先天和后天因素共同影响下的生态环境脆弱性引发人地系统脆弱性。例如，山区和边远地区通常生态环境本底脆弱，并且经济社会发展水平较低，导致贫困和生态环境脆弱形成恶性循环，最终导致生态脆弱型人地系统呈现出整体脆弱性特征。

上述生态脆弱型人地系统的四个独有特征，使其具有生态环境脆弱的一面，但生态脆弱型人地系统并非一定位于生态交错地带，而是生态交错地带为生态脆弱型人地系统的产生与发展提供了先天条件，最终生态脆弱型人地系统是否可以形成，还受到人类活动的影响，是"人"和"地"综合作用的结果。并且人类开发活动强度大的地区容易形成生态脆弱型人地系统，但也并不是说人类开发强度大的地区一定是生态脆弱型人地系统、人类开发强度小的地区一定是稳定型的人地系统，也是需要从"人"和"地"相互作用而形成的人地系统整体状态的角度对生态脆弱型人地系统进行确定。此外，部分生态脆弱型人地系统内部生物物种复杂、活跃，并且个别作物产量较高，所以生态脆弱型人地系统可以充分利用这种有限的优势条件，通过合理引导人类活动方式，建立可持续发展模式，改造生态脆弱型人地系统为稳定型人地系统。

二、生态脆弱型人地系统分类

由于生态脆弱型人地系统内部要素、结构、功能及其相互之间的作用关系具有复杂性特点，增加了研究的难度。并且关于人地系统的格局、过程、机理与优化调控研究往往以抽象概括出来的人地系统为研究对象，可以认为是理想条件下的均质人地系统，没有对人地系统进行差异化对待，研究结论不一定适用于所有类型的人地系统。这种情况类似于经济学中的理性人假设，然而这种理性人在现实当中很难存在。在研究与实践过程中不难发现，由于经济、社会和生态环境的异质性导致区域特色出现，不同区域之间存在差异，导致落实在特定区域之上的人地系统存在差别；即便是同一区域内，由于人类活动方式和强度的差异，也将导致人地系统出现差别。因此，需要在对生态脆弱型人地系统进行分类的基础上，加强不同类型的生态脆弱型人地系统的对比。

（一）分类目标

自然地理环境要素在地域空间上集聚形成差异化的自然地理地域功能（本底条件），后天人类生产和生活活动在自然地域本底条件基础上履行职能并发挥作用，然后生态脆弱型人地系统内部"人"与"地"长时期在特定地域相互作用后表现出某种主导特质属性，进行生态脆弱型人地系统类型划分就是根据这种主导特质属性划分具有差异性、动态性和典型性类型的生态脆弱型人地系统。因此，可以把划分出具有差异性、动态性和具有典型性的人地系统作为生态脆弱型人地系统类型划分的三大目标。

1. 差异性的人地系统

对生态脆弱型人地系统进行分类，要保证分类后的生态脆弱型人地系统具有差异性，这是生态脆弱型人地系统类型划分的最基本目标。一方面，是由地球表层的非均质性这一客观实际决定的。地球表层的非均质性首先表现在自然地理条件的非均质性，不同地区地形、气候、自然资源、水源、植被、土壤等条件存在差异，另外经济要素和社会要素控制下的经济社会结构存在较大区别，并且经济差异已成为经济发展中的常态，人文要素的空间差异没有因时空缩减技术的进步而消失（刘卫东等，2013）。因此，在自然地理条件和经济社会因素综合作用下的地球表层的非均质性从根本上决定了人地系统的差异性。另一方面，是由地理学区域差异研究传统决定的。区域差异是地理学的研究传统和独特研究视角，从地理学的思维出发研究人地关系，需要发挥地理学的独特优势——立足于区域差异研究，对人地系统进行分类，可以保证分类结果的可靠性。要使生态脆弱型人地系统分类结果达到差异性目标，需要把经验主义方法论和逻辑实证主义方法论相结合，在实地调研基础上对研究区域进行整体感知，并结合定量研究方法，对人地系统内部的自然要素和人文要素进行综合对比分析，划分出具有差异性的类型。

2. 动态性的人地系统

生态脆弱型人地系统类型划分的结果要达到动态性的目标，是由人地系统处于动态发展过程之中和马克思主义唯物辩证法发展观点看问题两方面决定的。由于生态脆弱型人地系统具有动态性，内部要素和系统整体均处于不断变化过程中，因此，对生态脆弱型人地系统进行分类，不仅需要从静态的角度划分生态脆弱型人地系统的空间差异，而且还需要从发展演变的角度划分生态脆弱型人地系统的时间过程。另外，根据唯物辩证法的观点，"按自身规律永恒发展"是世界存在的两个总的基本特征之一，世界上一切事物都是变化发展的，整个世界就是一个永恒变化发展的世界，因此，需要用发展的观点研究人地系统，促进生态脆弱型人地系统分类结果满足动态性的要求。要使分类结果达到动态性目标，就要以发展的视角研究人地系统的发展阶段和变化规律，把先天因素、后天因素和未来预期因素相结合，划分出具有动态性的生态脆弱型人地系统类型。

3. 典型性的人地系统

生态脆弱型人地系统类型划分的结果要达到典型性的目标，是在差异性和动态性目标完成的基础上需要实现的高层次的目标，是划分出的生态脆弱型人地系统类型具备足够的特殊性和代表性，既可以反映出生态脆弱型人地系统的差异性，也可以反映出生态脆弱型人地系统的动态性，并且选取的案例是此类系统的典型代表。马克思主义唯物辩证法认为，矛盾分析方法是认识事物的根本方法，普遍性和特殊性是运用矛盾的观点来分析处理问题的哲学方法之一，矛盾的特殊性是事物区别于其他事物的本质，是世界上事物之所以有差别的根据。因此，生态脆弱型人地系统类型划分的典型性目标是矛盾特殊性分析事物的体现。要使生态脆弱型人地系统分类结果达到典型性目标，需要对生态脆弱型人地系统的差异性和动态性进行综合考察，对系统内部要素进行归纳与总结，选取最具代表性的要素进行合并，形成典型性的生态脆弱型人地系统类型。在达到典型性目标基础上对典型人地系统研究与中国地理科学未来发展方向——"典型区域人文—自然复合系统的演化"相符合。

（二）分类原则

1. 综合性原则

地理学研究强调自然因素与人文因素的综合与集成，生态脆弱型人地系统更是由自然因素和人文因素相互作用形成的统一综合体。随着"人"与"地"之间的作用强度提高以及作用关系复杂，"纯"人类活动和"纯"自然地理环境已经越来越少，"人"与"地"之间的界面越来越模糊，对不同要素之间的综合与耦合研究的需要越来越强烈。因此，对生态脆弱型人地系统进行分类需要坚持自然因素与人文因素相结合的综合原则。

2. 主导因素原则

主要矛盾在事物发展过程中居于支配地位，其作用是规定或影响其他次要矛盾。主导因素既是影响人地关系冲突与协调的主要因素，也是影响生态脆弱型人地系统状态与演变的关键因素，并且对系统内部的其他因素产生重要影响，往往在特定发展阶段起到决定性作用。因此，确定生态脆弱型人地系统类型，需要坚持主导因素原则，准确把握影响生态脆弱型人地系统的主导因素。

3. 发生学原则

生态脆弱型人地系统是历史发展的产物，"人"与"地"之间的联系也有其历史渊源和发生统一性。因此，应当重视时间尺度及社会经济发展程度在生态脆弱型人地系统类型确定中的作用，同时也要考虑到生态脆弱型人地系统未来发展趋势。根据发展过程的相似性和区域整体特征的历史共同性确定生态脆弱型人地系统类型。行政区域单元具有较强的稳定性，是特定地域自然和社会经济长时期综合作用的产物，既是历史的反映也对区域发展产生重要作用，并且保持研究地域完整便于获取所需资料数据，是生态脆弱型人地系统类型确定应该考虑的因素。

4. 区域共轭性原则

区域共轭性原则在自然区划工作中也称空间连续性原则。生态脆弱型人地系统由不同要素组成，要素之间彼此联系、相互作用，不存在彼此完全分离的现象。因此，对生态脆弱型人地系统进行分类，既需要保持空间上的连续性，也需要保持空间上的不可重复性。

5. 相对一致性原则

在确定生态脆弱型人地系统类型时，需要使其内部基本属性保持一致，但这种基本一致不是完全绝对的而是相对的。强调生态脆弱型人地系统内部特征的相对一致性，也就是认为系统与其他系统之间存在差异；将生态脆弱型人地系统要素、结构、功能、子系统、特征、演变趋势以及与系统外部的关系具有一致性的进行归类，将上述内容具有不一致性的划分为其他类型。

强调生态脆弱型人地系统生态环境特征、经济及社会发展过程的相似性及不同系统之间存在差异。

（三）分类依据

在生态脆弱型人地系统分类目标和原则的基础上，根据不同视角和特点，可以把生态脆弱型人地系统划分为不同类型（图2-5）。

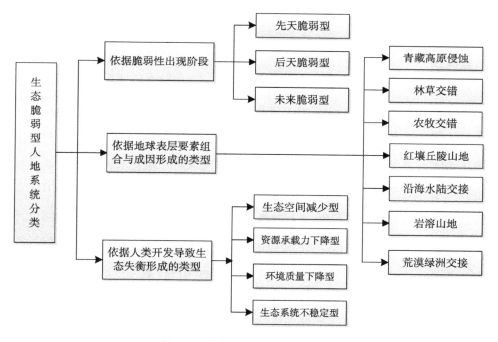

图2-5　生态脆弱型人地系统分类

1. 依据脆弱性出现的阶段

依据脆弱性出现的阶段，可以把生态脆弱型人地系统划分为先天生态脆弱型人地系统、后天生态脆弱型人地系统和未来生态脆弱型人地系统。先天生态脆弱型人地系统是在生态环境本底脆弱的基础上产生，生态脆弱、环境承载力低、系统抗干扰能力弱是这种生态脆弱型人地系统产生的主要原因。

后天生态脆弱型人地系统是随着经济社会发展，在人类活动影响下导致生态环境恶化，系统原有的平衡难以继续维持，从而形成生态脆弱型人地系统。未来生态脆弱型人地系统是根据人地系统的现状进行综合诊断，人类活动有不合理的趋势或者生态环境有恶化趋势，导致生态脆弱型人地系统的形成难以避免。生态脆弱型人地系统往往是在生态本底脆弱和人类不合理开发行为综合作用下形成，也就是先天和后天条件共同起作用的结果。

2. 依据地球表层要素组合与成因形成的类型

依据地球表层要素组合与成因形成的类型与特点，可以把生态脆弱型人地系统划分为林草交错形成的生态脆弱型人地系统、农牧交错形成的生态脆弱型人地系统、荒漠绿洲交接形成的生态脆弱型人地系统、青藏高原复合侵蚀形成的生态脆弱型人地系统、红壤丘陵山地形成的生态脆弱型人地系统、岩溶山地石漠化形成的生态脆弱型人地系统、沿海水陆交接地带形成的生态脆弱型人地系统。林草交错形成的生态脆弱型人地系统主要分布在山地森林边缘与草原地带交汇的过渡区域，具有明显的生态交错带特征，系统不稳定因素多，环境与群落差异较大，对外界变化反应敏感。农牧交错形成的生态脆弱型人地系统主要分布在耕地与草原过度区域，具有干旱半干旱的气候特征，降水较少、灌溉水源短缺，地表植被覆盖度低，在人为和自然因素双重影响下水土流失严重。荒漠绿洲交接形成的生态脆弱型人地系统分布在典型荒漠绿洲过渡地带，呈非地带性岛状或片状分布，环境异质性大，自然条件恶劣，年降水量少、蒸发量大，水资源极度短缺，土壤瘠薄，植被稀疏，风沙活动强烈，土地荒漠化严重。青藏高原复合侵蚀形成的生态脆弱型人地系统主要分布于雅鲁藏布江中游高寒山地沟谷地带、藏北高原和青海三江源地区等，地势高寒、气候恶劣、自然条件严酷、植被稀疏，具有明显的风蚀、水蚀、冻蚀等多种土壤侵蚀现象。南方红壤丘陵山地生态脆弱区主要分布于长江以南红壤丘陵山地，土层较薄，肥力瘠薄，人为活动强烈，土地严重过垦，土壤质量下降明显，生产力逐年降低；丘陵坡地林木资源砍伐严重，植被覆盖度低，暴雨频繁、强度大，地表水蚀严重。岩溶山地石漠化形成的生态脆弱型人地系统主要分布于西南石灰岩岩溶山地区域，全年降水量大，融水侵蚀严重，而且岩溶山地土层薄，成土过程缓慢，加之过度砍伐山体林木资源，植被覆盖度低，造成严重水土流失，山体滑坡、泥石流灾害频繁发生。沿海水陆交接形成的生态脆弱型人地系统分布于东部水陆交接地带，潮汐、台风及暴雨等气候灾害频发，土壤含盐量高，植被单一，防护效果差。

上述类型的突出特点是与地理位置、当地先天自然要素地域组合密切相关，属于"先天不足型"的人地系统。这种"不足"突出表现在所处地域不同自然要素组合形成的"边缘""异质""界面"属性，这些地区往往人烟稀少，生产方式落后，经济发展水平低下，与贫困区耦合程度高，有的甚至成为环境移民（出）区。在开发强度低的情况下，能维持系统稳定，一旦遭遇全球环境变化导致自然要素地域组合界面突变或人口增多开发强度增大，就会出现"不稳定""脆弱""扰动"和"不可逆修复"等问题，甚至导致系统崩溃。因此，对这类区域的开发需要十分慎重，所以，在中国主体功能区规划中这些区域大都是禁止或限制开发区。

3. 依据人类高强度开发导致生态失衡形成的类型

根据人类高强度开发导致的生态失衡状况，可以分为生态空间减少型、资源承载力下降型、环境质量下降型、生态系统不稳定型的生态脆弱型人地系统。生态空间减少型的生态脆弱型人地系统是在工业化和城镇化快速发展背景下经济规模较大、城镇体系比较健全的情况下形成的，但是工业遍地开花、城市蔓延扩张，人口与经济过于密集，在生产与生活空间的挤压下，生态空间开始减少，生态系统遭到破坏，从而造成空间失衡的状态。资源承载力下降型的生态脆弱型人地系统是在经济发展过程中过度依赖自然资源，对自然资源的开发与利用程度较高的情况下形成的，然而既定时间内区域的资源总量是一定的，过度开采资源导致资源枯竭或衰退，从而导致资源总量对经济社会发展的承载能力下降。环境质量下降型的生态脆弱型人地系统是在传统粗放型的发展模式中形成，这种发展模式以"高污染、高排放和低产出"为典型特征，工业化和城镇化过程中排放过量的废水、废气、废渣，对环境造成了严重的污染，从而导致环境质量急剧下降，制约了人地协调发展。生态系统不稳定型的生态脆弱型人地系统是在人为或自然因素影响下，由于水土流失、物种、植被等下垫面发生变异，或者系统直接退化而产生不稳定的状况，从而进一步影响到生态系统服务功能的发挥，甚至影响到区域的生态安全。

上述类型的共同属性是地理位置与自然条件优越，开发历史较早，多数分布在人口经济城市群带密集区，曾为我国国民经济发展做出突出贡献，现在依然是经济发展的中坚，在主体功能区规划中，这类区域一般都在优化或者限制开发区中。由于发展水平较高，在长期的经济联系过程中，与周边区域在交通区位和经济区位方面结成了紧密的镶嵌关系，在资源、环境、产业和人口流动中牵一发动全身，往往影响更大尺度区域的变动，从而导致时空格局牵制扰动性强。随着工业化和城镇化规模扩张，生态系统日渐暴露出不稳定、脆弱、服务功能下降的特点，这些问题的表现尽管有的是局部的、单要素的或者区域的，有的是当前凸显，有的是潜在威胁，归结起来可以认为是发展的系统性问题突出。上述不同问题交错复杂，对其识别和治理有一定难度，高质量的经济发展和绿色转型是这类区域的主要方向。因此，绿色发展和生态创新是这种类型生态脆弱型人地系统未来的必由之路。

三、生态脆弱型人地系统构成解析

生态脆弱型人地系统是复杂的耦合系统，根据系统论的观点，首先内部的要素存在复杂的非线性作用从而使生态脆弱型人地系统形成不同形式的结构与功能，不同要素、结构、功能共同作用进而产生生态脆弱型人地系统的子系统。因此，对生态脆弱型人地系统的构成研究，就是从"要素——结构——功能——子系统"的角度，对生态脆弱型人地系统的要素、结构、功能和子系统进行分析。

（一）生态脆弱型人地系统的要素

所谓生态脆弱型人地系统的要素，是系统中对整体性质和结构起主要和关键作用的元素，是系统整体中的基本组成单元。生态脆弱型人地系统是由不同要素组成的耗散系统，其结构、功能和子系统与要素的数量、质量、规模、组成、布局等因素以及相互联系方式密切相关。生态脆弱型人地系统内部结构的复杂性是系统内部不同要素之间通过复杂的作用关系而共同导致，复杂的结构进一步使系统体现出整体功能的差异以及子系统的本质区别。根据生态脆弱型人地系统要素基本成分的差异，可以把生态脆弱型人地系统的要素划分为经济要素、社会要素和生态环境要素（图2-6）。

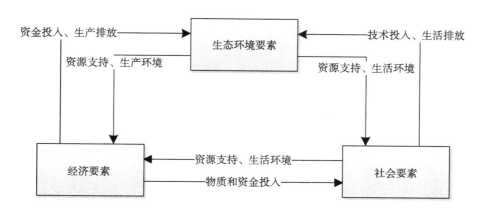

图2-6 生态脆弱型人地系统要素

生态脆弱型人地系统内部人文和自然要素种类繁多，要素与要素之间存在复杂的作用关系，最终形成一定规律。首先，要素之间存在非线性相互作用，比如，指数型变化、抛物型变化、曲线型变化等，推动系统由低级向高级发展。其次，系统内要素地位并不相同，不同要素之间展开竞争，要素之间相互地位发生变化，比如，经济要素地位取代生态环境要素地位，从而改变了要素之间相互替代的难易程度。最后，不同要素之间可以通过匹配、互补、合作等方式不断进行协调，从而推进系统的有序进化。

1. 经济要素

（1）包含内容

经济系统中的要素主要包括交通、通讯、劳动力、资本、技术、信息、管理等。交通和通讯设施为不同要素进行流动并发生相互作用关系提供了通道，并且要素流的速率、规模、组合与匹配效率也受交通和通讯设施提供的通道的影响；劳动力通过创造直接把资源、资金、技术、信息转化为生产力，推进经济发展与社会进步；资本、信息、技术、管理等属于生产性要素，在经济发展中的地位越来越重要。生态脆弱型人地系统中的经济要素在过于追求经济增长速度与规模的模式导向下存在一定程度的利用不合理性，对生态环境系统产生较大扰动，或者对当地主导资源过于依赖、过度开发，或者产生生态破坏、环境污染等问题，是生态脆弱型人地系统产生脆弱性的直接原因。

（2）在生态脆弱型人地系统中的作用

从产业结构、全要素生产率、经济创新能力等方面分析经济要素对生态脆弱型人地系统产生的作用。产业结构调整在经济增长过程中发挥着重要作用，产业结构优化调整促进经济增长，同时在经济增长过程中得以实现。产业结构的调整和优化是区域经济增长的基础，全要素生产率提升是经济增长的催化剂，创新能力进步促进生产力水平提高，并且推进产业结构通过不断调整向高级化方向发展。

产业结构的阶段性特点是产业结构对生态脆弱型人地系统演变所发挥作用的直接体现，在不同产业结构影响下，经济发展所处的水平与阶段不同，导致对应的经济抗冲击能力不同，可以对生态脆弱型人地系统的脆弱性产生不同表现形式。在产业结构升级过程中，第一产业比重逐渐降低，第三产业比重逐渐升高，主导产业类型逐渐由技术密集型产业取代资本密集型和劳动密集型产业，在这一过程中，人地系统的脆弱性理论上逐渐降低，区域D的脆弱性明显要低于区域A—C（图2-7）。原因在于伴随产业结构升级，三次产业比重由"一、二、三"型向"三、二、一"型转变，对于科技的依赖逐渐取代对于资源的依赖，对于人才的需求逐渐取代对于劳动力数量的需求，集约型生产方式逐渐取代粗放型生产方式，促进自然资源的消耗以及污染物的排放减小，人类活动对生态环境的负面影响逐步转变为正面影响。

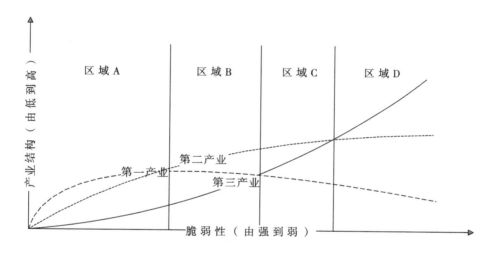

图2-7　产业结构对于生态脆弱型人地系统的作用

全要素生产率来源于技术进步、管理创新、专业化和市场创新、体制机制创新等，主要从两方面体现，一是用投入和产出所反映的经济效益，即投入产出比；二是可配置资源的利用效率，尤其是对技术、知识、资金、劳动力、资产等非自然生产要素的利用效率。提高经济效益需要以较少的投入获得较大产出，以最小成本获得最大收益；提高可配置资源的利用效率要求通过创新手段增加对资源的利用和使用，最大限度发挥已有资源的效用，减少闲置与浪费。二者是经济效率统一的两方面，构成经济效率的重要条件（牟安平，1998）。全要素生产率对生态脆弱型人地系统演变的作用表现在：第一，全要素生产率影响系统内资源的脆弱性，在可利用资源总量一定的前提下，全要素生产率提高可以缓解资源紧缺状况，相当于增加了系统的可用资源，一定程度上降低了资源脆弱性。第二，全要素生产率提高可以促进经济发展，为系统内基础设施建设、人民生活水平提高、治理污染、保育生态提供资金保障，促进生态脆弱型人地系统的脆弱性降低。

创新能力体现了科学技术对经济发展的支撑能力，科学技术对生态脆弱型人地系统的演变具有重要作用。科技进步促进社会劳动生产率提高以及产业分工深化，推进产业结构向高级化方向发展以及经济效率的提高。科学技术水平进步可以为循环、绿色、低碳经济发展提供技术支持，提高系统内资源集约节约利用水平，缓解系统发展的资源与能源压力；利用先进的科学技术可以增强系统的生态保育能力以及污染防治能力，缓解经济发展对于生态环境的压力，一定程度上降低生态环境脆弱性。

2. 社会要素

（1）包含内容

社会要素是建立在实践基础上与自然要素相对立的物质要素，人口是最基本、最重要的社会要素，而政治、文化、风俗、科技、教育等其他社会要素可以视为附加在人口基础之上的人类生产和生活衍生物。人口既是生产主体也是消费主体，既具有自然属性，也具有社会属性，与人口息息相关的不同活动方式对人地相互作用关系的类型具有直接联系。不同社会要素通过不同形式的联系推动了社会系统结构的演进，通过与自然环境发生联系，导致自然环境发生变化，是产生生态环境问题的直接原因，尤其是在生态脆弱型人地系统中，生态脆弱性是生态脆弱型人地系统脆弱性的突出表现形式，社会脆弱性对生态脆弱型人地系统的作用也越来越明显。

（2）在生态脆弱型人地系统中的作用

社会要素在生态脆弱型人地系统中起到保障与调节作用，为经济要素提供劳动力与技术支持，为资源利用和环境治理提供政策与法制保障。从人类发展质量、基础设施水平、社会保障、制度和文化等方面内容分析社会要素在生态脆弱型人地系统中具有的作用。

人类发展质量对生态脆弱型人地系统的作用体现在人类自身发展和抵抗风险的能力、人力资源、意识觉悟等方面。人口是社会子系统的重要组成部分，人类应对风险的能力是影响脆弱性的重要方面，人类应对风险的能力强，可以缓解系统的脆弱性。提高人口素质可以帮助劳动者掌握先进的科学技术，培育环境意识，促进人们合理利用资源、保护环境，从而有助于生态脆弱型人地系统可持续发展。部分落后的发展中国家生态遭到严重破坏，环境日益恶化，重要的因素便是意识觉悟问题，由于认识不到环境保护的重要性，缺乏环境保护的意识和能力，对自然资源不能合理开发利用，从而导致生态环境问题日益严重。

基础设施是生产、生活的必要条件，为社会生产和居民生活提供公共服务。基础设施提供的产品和服务，有助于人们获取清洁的饮用水和环境卫生设施，可以直接降低疾病的发病率，提高人类健康水平；先进的污染物处理设施，可以促进环境污染的预防，从而有助于改善生态环境质量。社会保障是政府为解决社会脆弱群体生存问题的重要社会政策，对于经济发展和社会稳定具有重要作用。提高社会保障水平有助于使公民的基本生活需求得到满足，保持社会秩序安全、稳定，为人地系统可持续发展创造有利环境。在生态脆弱型人地系统演变过程中，制度与文化因素直接或间接产生作用。合理的政治体制、良好的社会伦理道德和历史文化沉淀是系统优化发展的保障，尤其是完备的政策与法律体系，完善的社会治理具有重要作用。

3. 生态环境要素

（1）包含内容

生态环境要素由地理条件、狭义的生态环境、资源条件与环境条件等构成。地理条件一般包括地形地貌、土壤、水文、气候等，狭义的生态环境是由地区的植被、动物、生态系统及景观生态等要素构成，自然资源是地球上可被人类有效利用的自然资源。不同生态环境要素通过物理过程、化学过程和生物过程等不同形式联系成为有机的统一整体。生态脆弱型人地系统中的生态环境要素通常具有明显的脆弱性特征，这种脆弱性既有先天因素（自然本底）造成的生态脆弱，也有后天人类不合理开发活动造成的生态脆弱，生态脆弱是生态脆弱型人地系统形成的根本原因。

（2）在生态脆弱型人地系统中的作用

生态环境是人地系统的基本要素，是人地系统可持续发展的物质基础，良好的生态、资源、环境条件有利于为生态脆弱型人地系统建立可持续发展模式提供良好的外部条件。生态环境影响生态脆弱型人地系统的因素包括总量、质量、结构、政策、管理等。自然资源总量是决定物质资源丰富程度的前提和基础，从理论上讲，资源总量越大，生态脆弱型人地系统能够承载的人口和社会经济发展规模越大，维持人地系统发展的周期越长。自然资源质量是影响生态脆弱型人地系统资源保障能力的重要因素，资源退化变相减少了资源总量，并且直接限制人口生存发展和社会经济功能的正常运转，成为社会经济发展的负担。资源的类型结构与时空组合状况对生态脆弱型人地系统的影响通过对特定时期系统内资源的供给与需求进行影响而起作用，人口和生产力布局与资源时空分布和组合规律吻合，就会产生较高的支撑能力。另外，资源的开发利用成本和价格、节约集约利用资源的技术条件以及资源的管理制度与政策对生态脆弱型人地系统也具有重要作用。

生态环境本底脆弱是不同类型生态脆弱型人地系统产生的共同原因以及根本原因，并且生态环境保障能力直接影响人地系统的经济发展和社会进步。生态脆弱型人地系统的生态环境保障能力往往比较有限，吸引投资的环境竞争力水平低，不利于资本集聚、人才吸引，制约经济发展与城镇化水平提高。生态环境恶化可以导致自然灾害事件频发，引发人员伤亡和财产损失，导致生态脆弱型人地系统应对外界干扰的能力不足。

（二）生态脆弱型人地系统的结构

生态脆弱型人地系统的要素通过物质、能量、信息等要素流相互作用，使系统形成一种整体结构。结构在生态脆弱型人地系统演变过程具有重要作用，也影响到系统整体功能的发挥。研究生态脆弱型人地系统结构可以通过整体全面的视角对系统内部各要素进行系统分析，并且通过结构优化的手段对生态脆弱型人地系统进行优化调控以建立可持续发展模式。分析生态脆弱型人地系统结构的视角较多，根据系统所属层次，可以划分为微观结构和宏观结构；根据系统内外部环境之间的关系，可以划分为内部结构与外部结构；根据系统内部要素的组织或分布方式，可以划分为空间结构与时间结构。但是，对于生态脆弱型人地系统的结构，最重要的是在区域可持续发展视角下不同类型要素形成的直观结构——经济结构、社会结构、生态环境结构（图2-8），通过所形成的三元结构对生态脆弱型人地系统的结构进行整体把握。

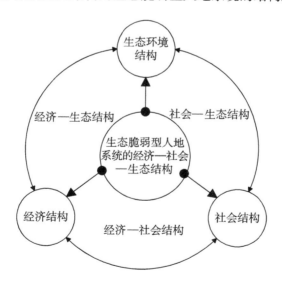

图2-8　生态脆弱型人地系统结构

1. 经济结构

生态脆弱型人地系统的经济结构是指经济要素、经济运行不同环节的内在联系，以及在内在联系基础上反映出的层次与构造。产业结构与人类社会需求相联系，贯穿于人地关系的始终，并且产业结构调整优化是实现生态脆弱型人地系统协调发展的保证。不同类型生态脆弱型人地系统的经济结构存在不同，农牧交错形成的生态脆弱型人地系统农业和畜牧业在第一产业中占有明显优势，而在三次产业构成中，第一产业比重高、二三产业比重低是与其他类型的明显差别。沿海水陆交接形成的生态脆弱型人地系统由于临近海洋，渔业在第一产业中占有明显优势，由于便于发展对外贸易，二三产业比重明显高于其他生态脆弱型人地系统。

2. 社会结构

生态脆弱型人地系统的社会结构是指社会要素在相互联系和相互作用中的组成方式及其关系格局。在社会结构形成过程中，经济结构变动往往起到决定性作用，人口因素是社会结构的核心，受到社会制度、社会规范的协调和控制。生态脆弱型人地系统的社会结构中，由于眼前生存需要重于长远环境保护，对当前行为的后果无知，在生产生活过程中不注重保护生态环境，不断增加的人口向自然界索取的力度逐渐增大，导致生态环境趋向脆弱，进一步导致社会结构不稳定。生产技术落后使自然资源不能节约集约利用，在原始的、传统的技术水平下，只能依靠掠夺性开发利用资源来满足当前需要，导致生态环境更加脆弱。

3. 生态环境结构

生态脆弱型人地系统的生态环境结构，是由直接或间接影响到人类生活和生产的一切生态环境要素在相互联系基础上按一定规律形成的关系形式，由地球表层的不同圈层共同形成。生态环境结构为经济社会活动提供了基本的物质基础和生态环境条件，是决定一个区域经济社会发展状况的主要因素，是人类生存发展的基本条件。对于生态脆弱型人地系统而言，生态环境结构对其演变与发展具有根本性影响。往往由于生态环境结构的不稳定性导致生态本底脆弱，由于外界扰动超出了其保持结构稳定的能力，从而导致生态环境脆弱性特征更加明显，可见，生态环境结构是生态脆弱型人地系统具有脆弱性的根本原因。

经济结构、社会结构和生态环境结构之间的联系主要以要素流为桥梁和媒介。要素在系统内部或系统之间不断循环流动，通过反馈环和因果关系链把不同结构连接为一个结构体系，使经济结构、社会结构和生态环境结构之间具有高度的相关性。当要素运动受系统涨落影响而远离平衡态时，将突破系统结构束缚，重新趋向平衡态，并且在这一过程中形成新的结构，这也成为人地系统结构演变的机制（任启平，2007）。其中，生态环境结构在生态脆弱型人地系统结构中处于最基础的地位，是各种要素流动的起点，为社会经济发展提供物质资料来源和能量转化平台，并且由于生态环境的脆弱性而引发整个人地系统的脆弱性。经济结构是生态脆弱型人地系统中"人""地"联系最紧密、作用最强烈的领域，往往由于经济结构的变化而对生态环境产生负面影响，因此，合理的经济结构是生态脆弱型人地系统协调发展的必要条件。合理的社会结构是生态脆弱型人地系统协调发展的保证，可以有效规避社会脆弱性。

（三）生态脆弱型人地系统的功能

按照分类视角不同，功能具有不同的划分标准。功能按照通性可以划分为一般功能和特殊功能；按照功能的作用强度可以划分为主导功能和辅助功能；按照功能的服务对象可以划分为基本功能和非基本功能；按照职能和属性可以划分为生产功能、生活功能和生态功能。生态脆弱型人地系统的功能是其内部不同要素通过相互联系实现的能力和功效，通过其内部的结构集中反映出来，分别在经济结构、社会结构和生态环境结构的主导下，生态脆弱型人地系统可以形成生产功能、生活功能和生态功能（图2-9）。

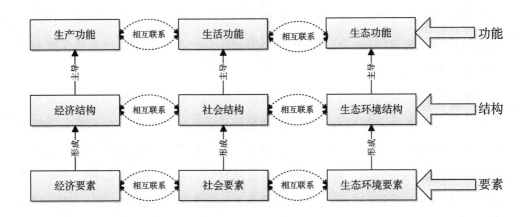

图2-9 生态脆弱型人地系统要素、结构、功能的关系

1. 生产功能

生产功能是生态脆弱型人地系统的重要功能，为人类提供基本的物质资料。按照生产方式不同，可以分为农业生产功能和非农业生产功能。农业为人类生存提供粮食资源，可以满足人类的基本生活需求。非农业生产功能主要包括商品生产和服务产品生产，即第二产业和第三产业的生产。第二产业为人类生产生活提供工业产品，第三产业满足人类的基本文化、金融、医疗、娱乐、卫生、教育等需求。以经济结构中的不同产业生产活动为基础，通过社会结构中的技术、制度、政策等加以调节促进，来提高人类生产水平和生活质量，满足人类的基本发展需求，从而实现基础生产功能。其中，经济再生产及社会再生产中的科技进步是人地系统演进的主要驱动力（潘玉君，2009）。但是，通过经济和社会结构表现出的基础生产功能一方面其所需的生产要素部分来源于自然资源，另一方面向自然界排放废弃物，并且消耗资源与能源，导致生态脆弱型人地系统表现出脆弱性特征。因此实现自然资源循环利用和可持续利用，并协调生产功能与生态环境的关系有助于生产功能得以长期有效发挥。

2. 生活功能

生活功能是人类实现自身生存和可持续发展的主要功能，生活功能是生产功能和生态功能追求的目标，具体又可以包括居住承载功能、生活保障功能和服务功能。随着房价不断提高，住房问题成为政府和居民持续关注的焦点，是涉及社会公平稳定、人民生活水平提高、居民幸福感提升、和谐社会建设、新型城镇化可持续推进的关键问题。生活保障功能可以通过基础设施保障程度集中体现，基础设施主要包括公路、铁路、机场、水电煤气管道设施、通信设施等公共设施，是保障居民生活的重要条件。社会保障水平影响经济发展和社会稳定，适度与否对系统的健康发展具有重大影响。人类通过规划、政策和法律法规等手段通过不同层次的决策、管理与调控，或者通过科技、文化、教育、资本等措施，保障人类自身生产和生活顺利进行，并且实现生态环境优化，引导生态脆弱型人地系统由脆弱性向可持续性转变，实现系统的基本调节功能。在调节过程中，不断将不同子系统的无序要素规避或将无序要素转变为有序要素，从而实现生态脆弱型人地系统的结构优化以及功能合理，进一步保证生态脆弱型人地系统的稳定和持续。

3. 生态功能

生态功能是生态脆弱型人地系统中各项功能的基础，具有重要的支撑和制约作用，生态功能遭到破坏是生态脆弱型人地系统产生的根本原因。以一定的生态环境基础作为物质载体，经济和社会活动才能持续发展，正是由于生态系统呈现出脆弱性特征才逐渐导致生态脆弱型人地系统形成。生态环境的保障能力直接影响着区域发展水平，生态环境恶化不仅可以影响居住环境的舒适程度，降低人们的生活质量，而且还降低了投资环境的竞争力，从而降低区域经济发展水平。

生态环境是人类生产生活的物质载体，为人类提供基本生存和生态空间以及自然资源，并且容纳经济社会发展过程产生的污染物和废弃物，在生态功能基础上发挥基础承载功能。生态环境对经济社会发展的承载能力是生态功能的重要表现形式，人类活动强度在生态环境承载能力之内是生态脆弱型人地系统建立可持续发展模式的基本要求。但是，生态脆弱型人地系统的生态环境承载能力有限，限制了基础承载功能的发挥，并且人类为满足自己的需求对自己的开发活动不进行合理调控，导致原本脆弱的生态环境更加脆弱，并且进一步导致生态脆弱型人地系统的基础承载功能减弱。由于基础承载功能有限，所以为经济社会发展提供的活动空间及物质流和能量流作用下降，从而导致基础生产功能受到限制。

随着生产力不断进步，生态环境受人类活动的干扰越来越明显，并且可以对不同方式的人类活动产生不同的反馈功能。资源短缺、环境污染、生态破坏、人居环境恶化等问题可以视为生态环境对人类活动产生负面反馈的体现，这些现象将反作用于人类社会，对人类活动产生负面影响，成为制约可持续发展模式建立的约束条件。当人类活动强度保持在生态环境承载能力之内时，生态环境为人类活动提供资源供给和环境支撑，资源可持续供给并且提供高质量环境，是生态环境对人类活动产生正面反馈的体现，将促进区域可持续发展。在生态脆弱型人地系统中，生态脆弱是生态环境对于经济发展过程中过度消耗资源、过度污染环境所产生的负面反馈的集中体现，负面反馈产生的直接原因在于人类不合理活动，并且反过来使人类活动受制于生态脆弱的影响，从而使得人类进行反思，并且在可持续发展理念指导下进行调控。

（四）生态脆弱型人地系统的子系统

在经济要素、结构与功能不断作用与完善而落地的基础上形成了经济子系统，同理形成社会子系统和生态环境子系统。可以认为经济子系统、社会子系统和生态环境子系统是生态脆弱型人地系统的三个基本子系统，三个子系统之间在物质、信息和能量流动过程中，通过相互作用、相互影响、相互依赖和相互制约而共同形成生态脆弱型人地系统。

　　经济子系统是在社会再生产过程与生态环境进行物质循环、能量交换、信息传递的整个循环运动中，由经济发展要素、产业部门结构及各个环节的时空组合形成的国民经济有机体。按照人类物质生产循环的全过程，经济子系统的构成包括生产、分配、交换、消费等四个环节。社会子系统以人口为中心，包括区域内人口数量、质量及结构特征，通过创造基本的生活环境条件来保持社会秩序有序、稳定、正常运行。生态环境子系统包括区域生态状况和资源环境条件，是一定范围内生物和非生物的有机组合，是通过物质流、能量流和信息流进行传递而具有新陈代谢和自我调节机制的复合系统。

　　生态脆弱型人地系统的三个子系统之间存在耦合作用，通常，这种耦合作用形式有三种：（1）拒抗作用，即一种子系统功能增强对其他子系统的发展产生抑制作用，拒抗作用程度加剧时表现为子系统之间相冲突；（2）协同作用，即一种子系统功能增强可以促进其他子系统的发展；（3）兼容性，即三个子系统之间的相互作用微弱或相互之间没有作用关系（李秋颖，2015）。生态脆弱型人地系统三个子系统的复杂关系是引起协调、兼容和拒抗作用的基础，并且沿着"兼容性—拒抗作用——兼容性—协同作用——兼容性—拒抗作用"的路径循环往复（图2-10）。

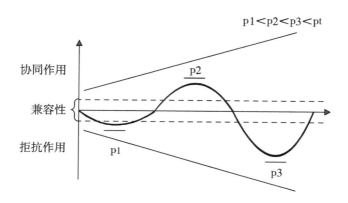

图2-10　三个子系统作用方式演进

在明确经济、社会、生态环境三个子系统相互作用关系的基础上，借鉴系统论思想建立三个子系统的动态耦合模型，模拟生态脆弱型人地系统三个子系统的动态演变及其耦合状态。

任何若干要素的变化过程都是一种动态耦合过程，其演化方程可以表示为：

$$\frac{d_x(t)}{d_t}=f(x_i) \tag{2-1}$$

i=1，…，n，f为x_i的非线性函数。

由于一次近似系统特征根可以决定非线性系统运动的基本特性，因此在保证稳定性的前提下，将其在原点附近按泰勒级数展开，并略去高次项，非线性系统可以近似表达为：

$$\frac{d_x(t)}{d_t}=\sum_{i=1}^{n}a_ix_i，\ i=1，…，n \tag{2-2}$$

根据上述公式，可以建立经济、社会和生态环境子系统变化过程的一般函数为：

$$f(j)=\sum_{i=1}^{n}a_ix_i，\ i=1，2，…，n \tag{2-3}$$

$$f(s)=\sum_{i=1}^{n}b_iy_i，\ i=1，2，…，n \tag{2-4}$$

$$f(h)=\sum_{i=1}^{n}c_iz_i，\ i=1，2，…，n \tag{2-5}$$

式中$f(j)$、$f(s)$、$f(h)$分别为经济子系统、社会子系统、生态环境子系统；x、y、z为系统的元素；a、b、c为各元素的权重。

鉴于三个子系统的交互耦合关系，可以把三个子系统视为一个整体系统来对待，根据相互作用理论，可以用以下公式反映系统的演化过程：

$$A=\frac{d_f(j)}{d_t}=T_1f(j)+T_2f(s)+T_3f(h) \tag{2-6}$$

$$B=\frac{d_f(s)}{d_t}=T_1f(j)+T_2f(s)+T_3f(h) \tag{2-7}$$

$$C=\frac{d_f(h)}{d_t}=T_1f(j)+T_2f(s)+T_3f(h) \tag{2-8}$$

式中，A、B、C分别表示经济、社会和生态环境要素影响下经济子系统、社会子系统和生态环境子系统的演化状态。在生态脆弱型人地系统中，经济子系统、社会子系统和生态环境子系统是相互影响的，任何一个子系统的变化都会影响其他子系统的状态并且导致系统整体发生变化，可以用A、B、C的复合函数反映系统整体的演化（乔标，2005）。

在社会生产力水平较低时，生态脆弱型人地系统的社会子系统和生态环境子系统功能较强，经济子系统的功能较弱，三个子系统之间的作用比较微弱，作用方式以兼容性为主，不同子系统呈现自然主导的、和谐共存的关系，生态脆弱型人地系统具有较强的可持续发展能力。随着生产力水平提高，不同子系统之间相互作用关系增强，不同利益主体为了自身发展需求，对生态环境的开发力度逐步加大，经济子系统和社会子系统的发展对生态环境子系统造成破坏而导致生态系统逐渐脆弱，从而三个子系统之间的拒抗作用开始产生。由于人类对自己生存环境逐步重视，政府通过空间规划和治理模式创新等引导区域经济、社会和生态活动，不同子系统之间的功能逐渐协调。

四、生态脆弱型人地系统演变机理

生态脆弱型人地系统是"人"与"地"长期相互作用而形成的典型人地系统类型，动态性是其基本属性之一。生态脆弱型人地系统从形成到发展是一个动态演变过程。机理主要是指一个工作系统的组织或部分之间相互作用的过程和方式。在经济学、地理学、社会学等学科中，机理主要指引起事物变化的内外部因素及其相互作用的方式和规律，可以理解为是经实践检验证明行之有效、相对稳定的多种方式、方法的总结和提炼。因此，生态脆弱型人地系统演变机理是其在发展演变过程中，相关元素相互作用的过程、方式和规律。深入分析生态脆弱型人地系统的演变机理对于全面把握生态脆弱型人地系统的基本规律具有重要价值。在生态脆弱型人地系统演变过程中，通过树立可持续发展模式，并且不断对其进行优化调控，从而规避其脆弱性及不利扰动，使生态脆弱型人地系统向可持续方向演变。

（一）演变过程

系统的形成与发展随时空的变化而变化。生态脆弱型人地系统的演变体现出一定的时空特征。从空间尺度上，生态脆弱型人地系统需要占据一定的空间范围；从时间尺度上，生态脆弱型人地系统的形成、发展和演变具有一定的阶段性。在不同的发展阶段，系统具有不同的特性。一般而言，生态脆弱型人地系统的演变过程可以分为三个阶段（图2-11）：阶段Ⅰ是形成阶段，阶段Ⅱ是持续恶化阶段，阶段Ⅲ是多方向演变阶段。

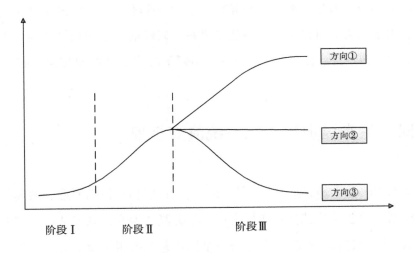

方向①

方向②

方向③

阶段Ⅰ　　　　阶段Ⅱ　　　　　阶段Ⅲ

图2-11　生态脆弱型人地系统演变过程

从热力学角度分析，可以把生态脆弱型人地系统视为远离平衡状态的开放系统，其发展演变遵从热力学定律。根据热力学第二定律，把热从低温物体传至高温物体必然引起其他变化。克劳修斯（Clausius，R.J.E.）用熵的概念把热力学第二定律表述为熵增加原理。熵可以用来表征系统状态，其本质是对系统无序程度度量的物理量。系统随着熵的增大而变得无序，系统内微

观要素数量增多，系统的宏观结构越趋向于不确定性，系统运用越倾向于不确定性和无规则性；系统随着熵的减小而变得有序，系统中微观要素数量减少，宏观结构越趋向于稳定，系统运动越倾向于确定性和规则性（湛垦华，1998）。把负熵概念引入熵增加原理后形成了一般熵理论，可以反映出与外部有广泛物质、能量和信息交换的开放系统的演变：开放系统的演变方向由该系统的总熵变d_s确定，$d_s=d_{es}+d_{is}$，d_{es}表示系统与外界进行物质、能量和信息交换后引起的系统熵值变化，称为熵交换，其值可为正、负或零，d_{is}为系统内部不可逆过程引起的熵增加，其值大于零。当$d_{es}>0$，则$d_s>0$，系统与外部之间的熵交换可以使总熵值快速增大，可以导致系统的无序化进程加快。当$d_{es}<0$，且$|d_{es}|<d_{is}$，则$d_s>0$，系统与外界之间的熵交换可以减缓其无序化进程，但不能改变系统无序化的趋势。当且仅当$d_{es}<0$且$|d_{es}|>d_{is}$时，$d_s<0$，总熵值减少的系统向有序方向演进，此时系统与外界的熵交换以外界向系统净输入低熵物质和能量、系统向外界净输出高熵物质和能量为表现形式，这种净输入和净输出均是向系统输入负熵流，即净输入低熵，或者是向系统输入了低熵流，即净输出高熵，两种形式均可以减少系统中的总熵值。在此基础上，普利高津（Prigogine I）进一步提出描述远离平衡态系统演化的耗散结构理论，提出当$d_s<0$时，如果系统处于近平衡态范围内，最小熵原理将产生作用，系统向熵产生为极小的近平衡定态演变，系统的总熵变最后变为零，有序度会逐步增大直至最终稳定下来；如果系统远离平衡态，小的涨落会引起系统发生突变、形成宏观结构以及宏观有序增加，形成有序的耗散结构（冯端，2005）。

基于熵变角度分析，生态脆弱型人地系统在阶段 I，人类活动在自然地理环境的承载能力之内有序进行，人类活动对自然地理环境产生的正面影响占主要方面，同时自然地理环境对人类活动产生正反馈作用，此时系统处于熵减过程中，系统整体向有序方向发展，此时维持在低水平稳定状态。生态脆弱型人地系统发展到阶段 II，生产力得到大幅度提升，人口膨胀式增加，并且人类活动对自然地理环境产生的负面影响越来越明显，自然地理环境受到压力后对人类产生负反馈作用，此时系统处于熵增过程，系统向无序方向发展，即生态脆弱型人地系统越来越不稳定。生态脆弱型人地系统进入阶段Ⅲ，如果向方向①演变，则系统继续处于熵增过程，继续向无序方向发展，导致生态脆弱型人地系统产生越来越多的矛盾与问题；如果向方向②演变，系统的无序化进程有所减缓，但是无序化趋势没有实现根本性扭转；如果向方向③演变，人类活动对地理环境的影响和地理环境对人类活动的反馈均由负转向正，系统逐步转向熵增过程，并且向有序化方向发展，生态脆弱型人地系统向可持续方向转型。

1. 形成阶段

在人类活动和自然地理环境相互作用过程的早期阶段，人类在思想上对自然地理环境具有敬畏心理，在行为上对自然地理环境具有较强的依赖，自然地理环境成为人类活动的重要物质基础，并且由于人口规模有限，人类对自然界的需求较少，人类活动的广度和深度均较小，人类活动与地理环境相互作用的强度偏弱。在受到人为干扰较小的情况下，地理环境以自发演化为主，主要影响因素是太阳系和地球表层不同圈层相互作用，可被视为地理环境的内部演化。由于地理环境自发演化是朝着有序方向发展的（王玉明，2011），在不产生明显波动的前提下，人地系统整体维持在正常的稳定状态，即便是位于生态脆弱区的人地系统，由于自然地理环境先天的不稳定性和敏感性产生了生态脆弱的现象，而非人类活动因素导致生态脆弱。但是人类活动强度随着生产力的进步不断加大，或由于自然地理环境先天不稳定性，或人类活动产生的扰动作用，或两类因素相互交织，使生态系统出现脆弱性特征，并且进一步出现了人地系统的脆弱性，从而导致生态脆弱型人地系统的形成。在这一阶段，主要受到人类不合理活动的干扰，首先导致自然环境出现一系列问题，即生态系统呈现出脆弱性特征，可以认为，生态脆弱型人地系统的形成阶段也是生态脆弱性逐渐加剧的阶段。

人地系统是"人"与"地"两大子系统相互影响和相互作用形成的复杂

巨系统，生态脆弱型人地系统是特殊的"人"和特殊的"地"相互作用而形成的特殊类型的人地系统。这里说的特殊的"人"，是人类活动没有经过合理的规划和可持续发展思想的指导，造成行为上具有盲目性、局限性，从而对自然地理环境进行掠夺式开发，导致生态环境出现严重退化，虽然短期内满足了人类基本的物质需求，但从长远来看环境污染和生态退化等现象对人类的生存造成了严重的威胁。特殊的"地"是地理环境具有先天的不稳定性和敏感性，即具有本底脆弱性，或者在人类活动或外部环境胁迫下而出现脆弱性的趋势。因此，生态脆弱型人地系统的形成机制可以分为两个方面，一是人类活动胁迫型生态脆弱型人地系统形成机制，二是系统自身结构型生态脆弱型人地系统形成机制（图2-12）。

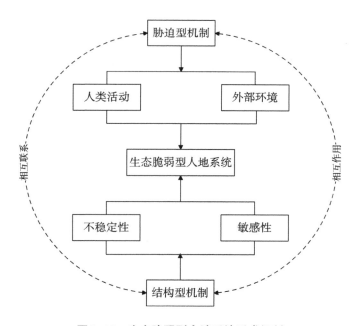

图2-12　生态脆弱型人地系统形成机制

生态脆弱型人地系统的胁迫型形成机制的诱因来源于生态环境子系统外部，即外部扰动对生态子系统造成的不利影响从而产生生态脆弱性。根据导致生态脆弱的具体原因，胁迫型形成机制可以分为人类活动胁迫型和外部环境胁迫型两类。人类活动胁迫型，是指人类的经济社会活动是产生生态脆弱性的主要因素与机制，即人类不合理的生产与生活活动是导致生态脆弱型人地系统产生的主要驱动因素。具体而言，包括过度垦殖、过度放牧、乱砍滥伐、过度开采、过度灌溉、工农业污染等不合理生产方式给生态环境带来灾难。环境胁迫型，是指系统外部环境或高级尺度系统发生变化而对生态脆弱型人地系统带来不利影响。比如，因气候变化而增高气温和改变降水方式，将影响水资源供应、森林植被的生产力和生物多样性，加剧生态系统和人文系统脆弱程度；旱灾会导致植被因缺水枯萎而降低地表植被的覆盖程度；涝灾可以诱发寄生虫病、减少农作物产量，并且地表长期积水可以引发土壤盐碱化；风暴潮是沿海地区人地系统产生脆弱性的驱动力。

　　生态脆弱型人地系统的结构型形成机制主要来源于生态环境子系统自身的不稳定性和敏感性。生态子系统的不稳定性是指系统面对内外扰动不能保持自身存在的倾向，脆弱性与不稳定性呈正比关系。如果系统具有应对内外扰动的能力，或者在受到外部不利扰动后容易恢复到原来的状态，那么可以认为系统处于相对稳定状态。生态环境子系统越稳定，应对外部扰动的能力越强，相反，处于不稳定状态的系统容易受到不利扰动的影响，从而导致生态脆弱性比较明显。现实中，任何系统都存在不稳定因素，当部分变化潜势大的要素的变化潜势高于特定阈值时，系统受到的外界压力增大导致自身的不稳定性减弱，从而增加了人地系统的脆弱性。比如，坡地土壤和岩石受重力作用具有重力势能，可以成为所在区域人地系统的不稳定因素，这些不稳定因素可以引发滑坡、泥石流等灾害，是造成山区人地系统脆弱的因素之一。敏感性是系统自带属性，反映了系统对外部扰动的响应情况，受到系统内部结构和外部扰动状况的共同影响。主要限制因素与约束条件的改变容易导致系统整体发生较大幅度的改变，是生态脆弱型人地系统具有敏感性的突出表现形式。脆弱性与敏感性呈正比，即系统面对外界扰动的响应越敏感，其脆弱性越强。

　　需要强调的是，人地系统内部任何要素都并非孤立存在，不同要素之间相互作用的形式错综复杂，生态脆弱型人地系统的形成往往受到自然和人为双重因素的共同作用，即胁迫型机制和结构型机制共同发生作用而产生生态脆弱型人地系统，并且很难将两类机制进行完全剥离。但不同时期、不同区域两类机制的耦合关系有所不同。从长时间尺度看，结构型机制在生态脆弱型人地系统演变过程中起到根本性作用，因为生态环境本底约束在生态脆弱型人地系统产生过程中起到根本性作用；从短时间尺度看，胁迫型机制对生态脆弱型人地系统的影响较大，因为人类活动可以在短时间内对地理环境产生影响。对于生态脆弱区内形成的生态脆弱型人地系统，结构型机制必然在生态脆弱型人地系统中发挥出根本性作用；在由于人类破坏而产生脆弱性的生态脆弱型人地系统内，显然胁迫型机制发挥出了主要作用。

2. 恶化阶段

伴随社会进步、科技发展，人类利用自然和改造自然的能力越来越强，由于人口膨胀以及不合理活动对自然环境的负面影响越来越大，特别是经济和人口规模出现爆炸式增长之后，人类对资源的需求不断增强，人类向地理环境的索取也变本加厉，生态破坏、环境污染、资源浪费等一系列问题逐步出现，导致人地关系逐渐紧张，人地矛盾的范围逐步扩大，因此，产生了具有不同矛盾特点的人地系统，生态脆弱型人地系统就是其中的一种特殊类型。

在人地矛盾不断凸显的背景下，生态脆弱型人地系统或者单纯由于人类不合理活动导致生态破坏而形成，或者由于先天自然地理环境的不稳定性、敏感性和人类不合理活动两类因素叠加而形成。生态脆弱型人地系统一旦形成，其内部人地矛盾持续恶化，脆弱性持续上升，因此生态脆弱型人地系统向不断恶化的方向演变。原因在于，一方面，生态脆弱型人地系统具有不可逆性，其脆弱性一旦产生，必将遵循路径依赖法则进行持续恶化，并且短时间难以改变；另一方面，随着经济发展与社会进步，人类需求不断增长，随之而来的是人类活动向自然界的索取强度加大、开发范围拓广，因此，对生态环境造成的压力持续加强，从而导致生态脆弱型人地系统持续恶化。可以认为，人类活动对自然地理环境产生的负面影响是生态脆弱型人地系统持续恶化的直接原因和主要原因。由于自然环境进一步受到恶化，导致人类的经济社会活动受到脆弱生态环境的制约，从而在生态系统脆弱性的基础上导致人地系统呈现出脆弱性特征，可以认为这一阶段是生态脆弱型人地系统整体脆弱性加剧阶段。

3. 多方向演变阶段

生态脆弱型人地系统产生之后便不断恶化，恶化到一定阶段可以向三种不同方向演变。方向①是向不可持续模式演变，方向②是基本维持现状，方向③是向可持续模式转型。在方向①，人类活动方式没有发生改变的条件下，生态环境系统难以好转，因为继续沿用传统粗放的经济增长方式，向环境中排放的污染物和废弃物继续增加，对资源与能源的消耗继续增多，导致生态环境持续恶化，人地系统的脆弱性持续上升，系统整体继续恶化，生态脆弱型人地系统走向不可持续模式。在方向②，虽然已经认识到当前人类行为对于生态环境产生负面影响，采取了一定的生态保育与环境保护措施，但是由于仍需要解决当前存在的发展问题，仍然存在发展与保护的冲突，虽然生态环境没有进一步恶化，但是生态脆弱型人地系统的根本属性在不可逆性作用下其固有属性不会发生显著变化，所以生态脆弱型人地系统基本保持稳定发展。在方向③，认识到人类不合理活动对于生态环境带来巨大负面影响之后，通过树立可持续发展和生态文明理念，积极采取有效的应对措施调控人类行为，转变不合理的发展方式，通过提高全要素生产率降低人类生产活动对自然环境的胁迫程度，生态环境恶化趋势得到扭转，人地关系由冲突转向协调，生态脆弱型人地系统的一系列问题逐步得到解决，生态脆弱型人地系统趋于稳定并向可持续模式转型。

（二）驱动机制

上述生态脆弱型人地系统演变的三个过程受到经济、社会和生态环境等不同要素的共同作用，本书把所有要素归纳为"人"和"地"、供给和需求两类视角，分别分析不同要素对生态脆弱型人地系统演变的驱动机制。

1. 人和地的驱动机制

从人类活动和地理环境角度入手，所分析的"人"和"地"对生态脆弱型人地系统演变产生的动力机制，是生态脆弱型人地系统内在的、基本的构成单元对其演变所产生的直接动力机制，可以直观反映生态脆弱型人地系统演变所具有的作用。

（1）地理环境的驱动机制

地理环境因素可以分为自然地理环境和人文地理环境，对生态脆弱型人地系统分别产生不同影响。从自然地理环境的驱动机制来看，首先，自然地理环境通过环境、资源和生态等三个方面的属性来保障生态脆弱型人地系统的生产、生活和生态功能正常发挥。自然地理环境可以为生产和生活提供基本条件，并且通过生态系统服务体现出其生态功能；由于自然地理环境具有地域差异性，劳动地域分工又进一步影响到产业布局（潘玉君，2013），所以自然地理环境可以进一步影响到产业布局和经济地域的形成。对于部分生态脆弱型人地系统而言，主导产业往往过于依赖当地的矿产资源，农业生产往往过于依赖水热环境，导致经济社会发展与资源开发、生态环境保护之间不平衡、不协调的矛盾突出，从而加剧了生态环境的脆弱性。其次，自然地理环境是限制与约束人类活动的重要因素。虽然自然地理环境具有自我调控功能，但是其对于经济活动和社会生活所产生的废弃物和污染物的容纳能力是有限的，一定地域内的自然地理环境对人口数量和经济社会活动强度的承载能力也是有限的，如果人类活动违背了自然规律，则自然地理环境将通过不同的灾害或问题反作用于人类，从而使人类活动受到限制与约束。对于生态脆弱型人地系统，生态环境脆弱、稳定性差是其明显特征，面临着生态退化、资源短缺、环境污染等一系列问题，脆弱的本底条件成为影响人类活动的限制性因素。

人文地理环境由人类活动在自然地理环境的基础上形成，是人类社会、文化和生产生活活动的地域组合。在文化差异影响下的价值观念、行为方式和思维方式的差异，可以影响到资源的开发利用方式、处理环境问题的态度，从而对自然地理环境产生影响，进一步影响到人地关系状态。不同区域的社会资本存量可以影响到社会成员的个体和集体行为，可以进一步形成不同类型的集体性环境观念与意识，引导不同区域人地系统呈现不同状态。社会经济基础反映区域的综合发展水平，为协调人地关系提供人力、财力、物力保证，并且随着社会发展以及需求层次推进，公众对人居环境质量的要求也逐渐提高，从而自觉改善生态环境，使人地关系得到协调。科技进步一方面加大了人类开发自然和利用自然的广度和深度，带来自然环境的破坏；另一方面可以促进资源利用效率提高，粗放型增长带来的资源浪费和效率低下问题可以通过技术进步解决。对于生态脆弱型人地系统，由于社会经济发展水平在早期需要提高，不合理的文化导向引发人类活动的盲目与无序，技术水平的提高促进了人类在自然界开发程度的提高，导致原本脆弱的生态环境持续恶化。因此，随着社会经济发展，需要树立正确的文化理念，合理利用科技手段，转变发展方式，促进人地系统优化发展。

（2）人类活动的驱动机制

人类活动根据合理与否可以分为有序人类活动和无序人类活动。有序人类活动可以引导人类活动方式维持在自然地理环境可承载范围内，从而保证人地关系处于协调状态。还可以通过生态修复与重建、生态补偿和污染防治等手段使遭受破坏的生态环境得到改善。其中生态恢复与重建是实现已经恶化的生态系统得以改善的有效措施，可以促进生态系统服务功能得到恢复。通过对生态功能区、生态脆弱区、矿产资源区进行生态补偿，可以促进生态环境得到改善，实现区域内人地协调发展。针对不同类型的环境污染问题，坚持预防为主、防治结合，实现主要污染物排放总量显著减少，重点解决突出的环境问题，加强环境风险防控，建立环保基本公共服务体系以及环保工程，逐渐促进环境质量实现改善，缓解人类活动对地理环境的负面影响。

无序人类活动的人口规模和经济规模无限制扩张导致人地关系恶化，具体又表现为不合理的土地利用方式造成生态系统失衡，工业活动的"三废"排放，农业生产的农药、化肥使用，城市扩张占用耕地，资源与能源的开发消耗等。人类活动因素是生态脆弱型人地系统脆弱性产生的原因之一，主要表现在无序人类活动对脆弱的生态环境造成更加严重的负面影响，比如农牧交错带的过度放牧、农区的围湖造田、山区的森林砍伐、经济密集区的环境污染与资源消耗，导致原本稳定性差、敏感性强的生态环境受到的干扰作用更加明显，脆弱性逐渐增强。因此，生态脆弱型人地系统可持续发展模式的建立以及优化调控，尤其需要调控人类行为，促使无序人类活动向有序人类活动转型。

2. 供给和需求的驱动机制

供给和需求是贯穿于经济学理论与实践的核心问题：供给和需求的基本原理是微观经济学最基本理论，通过对生产领域和消费领域进行双向分析来达到市场供需均衡的目的（平狄克，2013）；总供给和总需求作为宏观经济学的重要组成部分，是解释经济波动的两大原因（曼昆，2015），供给推动系统和需求拉动系统可被视为经济增长的两大动力来源（黄泰岩，2014）。经济学关心市场经济体制下宏观经济周期和长期经济增长。根据经济发展周期、经济增长变动规律和现实经济发展约束条件，经济学通过供给和需求驱动调整稳定宏观经济周期和长期经济增长潜在的增长激励。其中，需求驱动是关乎宏观经济周期的变动因素，供给驱动是构成经济增长长期潜力的因素，需求包括投资需求、消费需求和出口需求，供给由要素供给、结构供给和制度供给三部分构成（图2-13）。

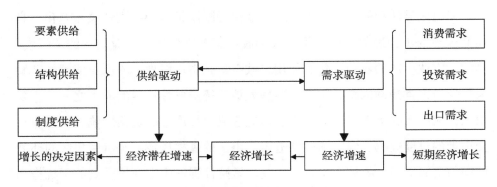

图2-13 供需驱动对经济增长的作用机制

理论上供给和需求驱动可以在一个较长周期中根据发展的客观需求和约束条件交替实施，但在现实经济发展过程中，往往是混合实施。这与两者的辩证关系和发挥作用机理相关。需求要素的"三驾马车"往往会激励短期经济繁荣和增长，然而在推动中长期经济发展时往往难以奏效，这是因为，供给侧劳动力、土地、资本、创新等基本生产要素与结构要素和制度要素的合理配置是中长期潜在经济增长率的决定因素。从长期来看，推动经济增长和人类社会不断发展的支撑因素是有效供给对于需求的回应与引导。在更本质的层面上讲，并非需求不足导致当前经济发展的停滞，而是供给不足引起的（丁任重，2017）。一般而言，要素供给属于经济层面的，与千千万万的微观主体相关联；而结构、制度供给是政治社会文化层面的，直接与社会管理的主体相关联。

发挥地理学科"多维视角、综合集成和人地协调"的先进理念，借助经济学的供给和需求研究视角，探讨生态脆弱型人地系统演化的驱动机制，基于以下原因：第一，以人为主动地位的人地关系地域系统在演变过程中追求经济增长是政府和市场"双轨"机制下政府创造政绩和经济主体实现利益最大化的现实需求和抓手，这也是人在人地系统中居于主导地位的具体体现和必然要求；而突出人和地共同影响下人地关系地域系统的演变过程，可以密切联系不同发展阶段的社会经济热点和地球表层要素在空间上的相互耦合状态，通过人地关系地域系统演变阶段的差异表象，探索供需要素在空间上的集聚驱动机理。第二，多元的学科议题、模糊的学科边界使地理学面临的问题更复杂、更综合，地理科学应从"多元"（实证科学）走向"系统"（系统科学）研究，以地球表层要素、结构和功能的变化为基本研究内容，交叉运用不同学科、不同视角、不同工具分析地球表层系统的经济、社会和生态环境问题；通过供需视角梳理和确定边界不清、概念模糊或者尺度层次复杂的人地关系地域系统及其演变的驱动力具有较强的操作性，并且是多学科和多视角在人地关系地域系统领域研究的有益探索。

（1）供给的驱动机制

新供给经济学派认为，从供给侧出发推动经济增长的内容主要包括要素供给、结构供给和制度供给（黄泰岩，2014）（表2-2）。

表2-2　供给包含的内容

供给	包含内容
要素供给	劳动力、资本、土地、技术创新、管理、知识等
结构供给	产业结构、城乡结构、区域结构、收入分配结构、生态结构等
制度供给	政治制度、经济制度、社会制度、文化制度、生态环境制度等

在要素供给方面，早期的经济增长主要依赖于劳动力、资本、土地等要素投入不断增加，促使经济规模不断扩大的同时人类活动能力与强度也不断提高，开发自然、利用自然的过程中不可避免地带来资源消耗量过大、环境污染逐渐加剧，造成生态脆弱型人地系统形成后逐渐走向恶化。随着经济增长方式转变、经济增长质量提高，技术创新、管理、知识在经济发展中发挥的作用逐渐增大，美国加州大学教授保罗·罗默提出的"新经济增长理论"直接认为知识是一个重要的生产要素。一方面，以"技术、管理、知识"为发展动力的经济模式，导致原有的物质要素的作用相对下降，从而对自然界的依赖程度相对减小，并且对资源环境的开发强度与规模也逐渐减小；另一方面，知识水平提高也将改变人类落后的观念，原有"人定胜天"的错误人地观已经被和谐的人地观取代，通过观念改变间接促进生态脆弱型人地系统实现可持续发展模式。

在结构供给方面，产业结构对生态脆弱型人地系统演变产生的驱动作用比较明显，随着产业结构不断升级，生态脆弱型人地系统将不断向优化与可持续方向发展。城乡二元结构造成城市与农村的断裂分层，传统的生产生活方式导致农村内源性污染加剧，农村输血促进城市发展，但是城市环境问题不仅对城市产生影响而且换来了城市环境污染输入，造成农村外源性污染加剧（伍引风，2015）。因此，打破城乡二元结构实现城乡一体化发展，对于缓解区域性污染问题，实现人地矛盾缓和具有现实意义。合理的区域结构可以有效促进区域可持续发展，中国不合理的区域和产业政策导致区域差距扩大、区际关系不协调，导致中西部地区资源耗竭、环境恶化、地区性贫困恶性循环以及社会滞后等问题（李君甫，2006）。对于生态脆弱型人地系统而言，需要优化区域结构，缩小区域差距，实现不同区域间的经济、社会、生态环境协调发展。

在人类历史发展过程中产生的不同制度，包括政治制度、经济制度、社会制度、文化制度、生态环境制度等，起到制约和规范人类社会的作用，并且为人类社会稳定发展提供了保障。由于人类活动方式可以直接影响到人与自然环境是否处于协调状态，所以从某种程度上讲，可以把人地和谐的理念落实到制度上，通过制度对人类活动进行约束，把人地和谐从理想变为现实。对于生态脆弱型人地系统，尤其需要通过排污收费制度、排污权交易制度、生态补偿制度、财税支持制度、可交易环境许可证制度、环境责任保险等不同方式的制度，规避生态环境脆弱性，进而进一步规避人地系统脆弱性。

（2）需求的驱动机制

需求是在一定的时期，一个经济主体对一件商品或服务的效用，需求属性是人类经济社会活动的基本属性之一。经济学中需求对于经济增长的作用主要通过常说的"三驾马车"——消费、投资、出口表现出来（表2-3）。内需是指内部需求，即本国居民的消费需求，它是经济的主要动力；投资是指财政支出，即政府通过一系列的财政预算包括发行国债，对教育、科技、国防、卫生等事业的支出，是辅助性的扩大内需；出口是指外部需求，即是通过本国企业的产品打入国际市场，参与国际竞争，扩大自己的产品销路。

表2-3　需求包含的内容

需求	具有的作用
消费	国内的消费，扩大内部需求，经济的主要动力
投资	政府的消费，辅助性扩大内部需求
出口	跨国界的消费，扩大外部需求

在生态脆弱型人地系统演变过程中，根据自然地理环境服务功能、人类发展序所处的阶段、物质产品类型可以把需求划分为不同的形式和内容。根据自然地理环境服务功能，可以把需求分为基础自然资源产品需求、生态环境质量需求、精神产品需求。其中基础自然资源产品需求主要指对自然界所提供的基本物质资源产品及其所衍生出的服务功能所产生的需求；生态环境质量需求主要是指人类需要改善生态环境质量，对高质量生态环境的需求；精神产品需求是指人类对附属于自然景观的知识需求、文化需求和审美需求。根据人类发展序所处的阶段，结合马斯洛需求曲线，可以把需求类型分为生存需求、安全需求、社交需求、尊重需求、自我实现需求。根据物质产品类型不同，可以划分为农业产品需求、工业产品需求，农业产品需求是人类对农、林、牧、副、渔等产品的需求，工业产品需求主要是人类为满足工业化和经济建设的需要对不同类型工业产品产生的需求。

需求活动可以推动要素之间的组合规律和形式发生变化，从而使地表圈层生态环境状态发生改变。从总体上看，人类活动改造自然地理环境的形式基本上从较低层次的生存需求发展到较高层次的精神需求，并且在物质需求得到满足之后向生态需求过度。人类需求活动可以通过改变自然地理环境要素的组合形式，导致自然地理环境根据逐渐衍生出新功能，并且原有部分功能可能会发生改变、削弱甚至被剥夺，尤其表现在物质产品需求过量对于自然地理环境的削弱与剥夺。不同功能在空间上发生替代或转换，人类活动与自然地理环境在这种功能复合过程中不断发生矛盾与冲突、适应与协调，从而导致生态脆弱型人地系统的状态或模式发生变化。

需求活动可以对产业结构产生影响，不同的产业结构可以进一步产生不同的资源环境效应。从产业结构变动的角度来看，受需求层次的影响，产业结构整体沿着第一产业主导——第二产业主导——第三产业主导的顺序依次递进。在需求层次较低的阶段，由于对资源与环境的需求量大，并且公众环境意识淡薄，导致公众对于物质产品的需求量过高，对自然地理环境的破坏程度比较严重。自然地理环境遭到破坏之后，生态空间直接缩小，从而公众的生活环境质量逐渐降低，在物质产品需求得到满足的基础上，公众对自然地理环境服务功能的要求越来越强烈，逐渐对产业结构进行调整，推进产业结构向高效生态方向发展，例如，高效生态农业、环境友好型工业和现代化服务业，推进经济发展模式由高耗能、高污染、高排放的"黑色经济"向资源消耗低、环境污染少、产品附加值高、生产方式集约的绿色经济转变。产业结构在需求层次的影响下不断进行调整，不同的产业结构对生态环境产生不同的影响，第一产业和第三产业占主导的阶段，理论上对自然地理环境的破坏作用较小，第二产业占主导的阶段，石油化工、冶炼、电力、重型机械等重化工业对脆弱生态环境产生的敏感性较大，容易增加生态脆弱型人地系统的脆弱性。

需求活动通过影响区域开发方式或手段，导致生态系统服务功能发生直接改变。在自然环境和人类活动的共同影响下，生态脆弱型人地系统发生更替演变，其中自然环境产生的影响比较缓慢并且不明显，但是人类活动产生的影响非常直接且明显。部分生态脆弱型人地系统处于经济落后和生态环境脆弱的叠加区域，区域内部需求层次偏低，从而对经济发展的需求迫切、对生态环境质量的需求相对不高，在这种情况下，人类活动对资源开发的强度较大，导致本底脆弱的生态环境遭受到更加严重的破坏。由于有限的资源环境承载能力不足以支撑起过大的人口规模和过高的经济水平，但是人口膨胀式增长、经济粗放式发展导致自然环境遭受较大破坏，直接影响到生态系统服务功能的发挥，导致人均资源短缺、土地压力过大、社会经济发展缓慢，从而进一步导致生态脆弱型人地系统的脆弱性难以规避。

（3）供给和需求驱动下的生态脆弱型人地系统演变过程

第一，供给能力不足导致的生态脆弱型人地系统形成阶段。在人类生产力水平相对低下、生产方式比较落后的时期，经济社会活动与生态环境之间相互作用强度偏弱，人类经济社会子系统对生态环境子系统产生的影响相对有限，在这种情况下，生态环境子系统自发演变在生态脆弱型人地系统演变过程中起到重要作用，此时脆弱的生态环境从根源上直接导致生态脆弱型人地系统形成。由于生态脆弱型人地系统存在先天生态环境基础脆弱的特征，气候条件不稳定、自然灾害频发、资源结构性短缺、耕地和草场生产率低下、植被覆盖率低、土壤肥力差、环境容量有限、生态系统退化等不同的脆弱性问题，导致生态环境子系统对人类经济社会子系统供给能力极为有限，在利用自然、改造自然能力不足的条件下，人类只能依靠有限生态环境的供给进行生存和发展。可见，生态脆弱型人地系统形成也可以认为是由生态环境子系统的供给能力不足造成的，所以把这一阶段称为供给能力不足导致的生态脆弱型人地系统形成阶段。生态脆弱型人地系统在这一阶段的人地关系与人地关系思想的天命论和地理环境决定论比较一致。

第二，需求水平过高导致的生态脆弱型人地系统恶化阶段。随着生产力水平提高和生产方式不断进步，人类利用自然和改造自然的能力也在逐渐提高，人类经济社会活动与生态环境之间相互作用程度逐渐强化，尤其是人口数量增长和经济快速发展导致人类经济社会子系统对生态环境子系统产生的影响越来越明显，由于开发强度过大、发展方式不合理等方面的原因，导致人类经济社会子系统对生态环境子系统产生较大的负面影响，尤其对于生态脆弱型人地系统而言，这种负面影响导致本底脆弱、承载能力有限的生态环境产生更多、更严重的问题。在这一阶段，由于人类经济社会子系统的需求层次和能力随着经济社会发展水平的提高而逐渐提高，导致生态脆弱型人地系统内部需求水平远远超出有限的供给水平，导致生态脆弱型人地系统的需求侧——人类经济社会子系统为了满足自身需求不得不对供给侧——生态环境子系统产生胁迫式负面影响，产生资源过度消耗、环境污染严重、生态系统遭到破坏等问题，从而推动生态脆弱型人地系统进一步走向恶化。可见，生态脆弱型人地系统恶化可以认为是人类经济社会子系统的需求水平远高于生态环境子系统的供给水平引起的，所以这一阶段可以称之为需求水平过高导致的生态脆弱型人地系统恶化阶段。生态脆弱型人地系统在这一阶段的人地关系与人地关系思想的征服论存在相似之处。

第三，供需相互约束导致的生态脆弱型人地系统不可持续阶段。由于生态脆弱型人地系统先天生态环境基础脆弱、后天人类开发强度大，"人"与"地"之间的矛盾通过生态环境子系统对人类经济社会子系统的有效供给能力不足、人类经济社会子系统对生态环境子系统的需求水平较高表现出来，即供给侧和需求侧之间存在错位矛盾。人类为满足自己的经济生产和社会生活需求，在较短时间内可以通过加大对生态环境索取力度的方式实现，但是在生产和生活需求得到满足的同时，使本底脆弱的生态环境遭到更加严重的破坏，并且从长远来看，受到破坏的生态环境可以对人类基本生存需求构成威胁，影响到人类经济社会子系统的可持续发展。在生态环境受到来自人类活动的破坏之后，生态环境子系统有限的供给能力变得更加不足，不仅从供给层面对人类经济社会子系统产生影响，而且使系统自身的稳定性减弱、脆弱性增强。在这一阶段，由于生态脆弱型人地系统不断恶化、内部供给侧和需求侧相互制约，进一步导致生态脆弱型人地系统可持续发展面临严重的问题，所以把这一阶段称之为供需相互约束导致的生态脆弱型人地系统不可持续阶段。

（三）可持续发展模式与优化调控

在生态脆弱型人地系统演变过程中，为避免系统走向持续恶化方向，需要根据其基本条件建立可持续发展模式，并且不断对其进行优化调控，从而实现生态脆弱型人地系统向协调可持续方向演变。

1. 可持续发展模式

区域可持续发展是以解决区域可持续发展模式为特色的学科创新，典型区域可持续发展模式研究是区域可持续发展科学体系的重要组成部分（陆大道，2012）。区域可持续发展是地理科学领域的研究热点，地理学研究为实施可持续发展战略提供理论基础（陆大道，2002）。"未来地球"计划为人文—经济地理学研究区域可持续发展提供了较好的借鉴意义（樊杰，2015）。实现区域可持续发展是生态脆弱型人地系统协调共生、长期持续发展的具体体现，建立生态脆弱型人地系统可持续发展模式，是在明确生态脆弱型人地系统可持续发展目标和思路的前提下，依据合理的建立可持续发展模式的基本原则，根据导致脆弱性产生的约束条件和影响可持续转型的限制因子，明确未来转化路径，提出适合生态脆弱型人地系统的可持续发展模式。

首先，应该明确生态脆弱型人地系统的可持续发展目标，在目标基础上确定基本思路和基本原则。可持续发展目标是生态脆弱型人地系统可持续发展模式建立的行动指南，是统领生态脆弱型人地系统可持续转型的基本纲领。生态脆弱型人地系统可持续发展目标需要由可持续发展理论做指导，主要由经济发展、社会进步和生态环境保护三方面构成，三者在可持续发展中各有其作用，经济发展是核心所在，社会进步是主体和目的，生态环境保护是自然支撑。基本思路和基本原则是对可持续发展目标的进一步细化分解，可以为建立可持续发展模式提供具体指导方向。

分析优势、劣势、机遇和挑战等不同条件是进行生态脆弱型人地系统发展基础分析的主要内容，是可持续发展模式建立的必要程序。因为不同类型人地系统具有不同特点与问题，所以，分析生态脆弱型人地系统的基本条件需要坚持具体问题具体分析的原则。比如，在农牧交错带形成的生态脆弱型人地系统的劣势条件主要是水资源短缺和气候灾害频繁，在西南石灰岩山区形成的生态脆弱型人地系统的限制因子主要是水土流失和土壤贫瘠。在优势、劣势、机遇与挑战等不同条件分析基础上，可以对不同条件进行优化组合。

建立可持续发展模式是生态脆弱型人地系统规避脆弱性以及进行可持续性转型的有效途径，可持续发展模式建立的主要依据是导致脆弱性产生的劣势条件和促进可持续转型的优势条件，分别从经济、社会、生态环境角度出发，对优势、劣势、机遇和挑战等条件进行具体甄别，根据生态脆弱型人地系统可持续发展模式的基本目标，以经济—社会—生态环境效益协同、开发与保护并重、渐进式发展与跨越式发展相结合、整体推进与重点突破相结合为原则建立具体的可持续发展模式。

2. 优化调控

人地系统协调发展是一项涉及经济、社会、生态环境三个子系统组成的复杂的系统工程，它具有人文要素和自然要素交互耦合的复杂性特点。影响人地系统可持续发展的不同因素受到系统内部要素流动与交换不平衡和失调的影响，可以导致人地系统可持续发展的方向出现偏差，从而进一步降低区域可持续发展能力。

生态脆弱型人地系统自发演变朝着风险性和不确定性增大方向发展，尽管自然界具有自我调节和自我组织能力，但是人口增长和人类利用自然能力的提高，导致人地系统的正常运转受到威胁，因而有必要在生态脆弱型人地系统可持续发展模式基础上建立优化调控措施。生态脆弱型人地系统优化调控是指在生态脆弱型人地系统演变过程中，从整体与可持续的角度分析人地系统的特性，遵从自然客观规律，从制度、技术、管理等层面调节、控制人类行为，形成完善的调控体系，在认识自然、改造自然中使生态脆弱型人地系统具有最佳功能，协调人地系统中各种矛盾和利益分配，降低其脆弱性，提高其可持续性，实现人地和谐、人地系统整体协调的过程。优化调控是一个复杂且持续的过程，在调控过程中，"人"是调控的执行者，"地"是被调控的对象。

（1）基于人地关系的优化调控思路

首先，根据生态脆弱型人地系统的具体可持续发展模式，对优化调控的目标进行分析。进行生态脆弱型人地系统调控是在可持续发展理念和人地协调理念下，为了促进系统各功能区之间、不同结构之间、要素与要素之间建立协调发展的关系，系统内"人""地"之间和谐共生，引导生态脆弱型人地系统由脆弱性向可持续性转型。具体而言，包括经济的持续协调发展、社会的稳定与进步、生态环境保持良性循环。

其次，明确生态脆弱型人地系统优化调控的原理。①优化调控的控制论原理。在人地系统内部，不同子系统和要素相互影响、相互制约的作用过程中，必然存在关键因素在系统中处于决定性的支配地位，可以把这些因素视为"调控支点"，一旦对于"调控支点"的政策发生调整，可以对人地系统的演变产生重要作用。比如，在沿海地区，捕鱼政策的调整，对于渔业发展和海洋生态系统具有重要影响，因此需要在政策制定过程中寻找开发和保护的动态平衡临界点。②优化调控的协调论原理。在人地系统协调发展综合调控中，主要包括结构协调及时空协调，其中最基本的是整体协调、共生协调和发展协调。所谓整体协调，是指在系统各种因果关联的关系中，不仅要考虑影响人类生存与发展的各种外部因素，而且还要考虑各种内部因素的相互作用。对于一个区域而言，整体协调要求站在全局的高度，从提高系统的整体功能出发，协调好区际之间的社会经济发展与资源、环境的关系，以及区域内部经济、社会、生态环境各要素和各个利益主体之间的关系。共生协调，是从协同论发展而来的，强调人与自然关系的和谐与"妥协"。共生协调是以可持续发展系统中多要素的组合与匹配为基础，在不断发展过程中，通过调整、重组，构筑起相互依存、相互适应和相互促进的人地系统结构，确保整个系统朝着持续、有序的方向发展。发展协调，是指影响经济社会发展的诸要素（包括自然、经济、社会、技术等）的相互作用以及在时空上的组合（匹配），各要素间的相互作用关系既包括线性的与非线性的关系，也包括确定的与随机的关系；在发展的动力方面，既要考虑凝聚力，也要考虑排斥力；

在发展的效果方面，既要考虑增量，也要考虑减量。

最后，在控制论原理、协调论原理等一般意义的调控原理的指导下，结合调控过程中的具体问题，充分应用行政、市场、法律等优化调控的手段以保证调控顺利进行，并且形成调控体系。在优化调控的过程中，从调控"人"与"地"之间的相互作用方式与作用强度、提高"地"的生态环境承载能力、优化"人"与"地"相互作用的区域内和区际空间结构等方面，注意生态脆弱型人地系统反馈机制和自我调控机制的应用，实现生态脆弱型人地系统的自我发展和良性发展，增强系统的发展适应能力。

（2）基于供给—需求的优化调控

生态脆弱型人地系统的供需关系可以分为三种类型（图2-14）：供＞需、供需平衡、需＞供，其中供需平衡又可细分为低水平平衡、中水平平衡和高水平平衡。当供给大于需求时，虽然人类活动对生态环境产生的影响小，但是人类经济社会发展水平低，并且生态环境可以自发向恶化方向发展，因此，这一类型并不是生态脆弱型人地系统的理想状态。当需求大于供给时，人类活动对生态环境产生严重负面影响的同时也受到生态环境的瓶颈制约，在当前经济社会发展水平下，生态脆弱型人地系统基本以这一类型为主。当供需达到相对平衡状态时，生态环境可以满足人类经济社会基本需求，人类经济社会活动可以为生态环境供给提供有效支撑，是生态脆弱型人地系统的理想状态，并且系统优化程度由低水平平衡向高水平平衡逐渐提高。可见，实现生态脆弱型人地系统优化发展需要把系统内部供给侧和需求侧统筹协调，推动由当前的"需求＞供给"类型向供需高水平平衡类型发展。由于生态环境脆弱是生态脆弱型人地系统的关键制约因素，所以供给侧优化提升是对生态脆弱型人地系统优化的首要之策；在供给侧优化提升基础上，进一步需要需求侧优化管理与之相配合。因此，可以从供给侧优化提升和需求侧优化管理两个方面对生态脆弱型人地系统进行优化调控。

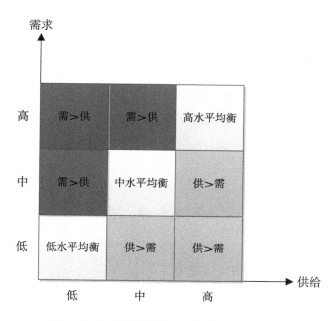

图2-14　生态脆弱型人地系统供需关系的类型

五、本章小结

　　本章主要分析了生态脆弱型人地系统内涵、分类、构成、演变机理等内容，试图深入分析生态脆弱型人地系统的基本理论问题来构建理论分析框架。在生态脆弱型人地系统内涵方面，主要分析了基本概念和基本特征，生态脆弱型人地系统是一种具有典型性和特殊性的人地系统，主要具有多数位于生态过渡带或交错区、先天生态环境基础脆弱、后天人类开发强度大、生态脆弱性导致人地系统脆弱性等独有特征。在生态脆弱型人地系统分类方面，分别依据脆弱性出现的阶段、地球表层要素组合与成因形成的类型与特点、人类高强度开发导致的生态失衡状况，把生态脆弱型人地系统划分为不同类型。在生态脆弱型人地系统构成方面，从经济、社会和生态环境角度入手，把生态脆弱型人地系统分解为要素、结构、功能和子系统，并分析了其内部联系和作用关系。在生态脆弱型人地系统演变机理方面，分析了生态脆弱型人地系统的演变过程、驱动机制、可持续发展模式与优化调控，其中，演变过程分为形成阶段、持续恶化阶段和多方向演变阶段，从"人""地"和供需两个视角分析了生态脆弱型人地系统的驱动机制，为引导生态脆弱型人地系统优化发展分析了可持续发展模式和优化调控问题。

第三章　黄河三角洲生态脆弱型人地系统概况与确定依据

一、黄河三角洲生态脆弱型人地系统概况

（一）范围与位置

黄河是中华民族的摇篮和中华文明的发源地之一，是中国第二长河，其发源于青海省巴颜喀拉山脉，在山东省垦利县注入渤海，全长约546公里。黄河在入海口由于受到海水顶托从而流速减缓，造成泥沙不断淤积，由填海造陆形成黄河三角洲。依据成陆时间，黄河三角洲可以分为古代、近代和现代三角洲。自然地理概念上的黄河三角洲主要指近代黄河三角洲（图3-1），是1855年黄河在铜瓦厢决口夺大清河在山东利津进入渤海冲击而形成的三角洲平原，呈现以宁海为顶点、东南至支脉河口、西北到徒骇河（套儿河）口的扇形区域，整个扇形地区面积达5400多平方公里，地理坐标在东经118°07′—119°23′和北纬36°55′—38°16′之间，行政区域上包括东营市垦利县、河口区、东营区、利津县、广饶县部分区域以及滨州市沾化县和无棣县部分区域（韩美，2009）。

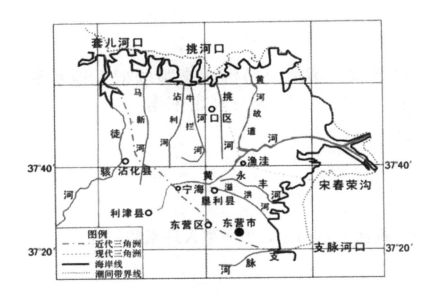

图3-1 黄河三角洲位置

　　黄河三角洲高效生态经济区（图3-2）是以黄河历史冲积平原和鲁北沿海地区为地域基础，向周边延伸扩展形成的经济区域，包括东营、滨州两个市和潍坊市的寒亭区、寿光市、昌邑市，德州市的乐陵市、庆云县，淄博市的高青县，烟台市的莱州市，共涉及6个地级市的19个县（市、区），总面积2.65万平方公里。《黄河三角洲高效生态经济区发展规划》在2009年由中华人民共和国国务院批复，标志着黄河三角洲发展规划上升为国家战略。这是国内第一个以"高效生态"为功能定位的区域发展规划，也是山东省第一个进入国家层面的区域发展规划。黄河三角洲成为国家区域协调发展战略的重要组成部分，对于指导黄河三角洲开发建设，推进发展方式转变、促进区域协调发展和培育新的增长极具重要意义。

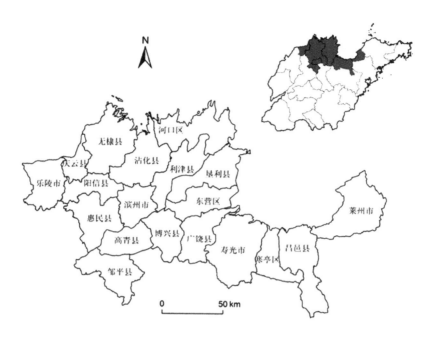

图3-2　黄河三角洲高效生态经济区位置

　　黄河三角洲人地系统是黄河三角洲地区的人类活动与地理环境相互影响与相互作用形成的复杂系统。黄河三角洲人地系统落实在地域上如果以自然地理概念上的黄河三角洲为研究范围，则不能反映出人类社会经济活动的综合效应，并且行政区划受到分割，不利于统计数据获取；如果以黄河三角洲高效生态经济区为研究范围，经济区内的东部部分县级单位不具备生态脆弱特征，并且距离自然地理概念上的黄河三角洲较远，自然环境条件存在一定差异。因此，综合考虑人类活动的连续性、自然环境条件的相似性、行政区划的完整性以及人地系统的复杂性和综合性，本书所研究的黄河三角洲人地系统地域范围为东营市和滨州市全部，包括东营区、河口区、垦利县、利津县、广饶县、滨城区、邹平县、惠民县、无棣县、沾化县、阳信县、博兴县等12个县级行政单位（图3-3）。

　　黄河三角洲人地系统地理坐标在东经117°15′—119°10′和36°41′—38°16′之间，位于黄河下游入海口沿岸地区，毗邻渤海，东部为莱州湾，北部为渤海湾。从经济地理位置来看，位于中国环渤海经济圈南翼、京津冀城市群与山东半岛城市群的接合部，与天津滨海新区最近距离仅80公里，与辽东半岛城市群隔海相望，是环渤海地区的重要组成部分，向西可连接广阔中西部腹地，向南可通达长江三角洲北翼，向东出海与东北亚各国邻近（图3-3）。

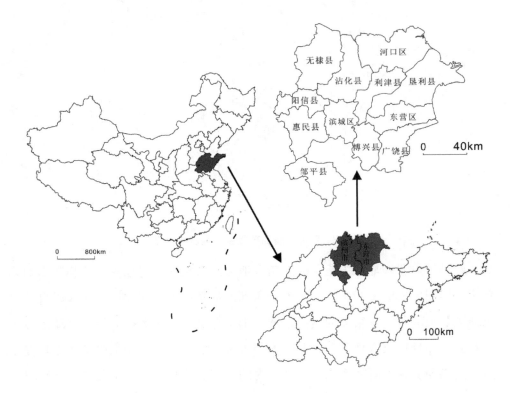

图3-3　黄河三角洲人地系统位置与行政区划

（二）经济概况

黄河三角洲人地系统GDP总量（图3-4）从1990年107.52亿元上升到2015年5805.97亿元，年均增长17.30%，但是GDP增长率近年来呈下降趋势，1990—2008年黄河三角洲人地系统GDP总量占山东省GDP总量的比重呈现上升趋势，2008年达到最高水平，近年来有所下降；黄河三角洲人地系统人均

GDP（图3-5）从1990年2719.5元上升到2015年112563.5元，年均增长16.06%，并且均高于山东省人均GDP。尤其是2003年以来，无论是GDP总量还是人均GDP的增长幅度均呈现明显增加的趋势。可见，黄河三角洲人地系统的经济实力显著增强，得到了持续、稳定且快速的发展。

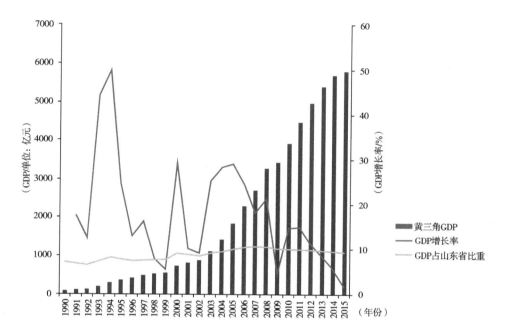

图3-4 1990—2015年黄河三角洲人地系统GDP及占山东省GDP比重、GDP增长率

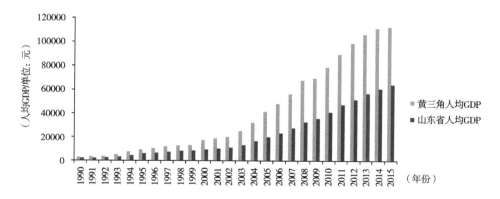

图3-5 1990—2015年黄河三角洲人地系统和山东省人均GDP

从产业结构的变化来看（图3-6），第一产业增加值比重从1990年25.30%下降到2015年5.77%，整体呈现不断下降的趋势；第二产业增加值比重从1990年60.42%上升到2005年72.25%，然后下降到2015年58.23%，整体呈现先上升再下降的趋势；第三产业增加值比重从1990年14.28%上升到2015年36.00%，整体呈现不断上升的趋势。虽然近年来第三产业增加值比重不断上升，第一、二产业增加值比重不断下降，但是产业结构仍以第二产业为主，第三产业发展滞后，第一产业比重偏大，因此，黄河三角洲人地系统处于经济发展的工业化中期阶段，虽然工业化快速发展，但是产业结构仍需继续调整优化。

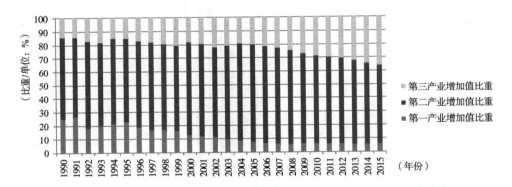

图3-6　1990—2015年黄河三角洲人地系统三次产业增加值比重

经过近年来的不断发展，黄河三角洲人地系统形成了一批竞争力较强的支柱产业、实力雄厚的骨干企业和市场占有率较高的知名品牌。原油、原盐、纯碱、溴素、金矿等产量分别达到2774万吨、2222万吨、220万吨、18万吨和19吨，占全国的15%、37%、12%、85%和6%，原油一次加工能力、石油装备制造业产值、黄金加工量、纺织和造纸生产能力分别达到4650万吨、435亿元、90吨、1600万纱锭和398万吨，占全国的11%、40%、32%、17%和5%。高技术产业发展势头良好，形成了一批国家循环经济示范园区和示范企业，高新技术产业产值达6404.34亿元，占规模以上工业产值比重60.5%。拥有较多在全国工业中居龙头地位的企业，胜利油田、鲁北化工、山东活塞、魏桥棉纺、西王集团、华泰纸业、滨化集团等大型骨干企业对区域发展起到了重要的带动作用。县域经济发展迅速，广饶和邹平为全国综合实力百强县，广饶、邹平、滨城、垦利进入山东省50强，特色产业初具规模。

（三）社会概况

1990—2015年，黄河三角洲人地系统总人口从505.19万人上升到600.13万人，平均自然增长率为6.91‰，呈现逐年增长的趋势，但是人口总基数偏小，占山东省总人口的比重仅维持在5.95%左右（图3-7）。2005—2015年，黄河三角洲人地系统人口城镇化率从43.54%上升到60.07%，由低于山东省人口城镇化率转变为高于山东省人口城镇化率，城镇化经历了一个起点低、发展快的演变过程（图3-8）。根据当前人口城镇化率，并结合诺瑟姆城镇化过程曲线可知，黄河三角洲人地系统城镇化已经进入到城镇化过程的中期阶段，这一阶段以城镇化提速为显著特征，所以黄河三角洲人地系统城镇化今后一段时期将会继续加速发展，并且将产生因"城市病"而带来的一系列问题。

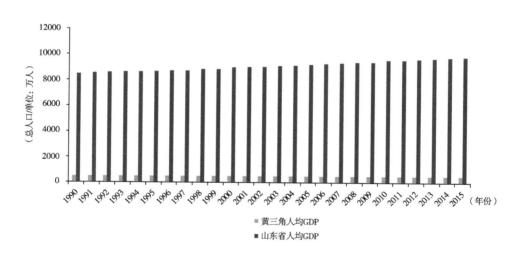

图3-7　1990—2015年黄河三角洲人地系统和山东省总人口

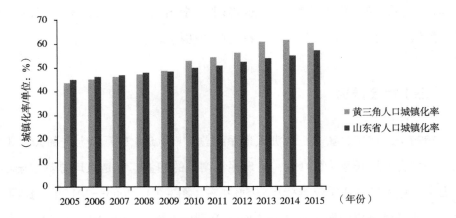

图3-8　2005—2015年黄河三角洲人地系统和山东省人口城镇化率

　　1990—2015年，黄河三角洲人地系统职工平均工资由2363元提高到59788.5元，年均增长13.80%，保持平稳增长，并且职工平均工资水平高于山东省职工平均工资水平（图3-9）。1990—2015年，黄河三角洲人地系统城市居民人均可支配收入由1566元提高到339561.5元，年均增长13.04%，并且高于山东省城市居民人均可支配收入的部分也呈现波浪式上升趋势（图3-10）。职工平均工资和城市居民人均可支配收入可以视为衡量居民生活的重要指标，这两个指标均保持稳定增长，并且维持在较高水平，说明黄河三角洲生态脆弱型人地系统的居民生活处于较高水平，对于全面建设小康社会、推进社会事业发展具有积极影响。

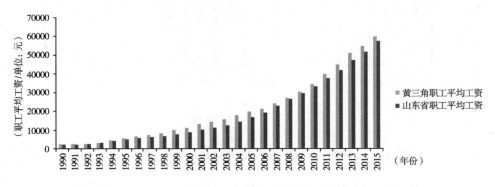

图3-9　1990—2015年黄河三角洲人地系统和山东省职工平均工资

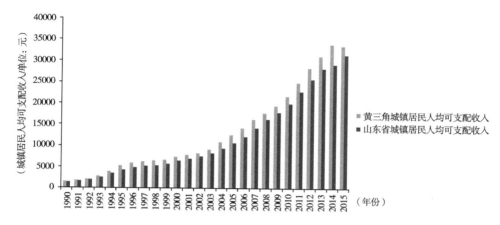

图3-10　1990—2015年黄河三角洲人地系统和山东省城镇居民人均可支配收入

在教科文卫事业方面，黄河三角洲人地系统教育经费投入不断增长，基础教育、中等职业教育和高等教育稳步发展，师资队伍建设得到加强，教育信息化建设稳步推进，但是教育事业发展的物质基础、整体发展水平、人才培养模式、服务能力相对落后，制约了教育事业进一步提高。黄河三角洲人地系统科技发展的政策环境进一步优化、投入持续增加、自主创新能力有所提高、创新平台逐步完善、服务体系逐步健全，但是存在企业创新意识不强、科研机构数量偏少、高层次研发人员匮乏、骨干企业少、油地校科技合作有待进一步深入等问题。黄河三角洲人地系统的文化资源丰富，文化设施、文化产业、文化活动、文化品牌建设取得较大进步，但是缺乏统一的科学规划，文化内涵挖掘浅、景观开发程度低，文化产业基数小、核心竞争力弱等问题比较显著。黄河三角洲人地系统卫生资源总量增幅明显、医疗卫生服务体系逐步完善、医疗保障覆盖面扩大、卫生事业公益性得到强化，但是存在卫生事业发展不均衡、公共卫生服务和卫生应急能力相对薄弱等问题。

在就业和社会保障方面，黄河三角洲人地系统就业渠道得到进一步拓宽、就业规模不断扩大、农村劳动力转移就业人数持续增加、城镇登记下岗失业人员再就业率连续攀升，但是存在培训与就业衔接不充分、劳动者素质与用工需求不适应、结构性"就业难"和"招工难"等问题。黄河三角洲人地系统城镇企业职工基本养老保险、机关事业单位养老保险、城镇医疗保险、工伤保险、失业保险、生育保险参保人数持续上升，实现了新型农村社会养老保险全覆盖，但是社会保险扩面征缴工作难度不断增大、新型农村社会养老保险县区之间不平衡、机关事业单位与企业养老保险制度不衔接等问题凸显，从而导致社会保障体系有待完善。

（四）生态环境概况

黄河三角洲人地系统土地资源丰富，土地总面积达1790326公顷，其中农用地面积1073319公顷、建设用地面积297774公顷、未利用地面积419234公顷，分别占土地总面积的59.95%、16.63%、23.42%；人均土地占有量0.31公顷，是山东省平均水平的1.9倍。耕地面积689593公顷，占农用地面积的64.25%，人均耕地面积0.12公顷，是山东省平均水平的1.5倍，分布着潮土、盐土、褐土、砂姜黑土等土壤类型，为发展多种类型的农业提供了天然良好条件。后备土地资源丰富，人均未利用土地面积0.07282公顷，是中国东部沿海地区平均水平的近2倍，并且黄河携带大量泥沙在入海口发生沉积，可年均造地1.5万亩，由于沿海风暴潮防护体系不断完善，对陆地保护作用不断增强，在沉积作用更加明显的情况下，后备土地资源还将持续增加。

黄河三角洲人地系统河流水系众多，分属黄河、海河流域。受自然条件限制，当地淡水资源相对贫乏，人均水资源量只有303立方米，比全省人均水平少41立方米，仅为全国人均水平的八分之一。黄河三角洲人地系统浅层地下水水量少、硬度高、水质差、含盐量高，碱地种植耗水量大，水资源利用效率低，部分地区地下水开采过度，形成了以城市水源地等为中心的地下水漏斗区。当地主要客水资源来源于黄河水，多年平均引黄水量占该区域总供水量的比例超过50%，是城乡居民生活用水和工农业生产用水的重要水源，在区域经济和社会发展中起到重要支撑作用，但是引水量受到国家分配山东省每年70亿立方米的指标限制。

　　黄河三角洲人地系统矿产资源丰富，目前山东省已探明储量的81种矿产中，本地区有40种。其中尤以能源矿产、化工原料矿产、建筑材料及其他非金属矿产为主，石油、天然气、油页岩、地热、菱镁石、卤水、大理岩、花岗岩等矿产资源储量均居山东省和中国前列，是中国重要的能源基地之一，风力能源也较为丰富，现已建或在建大中型风力发电厂10余座。海岸线近590公里，海洋生物多达517种，鱼、虾、蟹、贝类资源十分丰富，潮间带生物195种，是山东省重要的海洋渔业基地之一。地下卤水静态储量约135亿立方米，是中国最大的海盐、盐化工基地。

　　黄河三角洲人地系统范围之内，所有县（市、区）均达到国家环境空气质量二级标准，影响该区大气环境质量的主要污染物为二氧化硫和烟尘，主要来源是工业排放。黄河三角洲工业化起步以来，工业污水和生活污水排放量过大，导致水质污染比较严重。小清河和广利河是污染最严重的两条河流，综合污染超过国家Ⅴ类标准。陆源污染和油气开发形成的石油类污染，导致近海海域水质下降，海洋生物生存环境遭到严重破坏。海水养殖超容量发展，使养殖海域富营养化。广饶、邹平热电行业及化工行业发展较多，工业固体废弃物产生量较高；工业固体废弃物基本全部综合利用，直接排放到环境中数量较少；生活垃圾处理方式多为填埋或者堆肥，处理率除部分地区达到100%外，多数在80%—90%的水平。

　　黄河三角洲人地系统的生态系统独具特色，处于大气、河流、海洋与陆地等地表不同要素的交接带，多种物质和动力系统在此交互影响，陆地和海洋、淡水和咸水、天然和人工等不同类型生态系统在此交错聚集，是世界上最典型的河口湿地生态系统之一，具有大规模发展湿地种养殖业、开展动植物良种繁育、培育生态产业链、发展生态旅游的优越条件。黄河三角洲人地系统湿地面积广阔，形成了中国暖温带地区最年轻、最完整和最典型的湿地生态系统，拥有黄河三角洲国家级自然保护区、滨州贝壳堤岛与湿地系统国家级自然保护区等多处湿地保护区。湿地总面积约6330.9平方公里，占境内总面积的35.36%，占山东省湿地面积的36.44%。尽管生态环境具有特色，但由于黄河三角洲成陆时间晚，地下水位高，矿化度大，加上蒸发强烈，海水顶托和海潮侵袭，使土壤盐渍化程度较高，植被覆盖率低，加上旱、涝、风、沙、雹、潮等自然灾害频繁，致使该地区存在较多生态环境问题（表3-1）。区内土地盐碱化和荒漠化严重，盐碱化土地主要分布在黄泛平原引黄灌区和滨海平原。由于沿海海风、海潮作用，在大河沿岸和沿海地区，形成了大面积荒漠。受海平面上升的影响，海水侵蚀与倒灌导致东营和滨州两市沙化和盐碱化土地面积高达90%以上。由于城镇化过程的加快，建设用地规模大幅度扩张，加上基础设施网络建设，区内以生物生产过程为主的自然和农业用地不断为开发区和道路系统侵蚀、分割。

表3-1　黄河三角洲人地系统主要生态环境问题

生态环境问题	分布区域	负面影响
土地盐碱化、荒漠化	鲁北平原、滨海地区	不利于农业开发和城镇建设
旱、涝	鲁北平原、滨海地区	不利于农业生产建设和水利建设
水资源短缺	黄三角洲整体区域	限制工农业生产和居民生活
风暴潮灾害	渤海沿岸	淹没陆地的部分面积
黄河入海泥沙问题	黄河口	泥沙输移范围大，建港条件差
岸线侵蚀	海岸带	岸线向陆地侵蚀
黄河尾闾摆动	黄泛区平原	土壤频繁改变其发育方向，影响项目布局
海平面上升	海岸带	海水入侵、海岸侵蚀

二、黄河三角洲生态脆弱型人地系统确定依据

（一）位于多种介质的交错带导致先天生态环境基础脆弱

因处于两种或两种以上要素体系、结构体系、功能体系之间而形成明显的界面，以该界面为中心向周边进行缓冲延伸从而形成不同体系之间的过渡带区域，在不同生态环境系统之间形成的过渡带就是生态环境交错带。因为

生态环境交错带以脆弱为显著特征，所以也被称为生态环境脆弱带（牛文元，1989）。

一般来说，生态交错带有三种存在方式，即点、线、带三种状态（许学工，1998）。如果一个生态系统完全被另一个生态系统所包容，而被包容者足够小，则为实际状况下的"生态脆弱点"；两个以上或两个相邻生态系统的相邻部分重叠，表现为点状的空间形式，也视为"生态交错点"。如果两个相邻生态系统的相邻部分界线分明，其空间范围非常狭窄，则视为"生态交错线"。如果两个相邻生态系统的相邻部分重叠，无明显界线，具有足够宽的空间范围，且其重叠部分具有可逆变化的特征，则视之为"生态交错带"，也可理解为实际状况下的"生态交错面"。可见，前面两种方式是后者的特例，第三种方式存在最普遍。

通过点、线、带三种状态分析黄河三角洲人地系统的生态环境子系统，可以发现各种生态环境要素的交错特征表现极为突出。第一，海岸带是陆地生态环境和海洋生态环境的交错带，受潮汐影响海岸带或前进或受侵蚀，因摆动频繁而具有不稳定性特征；海陆相互影响，尤其是陆地受海洋影响的范围大，海平面上升，尤其是风暴潮发生后，海水可以顺坡度平缓的泥质海岸深入陆地，在地表淹没近海岸农田，渗入地下可造成土壤盐渍化。第二，一方面，河口是淡水生态系统和海水生态系统的交错点，在弱潮作用下黄河携带的巨量泥沙在入海口处大量淤积形成拦门沙，导致水流减缓并影响河海通航；另一方面，河水中有机物含量高，有丰富的浮游生物，可以为海洋生物提供饵料，但是陆地河流中的污水和废水也可以对海洋造成严重污染。第三，河流生态环境和河岸生态环境交接，宽阔的河漫滩地区，交替成为农田、牧场或洪水、凌汛的通道，两侧束水的"悬河"河堤必须严加养护，一旦溃决则危及两岸人民生命财产和油田建设；坑塘水库的边缘也是水陆交接带，由陆生植物向湿生、水生或沼生植物过渡，本区的坑塘水库主要蓄积黄河水，枯水季节抽取使用，因此库容变动很大。第四，耕地、草地、湿地生态系统相互交错，由于黄河三角洲成陆时间晚，处于不同位置的不同类型土地所处的状态不同，发育不完全，土壤肥力易退化，并且受人类垦殖活动的影响地表植被容易破坏，土壤容易发生逆向演替，进一步导致盐碱化和沙化现象滋生，地表土壤被破坏后难以恢复。第五，城乡接合部是城市系统与农村系统的交接带，属于城乡复合型生态经济耦合系统，物质交换和能量转移存在复杂的交叉关系，三角洲的中心城市东营是正在崛起的资源型城市，扩张速度较快，内部景观存在较大的变化，导致城乡过渡地带极为不稳定。第六，三角洲内部的油田矿区成为零星分布在黄河三角洲人地系统内部的生态环境脆弱点，在原油生产和加工过程中排放废弃的液体和气体，导致周边环境不断恶化，成为黄河三角洲人地系统的污染源，使环境的自净能力、抵抗能力和恢复能力都变得更加脆弱。

由于黄河三角洲人地系统内部这种交错特征，导致其因为具有边缘效应而生态环境本底极为脆弱，生态环境不稳定、自然灾害频繁、系统敏感性强等问题明显，这是黄河三角洲人地系统成为生态脆弱型人地系统的最基本依据。

（二）经济社会活动导致生态环境脆弱特征更加明显

由上述分析可知，黄河三角洲人地系统由于特殊的自然地理位置，导致其具有特殊的自然地理属性，其中先天生态环境脆弱是比较显著的属性之一。随着经济社会发展，尤其是石油资源的大规模开发利用、胜利油田建设以及东营市设置等，导致经济社会活动对于生态环境产生的影响明显增加，其中固然存在正面影响，但是对生态环境系统产生了致命破坏，产生负面影响的原因在于经济社会活动强度增大并且方式不合理，直接导致了生态破坏、环境污染以及资源大量消耗。本底脆弱的生态环境难以支撑起高强度、不合理的人类活动，正是这种不合理的人类活动导致生态环境的脆弱特征进一步放大，导致本底脆弱的生态环境更加脆弱。

黄河三角洲人地系统经济社会活动不仅进一步导致生态环境脆弱，并且经济社会系统的二元异质性突出：在城乡发展方面，伴随石油城市的崛起，形成发达的城市和落后的乡村、单一的极核城市中心和分散的小城镇并存的城乡二元特征；经济二元表现在相对发达的现代工业和落后的农村经济，集聚发达的重化工和分散的小化工、小石油、小建材、小五金并存；人口二元表现在胜利油田建成后，技术人员、管理人员、科研人员、石油工人多从外地迁入，与原住居民混杂，没有形成统一的文化根基和底蕴，人口分布和成分存在异质性；在行政管理方面，胜利油田作为大型国企，对带动地方经济发展具有重要作用，然而油田与地方政府行政管理并存，存在一定的矛盾；在发展战略方面，黄河三角洲高效生态经济区上升为国家战略，属于国家层面的优化开发区，湿地属于重点生态功能保护区，但是地方经济创新转型任务艰巨，不同尺度的规划指导并存，需要进一步融合。

可见，由于后天人类高强度的经济社会活动导致先天脆弱的生态环境更加脆弱，并且经济社会子系统内部同样存在明显的二元特征，可以认为这是确定黄河三角洲人地系统为生态脆弱型人地系统的第二个依据。

（三）生态环境脆弱进一步诱发人地系统脆弱性特征

由于各种经济、社会和生态环境的脆弱问题错综复杂地交织于黄河三角洲，尤其是生态环境的脆弱性问题尤为突出，并且伴随经济高速发展以及人口数量急剧增长，导致本底脆弱的生态环境在经济社会活动扰动下面临更复杂、更严重的问题，脆弱的生态环境制约经济与社会系统的发展，生态环境子系统的功能影响到系统整体功能的发挥。进一步从人类活动的角度来看，伴随经济社会高速发展，尤其是石油资源主导下的工业化发展，导致黄河三角洲生态脆弱型人地系统出现明显转折，产业结构长期以第二产业为主，转型与升级面临较大困难，受制于重点资源的依赖，经济脆弱性逐渐凸显。黄河三角洲共有城镇137个，其中地级市2个、县级市4个、县城11个、建制镇120个，另有39个乡，但受到生态环境承载能力的限制，黄河三角洲人口总量和城镇人口规模均偏小，中心城市和县城缺乏辐射和集聚能力，各个城镇之间功能相对独立，城镇体系处于半离散、不成熟的发展阶段。主导资源对经济发展具有重要影响，导致资源型产业和国有企业在经济发展中扮演重要角色，企业办社会现象衍生出基础设施建设、教育、医疗与劳动就业等一系列社会问题，外来油田工作人员与本地居民之间的融合存在一定问题。

由于黄河三角洲人地系统存在明显的边缘效应和高强度开发问题，导致本底脆弱的生态环境更加脆弱，生态脆弱进一步限制了经济社会发展，导致黄河三角洲人地系统整体呈现脆弱性特征，牵连出黄河三角洲人地系统抗干扰能力弱、自我修复能力差、时空波动性强、环境异质性高等其他一系列生态脆弱型人地系统的特征，所以，这一特征也可以成为黄河三角洲人地系统确定为生态脆弱型人地系统的依据。

三、本章小结

本章主要从范围与位置、经济、社会、生态环境等四个方面介绍了黄河三角洲人地系统的概况，在分析黄河三角洲人地系统概况的基础上，进一步根据位于多种介质的交错带导致先天生态环境脆弱、经济社会活动导致生态环境脆弱特征更加明显、生态环境脆弱进一步诱发人地系统脆弱性特征等三个特征，确定了黄河三角洲人地系统为典型的生态脆弱型人地系统。

第四章　黄河三角洲生态脆弱型人地系统演变过程及其驱动力

分析黄河三角洲人地系统概况，确定其为生态脆弱型人地系统之后，对黄河三角洲生态脆弱型人地系统演变过程进行定量研究，并且分析导致其演变的驱动力。经济子系统、社会子系统和生态环境子系统形成黄河三角洲生态脆弱型人地系统的基本骨架。因此，从经济、社会与生态环境三个方面建立评价指标体系，以1991—2015年为研究时段，通过综合指数模型反映黄河三角洲生态脆弱型人地系统的整体状态，通过耦合度和耦合协调度模型反映经济、社会和生态环境三个子系统的耦合关系和耦合协调关系，通过响应指数和响应度模型反映黄河三角洲"人""地"关系状态的演变过程；并且以1991年和2015年为时间截面，以县域为研究对象，分析人地系统、耦合度和耦合协调度、响应指数和响应度空间格局的演变情况。根据定量研究结果，分别从"人""地"和供需两个视角分析黄河三角洲生态脆弱型人地系统演变的驱动力。

一、黄河三角洲生态脆弱型人地系统演变过程

（一）指标体系

1. 构建原则

切实可行的指标体系有利于客观准确地反映出黄河三角洲生态脆弱型人地系统的演变过程，本研究根据以下6条原则建立黄河三角洲生态脆弱型人地

系统演变评价指标体系。

（1）科学性与可量化相结合的原则

评价指标的选择需要以人地关系和生态脆弱型人地系统的基础理论为依据，同时结合黄河三角洲经济、社会与生态环境发展的实际需要，实现指标体系构建的规范化和标准化，客观真实地反映出黄河三角洲生态脆弱型人地系统演变的本质性特征；并且评价指标全部采用可以量化的因素，为定量评价黄河三角洲生态脆弱型人地系统奠定基础。

（2）简明性与独立性相结合的原则

选取的指标需要含义简单且明确，要避免指标数量过多产生大量冗余信息而导致指标代表含义针对性不强的现象，并且经济子系统、社会子系统和生态环境子系统内部不同指标之间应该相互独立，避免指标之间相互重叠而导致重复选取的现象。

（3）系统性与层次性相结合的原则

人地系统是一个复杂系统，反映它的指标体系同样是一个系统工程。因此，黄河三角洲生态脆弱型人地系统指标体系要力求系统性与完整性。作为一个系统的指标体系包含不同的层级，因此，在指标设置时要按照指标间的层次递进关系，尽可能体现层次分明，通过一定梯度反映指标间的支配关系。

（4）稳定性与动态性相结合的原则

指标需要具有相对的稳定性或者经过数据的标准化后能够保持趋势相对一致，从而可以较好地评价黄河三角洲生态脆弱型人地系统的状态和演变趋势。要根据经济、社会和生态环境的互动影响情况，利用动态变化的指标来研究黄河三角洲生态脆弱型人地系统演变过程，反映人地关系演变的时序性。

（5）可比性与可操作性相结合的原则

需要在考虑指标一致性、可测性和规范性的基础上选取具有统一口径的指标，有助于不同指标间进行对比，反映不同发展阶段黄河三角洲生态脆弱型人地系统的特征。需要选择可操作性强的指标，保证数据来源的真实性与可靠性，并且对数据容易处理、容易评估，能够对黄河三角洲生态脆弱型人地系统进行有效评价。

（6）区域性和启发性相结合的原则

由于不同类型区域以及人类活动方式下的人地系统具有不同特点，对于本书的研究对象，建立指标体系时要从黄河三角洲生态脆弱型人地系统的区域概况出发，选取可以反映黄河三角洲特点的指标，并且尽可能从所建立的指标体系中发现问题、深入研究分析，对评价结果和今后研究产生一定的启发作用。

2. 指标体系

由于黄河三角洲生态脆弱型人地系统由经济、社会和生态环境三个子系统构成，以黄河三角洲生态脆弱型人地系统为指标体系的目标层，经济、社会和生态环境三个子系统作为指标体系的子系统层，三个子系统层共包括18个准则层，其中，经济子系统的准则层包括经济水平、经济结构、经济增长、经济投入、经济质量、财政状况、开放程度，社会子系统的准则层包括人口、居民收入、居民生活、公共服务、基础设施，生态环境子系统的准则层包括生态质量、环境质量、资源供给、生态环境保护。在指标层方面，共包括30个指标，经济水平用GDP和人均GDP反映，经济结构用第三产业增加值比重反映，经济速度用GDP增长率反映，经济投入用人均固定资产投资反映，经济质量用GDP含金量反映，财政状况用人均财政收入和财政收入占GDP比重反映，开放程度用实际利用外资反映，人口用非农业人口比重反映，居民收入用职工工资和城乡收入比反映，居民生活用人均居住面积和城市居民恩格尔系数反映，公共服务用在校大学生数、人均公共图书馆藏书、每万人拥有医生数、每万人拥有公共汽车数反映，基础设施用人均城市道路面积和建成区绿化覆盖率反映，生态质量用人均湿地面积和人均耕地面积反映，环境质量用人均工业废水排放量、人均工业二氧化硫排放量和人均工业固体废物产生量反映，资源供给由原油产量、人均供水量、人均粮食产量反映，生态环境保护由人工造林面积和污染治理投资占GDP比重反映。具体指标体系见表4–1。

表4-1　黄河三角洲生态脆弱型人地系统指标体系

目标层	子系统层	准则层	指标层（单位）	性质
黄河三角洲生态脆弱型人地系统	经济子系统	经济水平	GDP（亿元）	+
			人均GDP（元/人）	+
		经济结构	第三产业增加值比重（%）	+
		经济速度	GDP增长率（%）	+
		经济投入	人均固定资产投资（元/人）	+
		经济质量	GDP含金量（%）	+
		财政状况	人均财政收入（元/人）	+
			财政收入占GDP比重（%）	+
		开放程度	实际利用外资（万美元）	+
	社会子系统	人口	非农业人口比重（%）	+
		居民收入	职工平均工资（元/人）	+
			城乡收入比（%）	-
		居民生活	人均居住面积（平方米/人）	+
			城市居民恩格尔系数（%）	-
		公共服务	在校大学生数（人）	+
			人均公共图书馆藏书（册/人）	+
			每万人拥有医生数（人/万人）	+
			每万人拥有公共汽车数（量/万人）	+
		基础设施	人均城市道路面积（平方米/人）	+
			建成区绿化覆盖率（%）	+
	生态环境子系统	生态质量	人均湿地面积（公顷/人）	+
			人均耕地面积（公顷/人）	+
		环境质量	人均工业废水排放量（吨/人）	-
			人均工业二氧化硫排放量（吨/人）	-
			人均工业固体废物产生量（吨/人）	-
		资源供给	原油产量（万吨）	+
			人均供水量（吨/人）	+
			人均粮食产量（千克/人）	+
		生态环境保护	人工造林面积（公顷/人）	+
			污染治理投资占GDP比重（%）	+

（二）数据来源

GDP、人均GDP、第三产业增加值比重、GDP增长率、财政收入、实际利用外资、人口、非农业人口比重、职工平均工资、城乡居民收入、城市居民恩格尔系数、在校大学生数、医生数、原油产量等数据来源于1992—2016年《东营统计年鉴》和《滨州统计年鉴》，其中GDP以1991年为基期做不变价处理，以消除通货膨胀的影响；每万人拥有公共汽车数、人均城市道路面积、建成区绿化覆盖率、供水量等数据来源于1992—2016年《中国城市统计年鉴》；耕地面积、工业废水排放量、工业二氧化硫排放量、工业固体废物产生量、粮食产量、人工造林面积、污染治理投资等数据来源于1992—2016年《山东统计年鉴》；GDP含金量采用潘竟虎提出的GDP含金量计算方法（潘竟虎，2015），为保证研究时段内统计口径一致，本书把公式中的城镇人口比重用非农业人口比重代替；湿地面积来源于中国科学院资源环境科学数据中心[①]。县域单元的数据来源于1992年和2016年《东营统计年鉴》《滨州统计年鉴》以及12个县（市、区）的统计年鉴。

（三）研究方法

1. 综合指数模型

黄河三角洲生态脆弱型人地系统是由诸多要素组成的复杂系统，运用综合指数法定量反映人地系统的整体状态及其演变情况。

首先，对评价指标进行标准化处理。运用极差标准化方法，利用公式（4-1）处理正向指标，利用公式（4-2）处理负向指标，把初始数据归一到[0,1]之间。其中，u_k代表标准化值，x_k代表原始指标，$α_k$为指标最大值，$β_k$为指标最小值。

[①]　数据来源于中国科学院资源环境科学数据中心（http://www.resdc.cn）。

$$u_k=(x_k-\beta_k)/(\alpha_k-\beta_k) \tag{4-1}$$

$$u_k=(\alpha_k-x_k)/(\alpha_k-\beta_k) \tag{4-2}$$

其次，对评价指标进行确权。为确保权重的客观性，运用熵值法确定不同评价指标权重。

计算指标比重：

$$s_k=\frac{x_k}{\sum_{k=1}^n x_k} \tag{4-3}$$

计算指标熵值：

$$h_k=-\sum_{k=1}^n s_k\ln(s_k) \tag{4-4}$$

将熵值标准化：

$$\alpha_k=\frac{maxh_k}{h_k} \quad (\alpha_k\geqslant 1,\ k=1,\ 2,\ ...,\ n) \tag{4-5}$$

计算指标权重：

$$w_k=\alpha_k/\sum_{k=1}^n a_k \tag{4-6}$$

最后，计算黄河三角洲生态脆弱型人地系统指数。根据上述方法所得标准化值和权重，加权求和计算经济子系统指数（z(j)）、社会子系统指数（z(s)）、生态环境子系统指数（z(h)）以及黄河三角洲生态脆弱型人地系统综合指数（z(m−1)）。

$$z(j)=\sum_{k=1}^n w_k u_k \tag{4-7}$$

$$z(s)=\sum_{k=1}^n w_k u_k \tag{4-8}$$

$$z(h)=\sum_{k=1}^n w_k u_k \tag{4-9}$$

$$z(m-1)=(z(j)+z(s)+z(h))/3 \tag{4-10}$$

2. 耦合度与耦合协调度模型

黄河三角洲生态脆弱型人地系统的不同子系统之间相互作用、相互影响，存在交错性、复杂性和非线性的耦合关系，本书运用耦合度和耦合协调度模型定量评价黄河三角洲生态脆弱型人地系统中经济子系统、社会子系统和生态环境子系统之间的相互影响和相互作用程度。耦合原为物理学概念，指两个以上（包括两个）系统或要素通过相互作用、彼此影响而具有的依赖程度。从协同学的角度看，耦合关系中的耦合度和耦合协调度可以反映不同系统在相互作用中达到临界阈值时走向何种状态和序，即决定了系统的关系由无序走向有序的趋势（刘耀彬，2005）。

（1）耦合度模型

本书把经济子系统、社会子系统和生态环境子系统通过耦合关系所产生的相互影响的程度定义为三个子系统的耦合度，在借鉴物理学中容量耦合概念及容量耦合系数模型的基础上得到多个子系统相互作用的耦合度模型：

$$C_n = \{(u_1 \cdot u_2 \cdot \ldots \cdot u_m) / [\prod(u_i + u_j)]\}^{1/n} \tag{4-11}$$

计算经济子系统、社会子系统和生态环境子系统耦合度模型的公式为：

$$C = \{(Z(j) \cdot Z(s) \cdot Z(h)) / [(\frac{Z(j) + Z(s) + Z(h)}{3})^3]\}^{1/3} \tag{4-12}$$

C为经济子系统、社会子系统和生态环境子系统之间的耦合度，位于0到1之间。根据已有研究成果（刘耀彬，2005），当C=1时，三个子系统的耦合度达到最大值，理论上三者实现了最佳耦合状态，此时，系统形成完全有序的最优结构；当C=0时，三个子系统的耦合度降至最小，理论上三者处于完全无关状态，系统形成没有秩序的恶性结构；当0<C≤0.3时，三个子系统的耦合状态为低水平耦合；当0.3<C≤0.5时，三个子系统处于拮抗阶段；当0.5<C≤0.8时，三个子系统处于磨合阶段；当0.8<C<1时，三个子系统的耦合状态为高水平耦合。

（2）耦合协调度模型

耦合度可以作为反映三个子系统之间耦合程度的依据，对判别三个子系统耦合关系的强度，预警三个子系统相互关系的状态具有参考价值。但是耦合度不能反映三个子系统的整体功效、协同效应和协调程度，因此构建经济子系统、社会子系统和生态环境子系统耦合协调度模型：

$$
\begin{cases}
D=(C \times T)^{1/3} \\
T=aZ(j)+bZ(s)+cZ(h)
\end{cases}
\tag{4-13}
$$

公式（4-13）中，D 为耦合协调度，C 为耦合度，T 为三个子系统的调和指数，a、b、c 为三个子系统的待定系数，本研究均取1/3。

根据已有研究成果（王少剑，2015），将经济、社会和生态环境子系统的耦合协调类型划分为3个大类、4个亚类和15个子类（表4-2）。

表4-2 三个子系统耦合协调类型划分

类型		亚类	子类	
不协调发展	$0<D\leq0.3$	严重不协调	$Z(j)+Z(s)-Z(h)>0.1$	严重不协调 生态环境子系统受阻
			$Z(j)+Z(h)-Z(s)>0.1$	严重不协调 社会子系统受阻
			$Z(s)+Z(h)-Z(j)>0.1$	严重不协调 经济子系统受阻
			$0\leq|Z(j)+Z(s)-Z(h)|\leq1$	严重不协调
			$0\leq|Z(j)+Z(h)-Z(s)|\leq1$	严重不协调
			$0\leq|Z(s)+Z(h)-Z(j)|\leq1$	严重不协调
	$0.3<D\leq0.5$	基本不协调	$Z(j)+Z(s)-Z(h)>0.1$	基本不协调 生态环境子系统受阻
			$Z(j)+Z(h)-Z(s)>0.1$	基本不协调 社会子系统受阻
			$Z(s)+Z(h)-Z(j)>0.1$	基本不协调 经济子系统受阻
			$0\leq|Z(j)+Z(s)-Z(h)|\leq1$	基本不协调
			$0\leq|Z(j)+Z(h)-Z(s)|\leq1$	基本不协调
			$0\leq|Z(s)+Z(h)-Z(j)|\leq1$	基本不协调
转型发展	$0.5<D\leq0.8$	基本协调	$Z(j)+Z(s)-Z(h)>0.1$	基本协调 生态环境子系统滞后
			$Z(j)+Z(h)-Z(s)>0.1$	基本协调 社会子系统滞后
			$Z(s)+Z(h)-Z(j)>0.1$	基本协调 经济子系统滞后

（续表）

类型		亚类	子类	
协调发展	0.8<D≤1	高级协调	0≤|Z(j)+Z(s)−Z(h)|≤1	基本协调
			0≤|Z(j)+Z(h)−Z(s)|≤1	基本协调
			0≤|Z(s)+Z(h)−Z(j)|≤1	基本协调
			Z(j)+Z(s)−Z(h)>0.1	基本协调 生态环境子系统滞后
			Z(j)+ Z(h)−Z(s)>0.1	基本协调 社会子系统滞后
			Z(s)+ Z(h)−Z(j)>0.1	基本协调 经济子系统滞后
			0≤|Z(j)+Z(s)−Z(h)|≤1	高级协调
			0≤|Z(j)+Z(h)−Z(s)|≤1	高级协调
			0≤|Z(s)+Z(h)−Z(j)|≤1	高级协调

3. 响应指数与响应度模型

为反映黄河三角洲人地关系演变情况，把黄河三角洲生态脆弱型人地系统的经济子系统和社会子系统视为人类活动因素，把生态环境子系统视为自然地理环境因素，为定量评价人类经济社会活动对自然地理环境产生的影响，在经济学弹性公式基础上用"人类活动的自然地理环境响应指数和响应度"表示黄河三角洲的人类活动对自然地理环境的影响程度。其中，响应指数计算公式为：

$$I= \frac{d_{Z(l)}}{d_{Z(m)}} \cdot \frac{Z(m)}{Z(l)} \qquad （4-14）$$

式中，I为人类活动的自然地理环境响应指数，$\frac{d_{Z(l)}}{d_{Z(m)}}$为自然地理环境指数对人类活动指数的导数，$Z(m)$和$Z(l)$分别为人类活动指数和自然地理环境指数。

为比较不同时期人类经济社会活动对自然地理环境作用的强弱程度，进一步定义人类活动的自然地理环境响应度V，公式为：

$$V=|I| \qquad （4-15）$$

V是I的绝对值，均为正数。V值越大，表示人类经济社会活动对自然地理环境产生的影响越大，二者相互之间的关系越不稳定；V值越小，表示人类经济社会活动对自然地理环境产生的影响越小，二者之间关系相对稳定。I与V的具体含义与类型见表4-3。

表4-3 人类活动的自然地理环境响应关系类型划分

I值	响应关系	I与V的关系	I值变化	表示含义
I>0	正响应	V=I	I增大	人类经济社会活动对自然地理环境产生正向影响，并且程度增大
			I不变	人类经济社会活动对自然地理环境产生正向影响，并且程度不变
			I减小	人类经济社会活动对自然地理环境产生正向影响，并且程度减小
I=0	无响应	V=I=0		人类经济社会活动与自然地理环境理论上没有产生影响
I<0	负响应	V=−I	I增大	人类经济社会活动对自然地理环境产生负向影响，并且程度减小
			I不变	人类经济社会活动对自然地理环境产生负向影响，并且程度不变
			I减小	人类经济社会活动对自然地理环境产生负向影响，并且程度增大

（四）评价结果

1.黄河三角洲生态脆弱型人地系统时空格局演变

（1）经济子系统时空格局演变

1991—2015年黄河三角洲生态脆弱型人地系统的经济子系统指数由0.005上升到0.1142，年均增长13.89%，整体呈现逐渐上升趋势（图4-1）。1991—

2010年经济子系统指数增长速度比较平缓，年均增长13.71%，并且期间的增长呈现出一定的波动性。2010—2015年经济子系统指数增长速度明显加快，年均增长率高达14.58%，其原因在于，黄河三角洲高效生态经济区上升为国家战略，这成为黄河三角洲经济发展的重大机遇，以发展生态经济为战略目标，对黄河三角洲地区经济发展与转型产生重要作用，推动黄河三角洲生态脆弱型人地系统的经济子系统呈现出快速发展的趋势。

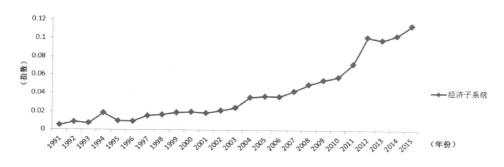

图4-1　1991—2015年经济子系统指数演变

从经济子系统的准则层来看（表4-4），经济水平和经济投入呈现逐年递增的趋势。经济结构、经济质量、财政状况、开放程度呈现波动上升趋势，其中，经济结构、经济质量和财政状况上升过程中的波动现象主要出现在前期（经济结构在2005年之前，经济质量在2009年之前，财政状况在2003年之前），近年来主要以上升趋势为主；开放程度自2010年以来出现较大幅度波动，具有一定的不稳定性，说明黄河三角洲受经济全球化影响比较明显，参与全球化程度较高。1991—2015年经济速度的增长幅度较小，并且2005年以来呈现明显下降趋势，黄河三角洲生态脆弱型人地系统GDP增长率从2006年17.72%到2015年下降为8.81%，经济增长速度放缓，早于全国结束高速增长的阶段，进入由高速增长向中高速增长的增速换挡阶段。

表4-4　1991—2015年经济子系统准则层得分

年份	经济水平	经济结构	经济速度	经济投入	经济质量	财政状况	开放程度
1991	0	0	0	0	0	0.005026	5.58E–06
1992	9.92E–05	0.000268	0.002646	1.82E–05	0.001028	0.004734	0
1993	0.000189	0.001525	0.000116	8.82E–05	0.001358	0.003978	8.42E–05
1994	0.000545	0.002239	0.012094	0.00018	0.000762	0.002381	0.000452
1995	0.00113	0.000658	0.005966	0.000299	0.001122	0.000103	0.000587
1996	0.001538	0.000285	0.002607	0.000394	0.003657	0.000515	0.000536
1997	0.001804	0.00161	0.003348	0.000443	0.006273	0.001432	0.00088
1998	0.002184	0.002321	0.003098	0.000569	0.005302	0.002203	0.001262
1999	0.002377	0.003078	0.003044	0.000667	0.005889	0.002995	0.001247
2000	0.002524	0.003577	0.002354	0.00079	0.005958	0.003444	0.001286
2001	0.003498	0.002188	0.003041	0.001093	0.004096	0.003985	0.001073
2002	0.003872	0.002861	0.003078	0.001227	0.004185	0.005075	0.001184
2003	0.004245	0.004484	0.003697	0.001481	0.004366	0.004692	0.001648
2004	0.005482	0.003778	0.006224	0.002415	0.003106	0.004985	0.00965
2005	0.007169	0.002889	0.006653	0.003508	0.002686	0.005251	0.008748
2006	0.009398	0.003343	0.006755	0.005075	0.002621	0.007015	0.002332
2007	0.011429	0.004045	0.006503	0.005161	0.002768	0.008707	0.003816
2008	0.013498	0.004792	0.00604	0.005497	0.002556	0.010856	0.006362
2009	0.016443	0.005779	0.004302	0.006803	0.001708	0.011797	0.007585
2010	0.01707	0.007289	0.004029	0.008552	0.002974	0.013652	0.004251
2011	0.019572	0.008136	0.004327	0.01056	0.004356	0.017533	0.007823
2012	0.022422	0.008848	0.0037	0.012171	0.006508	0.021743	0.026407
2013	0.024903	0.009393	0.003183	0.015265	0.007464	0.024656	0.013679
2014	0.02695	0.010245	0.002646	0.018198	0.010126	0.027718	0.00767
2015	0.028395	0.0115	0.001695	0.020851	0.011807	0.0303	0.009662

　　黄河三角洲生态脆弱型人地系统12个县域单元1991年和2015年经济子系统评价结果见图4-2，为分析经济子系统空间格局变化，运用系统聚类分析

法，把1991年和2015年县域单元评价结果分为三类，分别命名为高水平型、中水平型和低水平型（图4-3）。

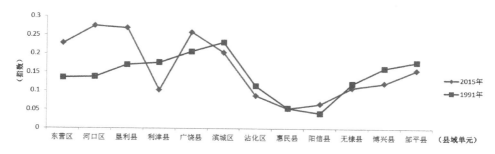

图4-2　1991年和2015年县域单元经济子系统评价结果

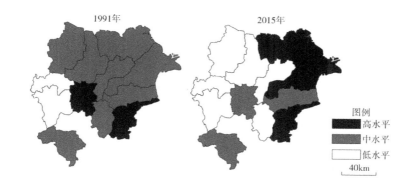

图4-3　经济子系统空间格局演变

　　1991年经济子系统指数属于高水平型的是广饶县和滨城区，2015年变化为河口区、垦利县、广饶县；1991年经济子系统指数属于中水平的是东营区、河口区、垦利县、利津县、无棣县、沾化县、博兴县、邹平县，2015年变化为东营区、滨城区、邹平县；1991年经济子系统指数属于低水平的是惠民县、阳信县，2015年变化为利津县、沾化区、惠民县、阳信县、无棣县、博兴县。整体而言，1991年不同县域经济子系统指数以中水平型为主，说明县域之间经济发展相对均衡，2015年高水平型和低水平型县域数量增加，说明县域之间经济差距有所增大；并且经济子系统指数高的县域明显向东营市东部集聚，县域经济子系统由相对均衡的空间格局演变为东高西低的空间格局。

（2）社会子系统时空格局演变

1991—2015年黄河三角洲生态脆弱型人地系统的社会子系统指数由0.0459上升到0.8395，年均增长12.87%，呈现出平稳上升趋势（图4-4）。改革开放之后，快速发展的工业化和城镇化为社会事业的发展提供了物质基础，黄河三角洲地区逐渐注重推进社会建设和社会服务事业发展，社会发展水平与可持续性逐渐提高，尤其是黄河三角洲高效生态经济区上升为国家战略以来，以保障和改善民生为重点，注重公共服务体系建设，社会事业发展水平逐步提高，因此，黄河三角洲生态脆弱型人地系统的社会子系统指数整体呈现上升趋势。

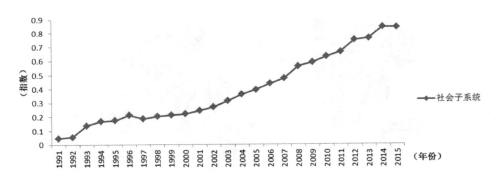

图4-4　1991—2015年社会子系统指数演变

从社会子系统的准则层来看（表4-5），人口、居民收入、居民生活、公共服务、基础设施均呈现整体上升的趋势。其中，人口、居民生活、公共服务的增长速度比较均匀，呈现出理想的增长趋势；居民收入在1994—2000年期间呈现下降趋势，之后开始呈现波浪式上升趋势，但是得分低于其他四类准则层指标，因此在提高居民收入的基础上缩小城乡居民收入差距是黄河三角洲进一步提高社会发展水平的重要方向；基础设施在2007年之前增长缓慢，2007年之后呈现加速增长的趋势，但是黄河三角洲地区交通设施建设滞后于高效生态经济区建设，尤其表现在港口建设和高速交通设施建设滞后，限制了黄河三角洲与周边地区的联系，导致黄河三角洲国家级战略的优势难以完全发挥。

表4-5　1991—2015年社会子系统准则层得分

	人口	居民收入	居民生活	公共服务	基础设施
1991	0	0.034755	0.001748	0.000306	0.009097
1992	0.001702	0.013328	0.008557	0.022532	0.008883
1993	0.002901	0.082175	0.020531	0.026568	0.006682
1994	0.004951	0.087053	0.03656	0.033345	0.006324
1995	0.008429	0.072933	0.042016	0.043271	0.007949
1996	0.011625	0.085584	0.054774	0.043221	0.016625
1997	0.017154	0.049352	0.056122	0.043895	0.01876
1998	0.018459	0.051466	0.060359	0.054934	0.017871
1999	0.020018	0.027728	0.070984	0.064070	0.028384
2000	0.02121	0.024735	0.067772	0.073933	0.032187
2001	0.02683	0.043178	0.070181	0.069222	0.03351
2002	0.028586	0.044796	0.094178	0.087004	0.014922
2003	0.031007	0.047272	0.101342	0.107655	0.025319
2004	0.03484	0.049188	0.099077	0.131861	0.043178
2005	0.038186	0.063616	0.106436	0.144099	0.039802
2006	0.046899	0.069851	0.119091	0.161478	0.039735
2007	0.050164	0.07201	0.131983	0.170371	0.049355
2008	0.050729	0.077271	0.130245	0.205852	0.095771
2009	0.054075	0.073535	0.13031	0.225668	0.102741
2010	0.055286	0.077853	0.146162	0.243233	0.104128
2011	0.063568	0.078995	0.152243	0.250277	0.114981
2012	0.072597	0.078312	0.159341	0.30582	0.128911
2013	0.074149	0.085645	0.150409	0.303621	0.144319
2014	0.08444	0.090517	0.149933	0.325697	0.190201
2015	0.087397	0.092128	0.148305	0.331511	0.180172

　　黄河三角洲生态脆弱型人地系统12个县域单元1991年和2015年社会子系统评价结果见图4-5，为分析社会子系统空间格局变化，运用系统聚类分析法，把1991年和2015年县域单元评价结果分为三类，分别命名为高水平型、中水平型和低水平型（图4-6）。

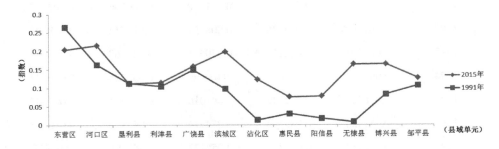

图4-5　1991年和2015年县域单元社会子系统评价结果

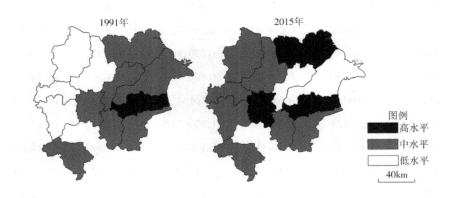

图4-6　社会子系统空间格局演变

　　1991年社会子系统指数属于高水平型的只有东营区，2015年变化为东营区、河口区、滨城区，这三个区是黄河三角洲生态脆弱型人地系统内部三个市辖区；1991年社会子系统指数属于中水平的是河口区、垦利县、利津县、广饶县、滨城区、博兴县、邹平县，2015年变化为广饶县、沾化区、惠民县、阳信县、无棣县、博兴县、邹平县；1991年社会子系统指数属于低水平的是惠民县、阳信县、无棣县、沾化县，2015年变化为垦利县、利津县。2015年与1991年相比，高水平型数量增多、低水平型数量减少、中水平型保持不变，说明社会子系统整体水平有所提高。整体来看，黄河三角洲生态脆弱型人地系统社会子系统的空间格局变化比较明显，1991年呈现东部地区高于西部地区的格局，2015年东西部地区之间的差距明显减小，社会子系统空间格局趋于均衡。

（3）生态环境子系统时空格局演变

黄河三角洲生态脆弱型人地系统的生态环境子系统指数的演变过程可以划分为两个阶段（图4-7）：1991—2005年生态环境子系统指数由0.9002下降到0.1859，年均下降10.66%，呈现快速下降趋势；2005—2015年生态环境子系统指数由0.1859上升到0.3667，年均提高7.03%，呈现整体上升趋势。总体来看，1991—2015年黄河三角洲生态脆弱型人地系统的生态环境子系统呈现出"U"形演变趋势。自从19世纪80年代石油资源开采以来，黄河三角洲进入了工业化加速发展阶段，但是传统粗放的发展模式导致生态环境问题日益严重，因此导致生态本底脆弱的黄河三角洲生态脆弱型人地系统1991—2005年生态环境子系统指数不断下降。随着生态环境问题逐渐受到关注，以及可持续发展、科学发展观、生态文明等理念在实践中逐渐得到落实，黄河三角洲在发展过程中通过注重经济社会与生态环境协调发展，推广循环经济和高效生态经济，维护生态系统的平衡与稳定，使黄河三角洲生态脆弱型人地系统的可持续发展水平得到提高，从而促进生态环境子系统指数由下降转为上升。

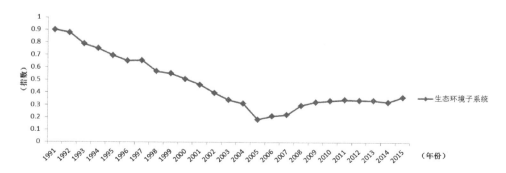

图4-7　1991—2015年生态环境子系统指数演变

从生态环境子系统的准则层来看（表4-6），1991—2015年黄河三角洲生态脆弱型人地系统的生态质量和环境质量得分均整体呈现不断下降的趋势，2005年之前下降速度较快，2005年之后下降速度放慢，说明黄河三角洲生态质量和环境质量并未得到根本性好转，因此需要继续注重生态与环境保护，遏制生态与环境恶化的趋势。1991—2015年黄河三角洲生态脆弱型人地系统的资源供给和生态环境保护演变趋势如同生态环境子系统指数演变趋势，整体呈现"先下降、后上升"的"U"形发展过程。可见，黄河三角洲生态脆弱型人地系统的生态环境子系统指数自2005年以来有所上升与资源供给和生态环境保护水平提高存在直接关系，资源供给以及生态环境保护水平提高促进生态环境子系统指数由逐渐下降转为逐渐上升。因此，黄河三角洲生态脆弱型人地系统需要以提高和改善生态质量和环境质量为主要目标，通过有效的资源供给和生态环境保护措施，扭转生态环境恶化的趋势。

表4-6　1991—2015年生态环境子系统准则层得分

年份	生态质量	环境质量	资源供给	生态环境保护
1991	0.200812	0.287473	0.216474	0.195419
1992	0.189499	0.283735	0.259094	0.145592
1993	0.177537	0.279591	0.196419	0.135367
1994	0.170312	0.273556	0.205206	0.102805
1995	0.165671	0.264137	0.186189	0.080674
1996	0.154681	0.254718	0.177038	0.067773
1997	0.140888	0.271275	0.155839	0.088874
1998	0.131226	0.247792	0.097422	0.093537
1999	0.120452	0.244059	0.11881	0.06972
2000	0.109579	0.258856	0.115063	0.025519
2001	0.10391	0.256182	0.057505	0.046051
2002	0.085269	0.21515	0.054021	0.044462
2003	0.064767	0.226913	0.023893	0.027351
2004	0.050888	0.220762	0.02086	0.021466

（续表）

年份	生态质量	环境质量	资源供给	生态环境保护
2005	0.040541	0.129339	0.013762	0.002213
2006	0.043462	0.094866	0.054696	0.019579
2007	0.037703	0.078926	0.079966	0.02754
2008	0.03382	0.075445	0.130582	0.058674
2009	0.031852	0.086911	0.141587	0.066637
2010	0.029722	0.084428	0.159689	0.062785
2011	0.02806	0.095973	0.156942	0.065241
2012	0.026411	0.080886	0.168601	0.066237
2013	0.027856	0.072734	0.167324	0.07246
2014	0.023688	0.072619	0.157569	0.073506
2015	0.021839	0.082183	0.187426	0.07529

黄河三角洲生态脆弱型人地系统12个县域单元1991年和2015年生态环境子系统评价结果见图4-8，为分析生态环境子系统空间格局变化，运用系统聚类分析法，把1991年和2015年县域单元评价结果分为三类，分别命名为高水平型、中水平型和低水平型（图4-9）。

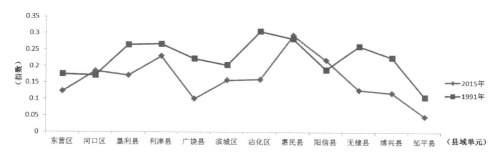

图4-8 1991年和2015年县域单元生态环境子系统评价结果

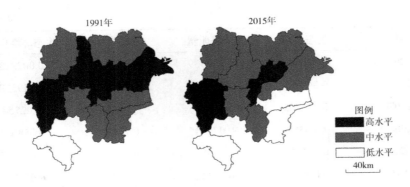

图4-9　生态环境子系统空间格局演变

　　1991年生态环境子系统指数属于高水平型的是垦利县、利津县、惠民县、阳信县、沾化县，2015年变化为利津县、惠民县、阳信县；1991年生态环境子系统指数属于中水平的是东营区、河口区、广饶县、滨城区、无棣县、博兴县，2015年变化为河口区、垦利县、广饶县、滨城区、沾化区、无棣县、博兴县；1991年生态环境子系统指数属于低水平的为邹平县，2015年变化为东营区、邹平县和广饶县。整体而言，生态环境子系统高水平型县域单元数量有所减少，低水平型数量有所增加，说明县域单元生态环境质量有所下降。邹平县和广饶县是黄河三角洲生态脆弱型人地系统的两个县域经济百强县，然而却是2015年生态环境子系统指数最低的两个县，说明这两个县环境污染和生态退化问题比较突出，可能的原因在于经济增长方式比较粗放，重化工业比重过高，因此需要在经济发展过程中加大环境治理力度，实现环境与经济协调发展。整体来看，黄河三角洲生态脆弱型人地系统的生态环境子系统并不存在明显的空间差异，说明黄河三角洲生态脆弱型人地系统的生态环境相对均质。虽然高水平和中水平县域数量较多，但仅限于不同县域生态环境子系统的相对关系而言，并不意味着生态环境质量处于绝对高水平状态，也不能否定黄河三角洲生态脆弱型人地系统是生态脆弱型人地系统的客观事实。

（4）黄河三角洲生态脆弱型人地系统时空格局演变

在分别得到经济子系统、社会子系统和生态环境子系统指数的基础上，通过研究方法中的公式（4-10），可以得到黄河三角洲生态脆弱型人地系统综合指数（图4-10）。1991—2015年黄河三角洲生态脆弱型人地系统的演变过程可以划分为两个阶段：1991—2005年，黄河三角洲生态脆弱型人地系统综合指数由0.317下降到0.205，年均下降3.6%，整体呈现逐渐下降趋势；2005—2015年，黄河三角洲生态脆弱型人地系统综合指数由0.205上升到0.44，年均上升7.94%，呈现逐年递增的趋势。整体来看，黄河三角洲生态脆弱型人地系统呈现出"先下降、后上升"的"U"形演变趋势。

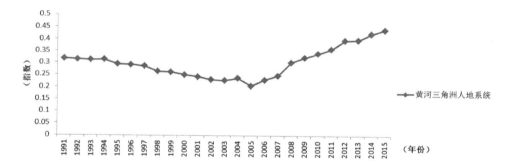

图4-10 1991—2015年黄河三角洲生态脆弱型人地系统综合指数

1991—2005年，黄河三角洲生态脆弱型人地系统综合指数呈现下降趋势，在这一阶段，经济子系统和社会子系统指数均呈现上升趋势，而生态环境子系统指数呈现下降趋势，说明由于生态环境子系统指数下降导致黄河三角洲生态脆弱型人地系统综合指数下降。黄河三角洲生态脆弱型人地系统先天生态环境基础脆弱，面临土地盐碱化与荒漠化、旱涝灾害、水资源短缺、海岸侵蚀、风暴潮灾害等一系列问题，伴随石油资源的开采，尤其是胜利油田的建设，黄河三角洲生态脆弱型人地系统开始逐步进入经济起飞阶段，在经济发展过程中产生资源消耗、环境污染、生态破坏等一系列问题，导致生态更加脆弱、环境问题进一步恶化，不仅直接导致了生态环境子系统指数逐渐下降，并且在经济子系统和社会子系统指数提高的情况下也导致了黄河三角洲生态脆弱型人地系统综合指数下降，说明生态环境脆弱成为黄河三角洲生态脆弱型人地系统的重要限制因素，这也进一步论证了黄河三角洲生态脆弱型人地系统属于生态脆弱型人地系统，生态脆弱成为黄河三角洲生态脆弱型人地系统演变的主要影响因素。

2005—2015年，黄河三角洲生态脆弱型人地系统综合指数呈现上升趋势，在这一阶段，经济子系统、社会子系统和生态环境子系统均呈现上升趋势，共同促进了黄河三角洲生态脆弱型人地系统综合指数的提高。随着中国经济增长热点区域逐渐向北拓展以及区域经济一体化战略实施，黄河三角洲利用自身的比较优势和发展潜力，推进黄河三角洲生态脆弱型人地系统的经济子系统和社会子系统快速发展。尤其是"海上山东"和黄河三角洲开发成为山东省两项跨世纪工程、黄河三角洲高效生态经济区上升为国家战略之后，黄河三角洲开发建设受到山东省和国家的高度重视，为经济社会快速发展创造了良好的政策环境。在这一阶段，由于生态环境保护力度不断加大，资源供给水平得到提高，生态环境子系统指数开始呈现上升趋势。在经济子系统、社会子系统和生态环境子系统指数共同提高的情况下，黄河三角洲生态脆弱型人地系统综合指数开始呈现上升趋势。虽然生态环境子系统指数开始上升，但是生态质量和环境质量仍在持续恶化，因此，黄河三角洲生态脆弱型人地系统需要在发展过程中继续加强生态建设和环境保护，提高资源集约节约利用水平，在开发过程中注重与保护相结合，实现黄河三角洲生态脆弱型人地系统优化发展。

综合分析1991—2015年黄河三角洲生态脆弱型人地系统综合指数的演变过程可以看出，黄河三角洲生态脆弱型人地系统的演变呈现出先下降后上升的"U"形趋势，其中生态环境不仅是经济社会发展的制约因素，而且脆弱的生态环境更是黄河三角洲生态脆弱型人地系统的主要制约因素，进一步说明了黄河三角洲生态脆弱型人地系统属于生态脆弱型人地系统。总体来看，目前黄河三角洲生态脆弱型人地系统综合指数已经开始呈现上升趋势，但是生态环境脆弱问题依然是黄河三角洲发展过程中亟须解决的问题，是建设高效生态经济区、确立可持续发展模式需要首先解决的问题。

黄河三角洲生态脆弱型人地系统12个县域单元1991年和2015年人地系统指数评价结果见图4-11，为分析社会子系统空间格局变化，运用系统聚类分析法，把1991年和2015年县域单元评价结果分为三类，分别命名为高水平型、中水平型和低水平型（图4-12）。

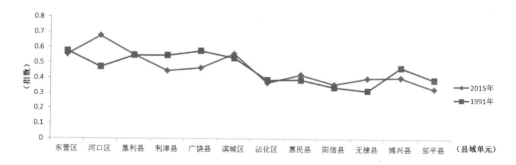

图4-11　1991年和2015年县域单元生态环境子系统评价结果

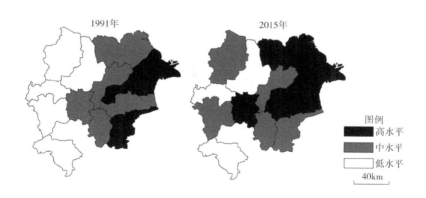

图4-12　黄河三角洲生态脆弱型人地系统空间格局演变

1991年黄河三角洲生态脆弱型人地系统指数属于高水平的地区是广饶县和东营区，2015年变化为河口区、东营区、滨城区、垦利县；1991年黄河三角洲生态脆弱型人地系统指数属于中水平的地区是利津县、垦利县、滨城区、河口区、博兴县，2015年变化为广饶县、利津县、惠民县、博兴县、无棣县；1991年黄河三角洲生态脆弱型人地系统指数属于低水平的地区是邹平县、惠民县、沾化县、阳信县、无棣县，2015年变化为沾化区、阳信县、邹平县。与1991年相比，2015年黄河三角洲生态脆弱型人地系统指数高水平型县域数量增加、中水平型县域数量不变、低水平型县域数量减少，县域单元的人地系统综合指数整体呈现提高趋势。1991年黄河三角洲生态脆弱型人地系统空间格局具有明显的"东高西低"的特征，具体而言，东营市各县域单元人地系统综合指数明显高于滨州市，随着滨州市各县域单元人地系统的发展，到2015年黄河三角洲生态脆弱型人地系统"东高西低"的特征依然存在，但是差距有所减小。

2. 子系统耦合度与耦合协调度时空格局演变

（1）时间过程演变

根据公式（4-12）和（4-13）可以得到黄河三角洲生态脆弱型人地系统的经济子系统、社会子系统和生态环境子系统的耦合度与耦合协调度（图4-13）。

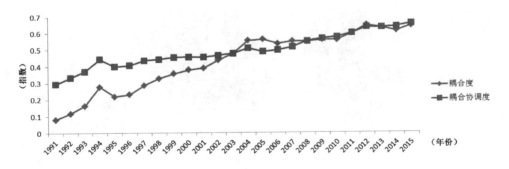

图4-13　1991—2015年三个子系统的耦合度与耦合协调度

从三个子系统的耦合度来看，1991—2015年耦合度由0.0808提高到0.6422，年均上升9.02%，整体呈现上升趋势。根据上文的耦合度类型划分，三个子系统的耦合度演变过程可以分为三个阶段：1991—1997年耦合度在0.0808—0.2866之间，处于低水平耦合阶段。在这一阶段，经济子系统、社会子系统和生态环境子系统之间的耦合程度较低，相互之间的融合程度较小，此时经济子系统和社会子系统呈现上升趋势，生态环境子系统呈现下降趋势，说明三个子系统之间并没有形成协同发展的趋势，从一定程度上也反映出由于经济和社会子系统的提高导致生态环境子系统的下降，经济社会活动对生态环境产生负面影响。1998—2003年耦合度在0.3277—0.4758之间，处于拮抗阶段。在这一阶段，三个子系统之间的耦合程度有所提高，但三个子系统仍然没有形成相互促进的协同发展趋势，所以三个子系统的发展关系处于拮抗状态。2004—2015年耦合度在0.5525—0.6422之间，处于磨合阶段。从这一阶段开始，三个子系统的耦合关系超过了拐点值0.5，表明三个子系统耦合关系开始发生良性转变，原因在于三个子系统均开始呈现上升趋势，由之前的相互约束关系转变为相互促进关系，共同推进黄河三角洲生态脆弱型人地系统综合指数提高。

从三个子系统的耦合协调度来看，1991—2015年耦合协调度由0.2948提高到0.6563，年均提高3.39%，整体呈现上升趋势。根据耦合协调度的类型划分结果，1991—2004年三个子系统的耦合协调度处于不协调发展阶段，2004—2015年三个子系统处于转型发展阶段（表4-7）。其中，1991年三个子系统的耦合协调度处于严重不协调状态，属于经济子系统和社会子系统受阻型；1992—2003年三个子系统的耦合协调度进入基本不协调状态，不协调程度有所降低，这一阶段依旧属于经济子系统和社会子系统受阻型；可见，在黄河三角洲生态脆弱型人地系统的三个子系统不协调发展阶段，生态环境子系统阻碍了经济子系统和社会子系统发展。2004—2015年三个子系统进入转型发展阶段，此时三个子系统处于基本协调状态。其中，2004年属于经济子系统滞后型，2005—2015年属于生态环境子系统滞后型，说明虽然三个子系统已经开始协调发展，但是生态环境子系统发展滞后于经济子系统和社会子系统的发展。总体而言，在三个子系统协调发展过程中，生态环境子系统分别扮演了阻碍和滞后的角色，因此，需要从不同角度提高生态环境子系统的发展水平，促进经济、社会和生态环境三个子系统协调发展程度进一步提高。

表4-7　1991—2015年黄河三角洲生态脆弱型人地系统三个子系统耦合协调类型

年份	类型	亚类	子类
1991	不协调发展	严重不协调	经济子系统和社会子系统受阻型
1992	不协调发展	基本不协调	经济子系统和社会子系统受阻型
1993	不协调发展	基本不协调	经济子系统和社会子系统受阻型
1994	不协调发展	基本不协调	经济子系统和社会子系统受阻型
1995	不协调发展	基本不协调	经济子系统和社会子系统受阻型
1996	不协调发展	基本不协调	经济子系统和社会子系统受阻型
1997	不协调发展	基本不协调	经济子系统和社会子系统受阻型
1998	不协调发展	基本不协调	经济子系统和社会子系统受阻型
1999	不协调发展	基本不协调	经济子系统和社会子系统受阻型
2000	不协调发展	基本不协调	经济子系统和社会子系统受阻型
2001	不协调发展	基本不协调	经济子系统和社会子系统受阻型
2002	不协调发展	基本不协调	经济子系统和社会子系统受阻型
2003	不协调发展	基本不协调	经济子系统和社会子系统受阻型
2004	转型发展	基本协调	经济子系统滞后型
2005	转型发展	基本协调	生态环境子系统滞后型
2006	转型发展	基本协调	生态环境子系统滞后型
2007	转型发展	基本协调	生态环境子系统滞后型
2008	转型发展	基本协调	生态环境子系统滞后型
2009	转型发展	基本协调	生态环境子系统滞后型
2010	转型发展	基本协调	生态环境子系统滞后型
2011	转型发展	基本协调	生态环境子系统滞后型
2012	转型发展	基本协调	生态环境子系统滞后型
2013	转型发展	基本协调	生态环境子系统滞后型
2014	转型发展	基本协调	生态环境子系统滞后型
2015	转型发展	基本协调	生态环境子系统滞后型

　　通过综合分析黄河三角洲生态脆弱型人地系统的经济子系统、社会子系统和生态环境子系统的耦合度和耦合协调度演变过程，可以发现三个子系统的耦合度和耦合协调度均呈现整体上升的趋势，耦合度从低水平耦合阶段发

展到磨合阶段，耦合协调度从不协调发展演变到转型发展中的基本协调发展，说明三个子系统相互作用的耦合程度与协调程度均不断提高，根本原因在于生态环境子系统整体趋向好转。但是也可以看出，三个子系统自2004年进入磨合阶段和转型发展阶段之后，长期处于停滞阶段，没有继续向更高层次阶段演变，可见三个子系统耦合协调发展遇到瓶颈，需要继续推进三个子系统发展的协调性。从三个子系统的耦合协调类型的子类型来看，从经济子系统和社会子系统受阻型转变为生态环境子系统滞后型，生态环境子系统早期成为阻碍经济子系统和社会子系统发展的因素而后又滞后于经济子系统和社会子系统发展，说明黄河三角洲生态脆弱型人地系统作为典型的生态脆弱型人地系统，生态环境因素是其子系统协调发展的重要影响因素。因此，推进黄河三角洲生态脆弱型人地系统的子系统协调发展尤其需要实现生态环境质量优化。

（2）空间格局演变

根据耦合度计算公式可以得出1991年和2015年黄河三角洲生态脆弱型人地系统12个县域单元经济、社会、生态环境子系统耦合度评价结果（图4-14），根据耦合度水平的分类，分析1991年和2015年12个县域单元的空间格局变化（图4-15）。

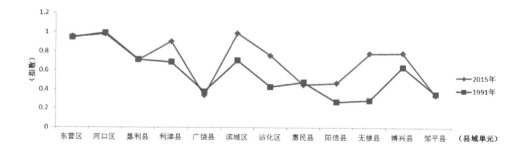

图4-14　1991年和2015年县域单元耦合度评价结果

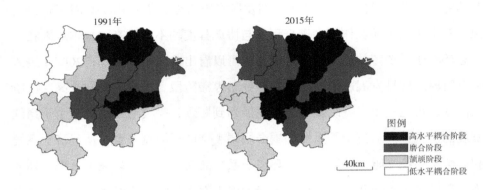

图4-15　黄河三角洲生态脆弱型人地系统耦合度空间格局演变

　　1991年经济、社会、生态环境子系统耦合度属于高水平耦合阶段的地区是东营区和河口区，2015年变化为滨城区、东营区、河口区、利津县；1991年经济、社会、生态环境子系统耦合度属于磨合阶段的地区是垦利县、滨城区、利津县、博兴县，2015年变化为博兴县、无棣县、沾化区、垦利县；1991年经济、社会、生态环境子系统耦合度属于拒抗阶段的地区是广饶县、邹平县、惠民县、沾化县，2015年变化为广饶县、邹平县、阳信县、惠民县；1991年经济、社会、生态环境子系统耦合度属于低水平耦合阶段的地区是无棣县、阳信县，2015年黄河三角洲生态脆弱型人地系统没有县域单元属于低水平耦合阶段。总体来看，黄河三角洲生态脆弱型人地系统12个县域经济、社会、生态环境子系统的耦合度呈现上升趋势，高水平耦合和磨合阶段的县域数量增多，拒抗和低水平耦合阶段的县域数量减少，1991年东部耦合程度明显高于西部，2015年东部与西部之间的差距有所减小。

　　根据耦合协调度计算公式可以得出1991年和2015年黄河三角洲生态脆弱型人地系统12个县域单元经济、社会、生态环境子系统耦合协调度评价结果（图4-16），根据耦合协调度水平的分类，分析1991年和2015年12个县域单元的空间格局变化（图4-17）。

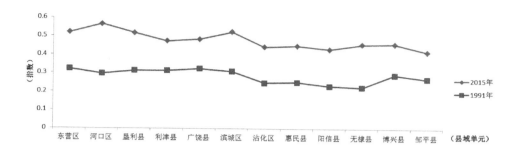

图4-16　1991年和2015年县域单元耦合协调度评价结果

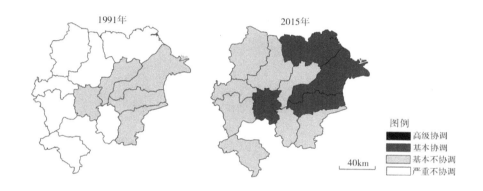

图4-17　黄河三角洲生态脆弱型人地系统耦合协调度空间格局演变

1991年黄河三角洲生态脆弱型人地系统12个县域单元经济、社会和生态环境子系统的耦合协调度分别属于基本不协调和严重不协调两种类型，其中东营区、广饶县、垦利县、利津县、滨城区的耦合协调度属于基本不协调型，河口区、无棣县、沾化县、博兴县、邹平县、惠民县、阳信县属于严重不协调型；2015年黄河三角洲生态脆弱型人地系统12个县域单元的耦合协调度分别属于基本协调和基本不协调两种类型，其中东营区、河口区、垦利县、滨城区属于基本协调型，利津县、广饶县、邹平县、博兴县、惠民县、阳信县、无棣县、沾化区属于基本不协调型。总体而言，1991年和2015年黄河三角洲生态脆弱型人地系统不同县域三个子系统的耦合协调度呈现东部地区高于西部地区的格局，虽然2015年比1991年12个县域的耦合协调度有所提高，但是耦合协调程度仍以基本不协调为主，需要继续推进经济、社会与生态环境协调发展。

3. 子系统响应指数与响应度演变

为得到自然地理环境指数对人类活动指数的导数，首先对人类活动指数和自然地理环境指数进行曲线拟合，得出二者最优函数方程：

$$Z(l) = 1.164 - 11.078Z(m) + 43.028Z(m)^2 - 50.35Z(m)^3 \qquad （4-16）$$

该关系函数是三次曲线方程，拟合优度R^2为0.914，F为74.485，能够通过显著性检验。

对公式（4-16）进一步求导得出自然地理环境指数对人类活动指数的导数：

$$\frac{d_{Z(l)}}{d_{Z(m)}} = -11.078 + 86.056Z(m) - 151.05Z(m)^2 \qquad （4-17）$$

根据公式（4-14）和（4-17）可以得到1991—2015年黄河三角洲生态脆弱型人地系自然地理环境对人类活动的响应指数（图4-18）。黄河三角洲生态脆弱型人地系人类活动的自然地理环境响应指数1991—2007年为负数，人类活动与自然地理环境之间呈现负响应关系，并且响应指数由-0.1822下降到-1.4314，呈现下降趋势，说明人类活动指数提高导致自然地理环境指数严重下降，人类活动对自然地理环境产生负面影响，这种负面影响程度呈现逐渐扩大趋势，黄河三角洲人地关系逐渐走向恶化。在这一阶段，黄河三角洲生态脆弱型人地系依托石油资源开始进入经济社会快速发展时期，但是高速发展的经济无法掩盖发展质量偏低导致的空间开发粗放低效问题以及发展理念落后导致的资源约束趋紧问题，因此人类活动对自然地理环境产生较大的负面影响。2008—2015年黄河三角洲生态脆弱型人地系人类活动的自然地理环境响应指数变为正数，人类活动与自然地理环境之间呈现正响应关系，说明人类活动指数提高可以促进自然地理环境指数提高，并且人类活动的自然地理环境响应指数由0.1161上升到0.8789，呈现上升趋势，说明人类活动对自然地理环境的正向促进作用逐渐提高。随着黄河三角洲大力坚持高效生态道路，推进资源型城市可持续发展，经济社会发展对自然地理环境产生的负面影响逐渐转变为正面影响，黄河三角洲的人地关系由逐渐恶化转为逐渐改善。

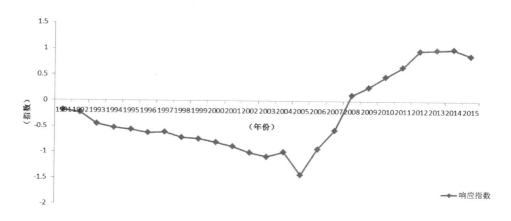

图4-18　黄河三角洲生态脆弱型人地系统人类活动的自然地理环境响应指数

根据公式（4-15）可以得到1991—2015年黄河三角洲生态脆弱型人地系统自然地理环境对人类活动的响应度（图4-19）。2005年响应度为1.4314，数值最大，2008年响应度为0.1161，数值最小，二者相差1.3053，并且响应度曲线变异系数为0.3210。整体而言，黄河三角洲生态脆弱型人地系统自然地理环境对人类活动的响应度波动幅度较大，说明人类活动对自然地理环境不能在强度和范围方面产生稳定的影响，导致自然地理环境对人类活动的反馈比较敏感，不能维持在稳定阈值区间。1991—2005年，人类活动对自然地理环境的影响程度越来越大，此时以人类活动对自然地理环境产生负面影响为主；2005—2008年，人类活动对自然地理环境的影响程度逐渐减小，但这一阶段仍以人类活动对自然地理环境的负面影响为主；2008—2015年，人类活动对自然地理环境的影响程度再次呈现上升趋势，此时人类活动对自然地理环境由负面影响转为正向影响。

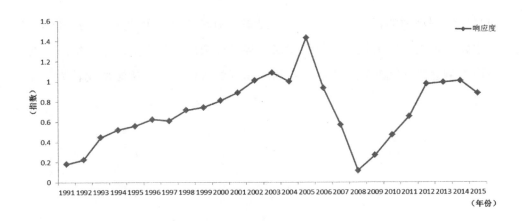

图4-19　黄河三角洲生态脆弱型人地系统人类活动的自然地理环境响应度

二、黄河三角洲生态脆弱型人地系统演变的驱动力

根据中生态脆弱型人地系统演变的驱动机制以及黄河三角洲生态脆弱型人地系统演变过程的实证结果，分别从"人""地"视角和供需视角分析黄河三角洲生态脆弱型人地系统演变的驱动力。

（一）"人""地"视角下的驱动力

黄河三角洲生态脆弱型人地系统演变过程复杂，从"人""地"视角出发可以根据人类活动和自然地理环境的不同要素，分析"人"与"地"对黄河三角洲生态脆弱型人地系统演变所产生的驱动作用。其中，从自然地理环境要素对黄河三角洲生态脆弱型人地系统具有的驱动作用来看，自然资源尤其是石油资源产生的驱动作用比较明显，可以说，自然地理环境要素中的自然资源开发利用和生态脆弱在黄河三角洲生态脆弱型人地系统演变过程中具有决定性作用，是导致黄河三角洲生态脆弱型人地系统演变的最主要因素。由于不同资源影响下人类活动的生产方式存在明显差别，可以把"人""地"对黄河三角洲生态脆弱型人地系统产生的驱动力相结合。因此，从自然资源开发利用的角度分析自然地理环境对黄河三角洲生态脆弱型人地系统演变产生的驱动力，主要包括土地资源、石油资源和综合资源。在土地资源为主导资源时期，农业经济活动是人类活动的主要表现形式；在石油资源为主导资源时期，工业经济活动是人类活动的主要表现形式；在综合资源为主导资源时期，生态经济活动是人类活动的主要表现形式。因此，把自然地理环境和人类活动的驱动作用相结合，分析二者共同对黄河三角洲生态脆弱型人地系统产生的驱动力（图4-20）。

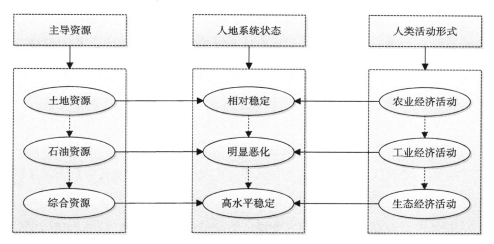

图4-20　"人""地"视角下黄河三角洲生态脆弱型人地系统演变的驱动力

1. 土地资源与农业经济活动的驱动作用

黄河三角洲生态脆弱型人地系统部分土地是1855年黄河夺大清河河道后新形成的土地，是中国最年轻的国土，因此对其整体开发的历史较短。1949年之前，当地垦户和外来移民对黄河三角洲进行盲目自流的垦殖开发。1882年（清光绪八年），这块土地上已有垦户开荒，1910年（清宣统二年）垦户聚族而居，大片荒地已被开出，1935年进行一次较大规模移民，大批受黄河水害的鲁西南地区农民来此垦荒定居。1949—1961年期间，黄河三角洲地区的开发仍以农垦为主，并且政府开始对其有计划地进行农林水利建设。1949年、

1950年、1958年先后三次从鲁西南和附近县移民垦荒，在垦利县陆续建立友林、新林、益林等新村落。1951年成立"五一"农场进行农垦，1952年又建立了广北、黄河、渤海等大型国营农场；1958年建成国家"一五"计划期间156项重点之一的"山东打渔张引黄灌溉工程"；1960年建立共青团孤岛林场。

可见，在黄河三角洲生态脆弱型人地系统发现油田之前，人类充分利用当地的土地资源进行农业生产活动，可以认为这是黄河三角洲生态脆弱型人地系统的农业经济活动时期。1949年之前的农业开发活动以自发性为主，人类开发强度较小，对自然环境产生的影响较小，"人"与"地"之间的相互影响程度较小。1949年之后，村落、农场、林场、水利设施的建设推进农业生产空间不断扩展，对黄河三角洲的经济发展起到巨大促进作用，但是随着人类活动强度的提高及其对自然环境施加的影响逐渐加大，导致黄河三角洲生态脆弱型人地系统的生态环境问题逐渐凸显。大规模开荒导致耕地面积快速增加，但由于盲目开垦、无配套工程、管理粗放、草地破坏、盐分上升，导致土壤盐碱化加重；黄河三角洲生态脆弱型人地系统的生态环境开始遭到破坏的同时，导致人类活动也遭受自然环境的负面反馈，打渔张引黄灌溉工程经历了"开灌—停灌—复灌—发展"的曲折历程。

总体而言，在土地资源与农业经济活动的驱动作用下，黄河三角洲生态脆弱型人地系统已经存在一定的生态环境问题，但是生态环境问题并没有引发人地系统的脆弱性，黄河三角洲生态脆弱型人地系统整体处于相对稳定的状态。

2. 石油资源与工业经济活动的驱动作用

1961年4月，在垦利县东营村附近打成华北第8号探井，获得日产8吨的工业油流，成为渤海湾地区第一口见到原油的探井；1962年9月，在东营地区打成全国日产量最高的油井——营2井；1964年1月，在黄河三角洲地区大规模勘探开发建设的胜利油田成为中国第二大油田。20世纪80年代之后，黄河三角洲地区原油产量快速增长，1991年原油产量达到3355万吨，成为历史最高

水平，之后原油产量开始呈现下降趋势，2000年后原油产量稳定在2700万吨
左右（图4-21）。

图4-21 1983—2014年黄河三角洲地区原油产量

胜利油田的开发建设，给黄河三角洲生态脆弱型人地系统带来巨大生机
与希望，使山东境内的"北大荒"短时间内由荒芜走向繁荣。伴随石油资源
的开发，黄河三角洲生态脆弱型人地系统实现了由农业经济向工业经济的转
型，逐渐形成了以纺织、石油加工、化工、食品加工、造纸为主的原材料及
加工工业体系，推进黄河三角洲生态脆弱型人地系统的工业化迅速发展。为
服务胜利油田发展建设，带动黄河三角洲地区开发，1983年10月1日，东营市
正式成立，标志着黄河三角洲生态脆弱型人地系统进入以城市为中心，工业
化带动下的城镇化快速发展新时期。胜利油田和东营市先后成立，黄河三角
洲生态脆弱型人地系统呈现油地二元经济特征，东营市为油田生产与建设提
供人力、物力和土地资源，油田建设带动地方工业和服务业发展，为地方提
供就业，支持地方基础设施建设，使地方经济步入发展的快车道。

但是石油资源开采过程中产生大量废气、废水、固体废弃物，具体表现
为井口挥发气体、钻井废液、落地原油、生产废水、洗净水、泥浆钻屑等，
在打井、开采、运输过程中洒落的油污、产生的废气和废水直接污染土地、
空气和水源。土壤受到污染后造成周围植被死亡，大面积裸地出现，增加了

生态系统的区域破碎性。石油开采过程中还产生地面沉降、地下水位下降、海水倒灌等问题。可见，在石油资源主导下的工业经济时期，人类开发强度逐渐增大，化工产业和橡胶行业不规范排放导致了严重的环境污染，对自然环境产生的影响逐渐明显，导致生态环境问题越来越严重，原本生态环境本底脆弱的黄河三角洲生态脆弱型人地系统的脆弱性更加明显。石油经济不仅产生生态环境问题，而且还产生部分经济社会问题，比如产业结构单一、对资源的依赖性强、企业办社会等问题。因此，过于依赖资源发展工业的模式已经难以为继，人地系统处于极不稳定状态。

总之，石油资源的开发利用，一方面，带动黄河三角洲生态脆弱型人地系统的城镇化和工业化快速发展，另一方面，石油开采和工业生产过程中造成诸多生态环境问题，生态本底脆弱的黄河三角洲在人类扰动下生态系统面临更严重的问题，并且生态环境问题致使人地系统整体出现脆弱趋势，黄河三角洲生态脆弱型人地系统向逐渐恶化的方向演变，这也直接导致了1991—2005年，黄河三角洲生态脆弱型人地系统综合指数呈现不断下降趋势。因此，黄河三角洲生态脆弱型人地系统需要对"人"和"地"进行综合调控，促进系统优化协调发展。

3. 综合资源与生态经济活动的驱动作用

进入21世纪以来，山东省对黄河三角洲开发建设多年实践进行总结和反思，创新性地提出适合该地区的高效生态经济发展战略，"发展黄河三角洲高效生态经济"也相继进入国家"十五"计划和"十一五"规划。2009年12月，《黄河三角洲高效生态经济区发展规划》得到国务院批复，标志着黄河三角洲的开发建设正式上升为国家战略。从客观条件来看，加快黄河三角洲高效生态经济区建设，是山东省实施"一蓝一黄一圈一带"区域发展总体战略[①]、促进区域经济协调发展的客观要求，优化国土空间开发格局、打造山东新经济

---

① 注："一蓝一黄一圈一带"分别指山东半岛蓝色经济区、黄河三角洲高效生态经济区、省会城市群经济圈、西部经济隆起带。

增长点提升山东经济整体竞争力的战略选择。从主观条件来看，黄河三角洲生态脆弱型人地系统自然条件先天脆弱性也决定了其可持续发展需要综合利用多种资源实现由工业经济向高效生态经济的转型，黄河三角洲生态脆弱型人地系统综合利用不同资源发展高效生态经济是在对当前"人""地"矛盾进行正确认识而对其进行调控、规避其脆弱性的有效途径。

相对于过去单一依赖土地资源或石油资源，这一时期综合利用的多种资源包括土地资源、石油资源、海洋资源、生态资源等有形资源，以及区位优势、政策优势等无形资源，实现各种资源整体利用，发挥出最优效益。相对于过去的农业经济和工业经济模式，这一时期的高效生态经济具有典型生态系统特征的节约集约经济发展模式，以经济与生态的统一协调发展的基本目标。目前，黄河三角洲生态脆弱型人地系统正处于由工业经济向高效生态经济过渡阶段，需要在生态承载能力之内发展循环经济、绿色经济和低碳经济，从而实现经济、社会与生态协调发展，最终实现高效生态经济建设。

在综合资源和生态经济活动的驱动作用下，黄河三角洲生态脆弱型人地系统综合指数下降的趋势逐渐得到扭转，向高水平方向稳定发展。

（二）供需视角下的驱动力

新中国成立以来到21世纪初，黄河三角洲生态脆弱型人地系统基本以供给驱动为主，围绕石油资源的开发依次以要素供给、结构供给和制度供给展开。其中，在石油资源开发产销两旺的繁荣期，需求驱动也相辅相成，但其产品需求主要是重化工资源型产品，脆弱的生态基底叠加高污染的重化工结构形成的结构供给始终是困扰黄河三角洲可持续发展的难题。随着黄河三角洲上升为国家发展战略，高效生态经济区的功能目标定位，黄河三角洲将迎来在供给驱动调整的元动力下促进需求驱动，但要全面调整消费、投资和出口需求的内在结构。

1.供给驱动力

供给主要包含三个方面：劳动力、资本、土地、技术创新等基本生产要素，以及影响这些要素投入产出效率的结构供给和制度供给（图4-22）。

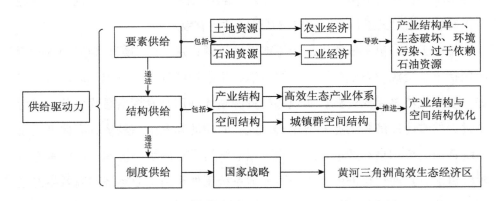

图4-22　黄河三角洲生态脆弱型人地系统演变的供给驱动力

（1）要素供给的驱动作用

黄河三角洲生态脆弱型人地系统早期发展主要受到要素供给的驱动作用，其中最明显的是土地资源驱动下的农业发展以及石油资源驱动下的工业化发展。

土地资源的驱动作用体现在，新中国成立之后为加快黄河三角洲地区开发，先后建立了较多大型国营林场、农场和水利工程，如1951年起，先后成立"五一"农场、黄河农场、广北渤海农场，1958年建成打渔张引黄灌溉工程，将1万余人迁至孤岛地区，设立共青团孤岛林场。促进黄河三角洲生态脆弱型人地系统农作物产量实现增产，农业生产空间不断扩展，同时也标志着农业经济活动对自然环境的影响逐渐强烈，黄河三角洲开发强度得到加大。

石油资源的驱动作用体现在，胜利油田的开发建设，给黄河三角洲带来巨大变化，黄河三角洲的工业快速发展，拉开了黄河三角洲现代化发展的序幕。胜利油田大搞地面建设，建成了原油集输系统、天然气集输系统、电讯系统、供水和注水系统、公路和铁路系统，完成了一大批重点骨干工程，并使机修、供应、科研、教育、卫生、农副业等系统基本配套齐全，为油田生产建设的发展和黄河三角洲的开发事业奠定了良好的基础，成为经济发展的支柱与依托。1983年，东营市正式建置，进入油地二元经济新阶段的同时，黄河三角洲的城镇化逐渐得到发展。但是，城镇化和工业化沿用传统粗放模式高速发展，对生态环境产生沉重负担，导致生态环境更加脆弱。

总体来看，在要素供给的驱动下，黄河三角洲生态脆弱型人地系统经济子系统和社会子系统不断上升，但是对生态环境子系统造成较大负面影响，所以导致黄河三角洲生态脆弱型人地系统整体呈现下降趋势。

（2）结构供给的驱动作用

在要素供给尤其是石油资源供给的驱动作用下，黄河三角洲生态脆弱型人地系统经过石油资源开发取得巨大成就，但是也产生较多问题，比如，经济上存在油田经济强、地方经济弱、产业结构单一等问题，社会发展上存在石油工人再就业、社会福利公平性、企业办社会等问题，生态环境上存在石油污染以及石油经济排放的废水、废气、固体废弃物污染等问题。因此，结构供给的驱动作用逐渐得到强化，并且逐渐超过要素供给，对黄河三角洲演变起到主要驱动作用。

从产业结构的驱动作用来看，黄河三角洲为摆脱第二产业为主的产业结构，大力发展第三产业，积极构建高效生态产业结构与体系。通过发展现代农业和节水农业、建设农业示范区，实现传统农业的高效生态转型。通过发展循环经济以及对第二产业进行循环化改造发展环境友好型工业，以减少工业对环境的污染以及资源的浪费。通过生产性服务业和消费性服务业共同发展，构建包括现代物流业、生态旅游业、商务服务业和金融保险业在内的现代服务业产业体系。

从空间结构的驱动作用来看，根据资源环境承载能力、发展基础和潜力，结合自然资源的组合特点，遵循"交通连接、产业集聚、城市辐射、园区带动、突出重点、率先突破"的发展理念，以东营——垦利——利津——滨州多组团复合式廊道型大城市为中心，沿德龙烟铁路交通干线形成城镇发展带，沿海港口和产业园区、门户城市为节点形成新沿海城市带，县城和重点镇为依托，构成"一心、两带、四港区、五节点"的黄河三角洲城镇群地域空间结构；统筹考虑经济发展、生态保护、城镇布局，形成核心保护区、控制开发区和集约开发区。

可以认为，结构供给是2005年后黄河三角洲生态脆弱型人地系统综合指数呈现上升趋势重要的驱动力之一。

（3）制度供给的驱动作用

以要素供给为重点支撑、结构供给为优化条件，黄河三角洲生态脆弱型人地系统经历了一个快速发展的过程。由于黄河三角洲高效生态经济区成为国家战略，黄河三角洲生态脆弱型人地系统得到更多政策支持，为促进经济、社会和生态环境协调发展，不断创新体制机制，为黄河三角洲可持续发展提供制度保障。因此，制度供给对于黄河三角洲生态脆弱型人地系统演变的影响逐渐增大。

在经济制度方面，加大财政支出对环境保护和生态修复、循环经济和绿色发展、交通基础设施建设的支持力度；支持不同级别开发区建设生态工业示范园区，推进清洁生产以及循环经济发展；利用国际金融组织贷款，支持节能减排、清洁化生产、生态环境保护。通过经济制度的不断优化与完善，推进黄河三角洲生态脆弱型人地系统产业向生态化方向发展、生态维护与环境保护得到落实，从而驱动黄河三角洲生态脆弱型人地系统进一步向可持续方向发展。

在生态制度方面，把防护林和生态林建设、自然保护区建设、湿地保护、节能重点工程、环境监测系统建设作为生态环境保护重点工程，增强黄河三角洲生态脆弱型人地系统的可持续发展能力。制定严格的污染物排放地方标准，使污染物排放标准成为支撑环境监督管理、调整产业市场准入和具有强制约束力的基本环境技术法规。实行严格的耕地保护制度和节约集约用地制度，推进土地利用规划动态管理模式和差别化管理模式，进行土地综合整治以及节约集约利用。通过生态制度的不断完善，调整人地矛盾和维护生态平衡，促进黄河三角洲生态脆弱型人地系统。

可见，制度供给成为推动黄河三角洲生态脆弱型人地系统未来建立可持续发展模式的重要驱动力。

2. 需求驱动力

（1）消费需求的驱动作用

对于黄河三角洲生态脆弱型人地系统而言，消费需求是其演化的最初需求动力，对系统演化产生的驱动作用在农业资源向石油资源供给的过渡时期比较明显，进入石油资源供给阶段后对于经济增长的拉动作用并不明显，原因在于：第一，过于依赖投资需求驱动，长期忽视消费需求的驱动作用；第二，对消费需求增长的合理发展缺乏有效指导；第三，制度变迁中形成的路径依赖与路径锁定难以短时间改变，消费需求结构存在民用和工用的结构差异。消费领域的问题不仅成为制约中国经济发展的重要因素，而且当前黄河三角洲生态脆弱型人地系统同样面临这一问题，因此，需要刺激消费来扩大内需，推动消费驱动型现代化建设与生态化建设，以实现产品结构升级、投资结构变动、产业结构优化，最终促进生态脆弱型人地系统优化。

（2）投资需求的驱动作用

黄河三角洲生态脆弱型人地系统进入石油供给阶段之后，投资需求的作用成为其演变的主要驱动力，通过石油资源开发、政府建设基础设施、重化工业快速发展等方式体现出来，但以投资驱动为主要特征的发展方式是不可持续的，导致黄河三角洲生态脆弱型人地系统投资和消费的比重严重失衡，第二产业比重过高、产业结构升级困难，资源与环境不堪重负，投资效益边际效益递减，其中最为严重的是导致生态本底脆弱的黄河三角洲生态脆弱型人地系统的脆弱性持续增加，人地系统难以优化发展。因此，黄河三角洲生态脆弱型人地系统需要改革以投资需求为主的驱动方式，增强消费驱动的作用，转变投资结构，以符合技术创新和可持续发展目标的产业结构调整为方向，实现黄河三角洲生态脆弱型人地系统建立合理的需求驱动方式。

（3）出口需求的驱动作用

出口需求对黄河三角洲生态脆弱型人地系统演化具有两方面影响，一方面，通过出口带动产品质量安全，实施品牌战略，强化产品的绿色与环保导向，可以促进产品由出口保障逐步转向全民共享，从而实现人地关系调节；另一方面，黄河三角洲生态脆弱型人地系统优势出口产品为橡胶轮胎、石油装备、化工、汽车零部件、纺织，对生态环境产生的负面影响较大。因此，黄河三角洲生态脆弱型人地系统需要扩大对外服务贸易，推动出口贸易结构升级，发挥出口需求产生的正面影响，规避负面影响。

基于黄河三角洲生态脆弱型人地系统供给和需求驱动力内部结构分析可以看出，在从旧常态走向新常态的过程中，黄河三角洲生态脆弱型人地系统需要进行发展动力转换，以实现生态脆弱型人地系统协调可持续发展（图4-23）。

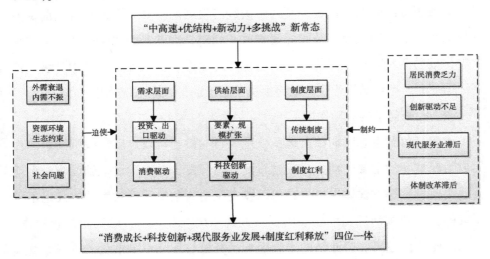

图4-23　黄河三角洲生态脆弱型人地系统发展动力转换

把人、地和供需驱动力综合分析可知，石油资源与工业经济活动、要素供给和投资需求对黄河三角洲生态脆弱型人地系统产生的驱动以明显的负向作用力为主，导致黄河三角洲生态脆弱型人地系统综合指数呈现下降趋势；综合资源与生态经济活动、结构供给和制度供给对黄河三角洲生态脆弱型人地系统产生的驱动以明显的正向作用力为主，推动黄河三角洲生态脆弱型人地系统综合指数呈现上升趋势；其他驱动力对黄河三角洲生态脆弱型人地系统既存在正向影响，也存在负向影响。

三、本章小结

本章主要研究了黄河三角洲生态脆弱型人地系统的演变过程及其驱动力。从黄河三角洲生态脆弱型人地系统演变过程来看，经济子系统和社会子系统呈现不断上升趋势，经济子系统由相对均衡的空间格局演变为东高西低的特点，社会子系统的空间格局由东高西低转为相对均衡；生态环境子系统呈现"先下降、再上升"的U形演变趋势，空间格局的变化并不明显，也没有呈现出明显的空间差异；黄河三角洲生态脆弱型人地系统呈现"先下降、再上升"的U形演变趋势，空间格局呈现东高西低的特点，但是差异有所减小。黄河三角洲生态脆弱型人地系统三个子系统的耦合度和耦合协调度整体呈现不断上升的趋势，空间格局呈现出东部高于西部的特点。黄河三角洲人与地之间的响应指数由负响应逐步演变为正响应，响应度波动幅度较大，人地关系的稳定性仍有待提高。分别从人、地和供需视角分析了黄河三角洲生态脆弱型人地系统演变的驱动力，石油资源与工业经济活动、要素供给和投资需求以负向驱动为主，综合资源与生态经济活动、结构供给和制度供给以正向驱动为主。

第五章　黄河三角洲生态脆弱型人地系统脆弱性演变及其影响因素

由于脆弱性研究已经成为可持续性科学研究的核心问题，脆弱性评估是脆弱性研究的重要内容，并且黄河三角洲生态脆弱型人地系统脆弱性问题比较突出，因此，在分析其整体演变过程及其驱动力的基础上，根据人地系统脆弱性概念，从敏感性和应对能力两个方面建立评价指标体系，对1991—2015年黄河三角洲生态脆弱型人地系统脆弱性演变情况进行评价，并以1991年和2015年为时间截面，以县域为研究对象，分析黄河三角洲生态脆弱型人地系统脆弱性空间格局的演变情况，为把握黄河三角洲生态脆弱型人地系统脆弱性的演变规律提供依据。然后，运用障碍度模型分析影响黄河三角洲生态脆弱型人地系统应对能力的障碍因素，运用多元线性回归分析法分析黄河三角洲生态脆弱型人地系统脆弱性演变的影响因素。

一、黄河三角洲生态脆弱型人地系统脆弱性演变

（一）指标体系

黄河三角洲生态脆弱型人地系统脆弱性评价指标体系构建遵循科学性与可量化原则、简明性与独立性原则、系统性与层次性原则、稳定性与动态性原则、可比性与可操作性原则、区域性和启发性原则。黄河三角洲生态脆弱

型人地系统脆弱性主要通过经济、社会、生态环境三个子系统评价指标体系来反映，具体又围绕子系统的敏感性和应对能力两个脆弱性基本维度选取指标，敏感性指标和应对能力指标保持对应关系（表5-1）。指标性质分为正向和负向，敏感性指标中，正向指标表示数值增大可以导致黄河三角洲生态脆弱型人地系统产生的敏感性增大，负向指标表示数值减小可以导致黄河三角洲生态脆弱型人地系统产生的敏感性减小，例如"原油产量"这一指标增大意味着黄河三角洲生态脆弱型人地系统对石油资源的依赖程度增加以及进一步对生态环境开发利用和破坏强度增加，并且不利于产业结构优化升级，从而导致敏感性增加，因此为正向指标；应对能力指标中，正向指标表示数值增大对黄河三角洲生态脆弱型人地系统产生的应对能力增大，负向指标表示数值减小对黄河三角洲生态脆弱型人地系统产生的应对能力减小。在评价县域单元人地系统脆弱性时，结合县域实际情况以及数据的可获取情况，把"胜利油田产值占工业总产值比重"用"工业产值占GDP比重"代替。

表5-1　黄河三角洲生态脆弱型人地系统脆弱性评价指标体系

目标层	子系统层	准则层	指标层（单位）	性质
黄河三角洲人地系统脆弱性	经济子系统	敏感性	R_{a1}原油产量（万吨）	+
			R_{a2}胜利油田产值占工业总产值比重（%）	+
			R_{a3}外贸依存度（%）	+
			R_{a4}地方财政收入增长率（%）	-
		应对能力	R_{b1}人均GDP（元/人）	+
			R_{b2}第三产业增加值比重（%）	+
			R_{b3}工业全员劳动生产率（%）	+
			R_{b4}财政自给率（%）	+

（续表）

目标层	子系统层	准则层	指标层（单位）	性质
黄河三角洲人地系统脆弱性	社会子系统	敏感性	R_{a5}城市居民恩格尔系数（%）	+
			R_{a6}城乡收入差距（元）	+
			R_{a7}城镇登记失业率（%）	+
			R_{a8}农业人口比重（%）	+
		应对能力	R_{b5}人均社会消费品零售额（元/人）	+
			R_{b6}职工平均工资（元/人）	+
			R_{b7}个体经济从业人员比重（%）	+
			R_{b8}第三产业从业人员比重（%）	+
	生态环境子系统	敏感性	R_{a9}工业二氧化硫排放量（万吨）	+
			R_{a10}工业固体废物产生量（万吨）	+
			R_{a11}工业废水排放量（万吨）	+
			R_{a12}湿地面积（公顷）	-
		应对能力	R_{b9}工业二氧化硫去除率（%）	+
			R_{b10}工业固体废物综合利用率（%）	+
			R_{b11}工业废水排放达标率（%）	+
			R_{b12}森林覆盖率（%）	+

（二）数据来源

原油产量、胜利油田产值、工业总产值、进出口总额、地方财政收入、地方财政支出、GDP、工业企业从业人数、城市居民恩格尔系数、城镇居民人均可支配收入、农村居民人均纯收入、城镇登记失业率、农业人口比重、社会消费品零售额、职工平均工资、从业人员数、个体经济从业人员数、第三产业从业人员数、工业废水排放量、工业二氧化硫排放量、工业固体废物产生量来源于1992—2016年《山东统计年鉴》《东营统计年鉴》《滨州统计年鉴》，其中GDP以1991年为基期做不变价处理，消除通货膨胀的影响；工业二氧化硫去除率、工业固体废物综合利用率、工业废水排放达标率来源于

1991—2015年《山东省环境统计年报》；湿地面积来源于中国科学院资源环境科学数据中心①。县域单元的数据来源于1992年和2016年《东营统计年鉴》《滨州统计年鉴》以及12个县（市、区）的统计年鉴。

（三）研究方法

1. 人地系统脆弱性评价公式

参考已有脆弱性评价方法，本书把敏感性和应对能力视为黄河三角洲生态脆弱型人地系统脆弱性的两个基本维度（刘继生，2010；李鹤，2014）。人地系统脆弱性在敏感性和应对能力两个方面相互影响、相互制约的基础上形成，因此可以把人地系统脆弱性视为敏感性和应对能力的复合函数：V=f（S，R）。人地系统脆弱性与敏感性之间存在正比例关系，即敏感性越强人地系统脆弱性越高，人地系统脆弱性与应对能力之间存在反比例关系，即应对能力越强人地系统脆弱性越低。黄河三角洲生态脆弱型人地系统脆弱性评价公式如下：

$$V_i = S_i / R_i \qquad\qquad (5-1)$$

式中，V_i代表黄河三角洲生态脆弱型人地系统脆弱性指数，S_i代表敏感性指数，R_i代表应对能力指数。

2. 集对分析法

集对分析法（Set Pair Analysis，SPA）是对确定性和不确定性问题进行同异反定量分析的方法（赵克勤，2000），本书运用集对分析法计算敏感性指数和应对能力指数。集对分析模型将敏感性和应对能力中的确定和不确定设定为一个系统，将联系紧密的两个集合Q和T看成一个集对B，根据B的属性在

---

① 数据来源于中国科学院资源环境科学数据中心（http://www.resdc.cn）。

问题E背景下建立Q和T同一、差异、对立的联系度表达式。集对B具有N个属性，其中S个属性为Q和T的共有属性，P个属性为Q和T的对立属性，其余F个属性为Q和T的关系不确定属性，表达为F=N–S–P。集合Q和集合T的联系度μ可用公式表达为：

$$\mu = \frac{S}{N} + \frac{F}{N} i + \frac{P}{N} j = a + bi + cj \qquad (5-2)$$

式中，a、b、c分别为Q和T在问题E背景下的同一度、差异度和对立度，并且$a+b+c=1$，i和j分别为b和c的系数。

根据集对分析基本原理，假设黄河三角洲生态脆弱型人地系统敏感性和应对能力评价指标体系为集合H，指标评价标准为集合U，由集合H和集合U形成集对B{H，U}，分析集合H和集合U之间具有的同一、差异、对立关系，即把黄河三角洲生态脆弱型人地系统敏感性和应对能力评价转化为集合H和集合U之间的对比分析。以敏感性为例，设敏感性问题为E={H，I，X，W}，评价方案集合H={h，h_2，…，h_m}，每个评价方案有n个指标，评价指标集合为I={i_1，i_2，…，i_n}，指标权重集合为W={w_1，w_2，…，w_n}，指标值记为x_{kp}（k=1，2，…，m；p=1，2，…，n），则问题E的评价矩阵X可表示为：

$$X = \begin{bmatrix} x_{11} & \cdots & x_{1n} \\ \vdots & \ddots & \vdots \\ x_{m1} & \cdots & x_{mn} \end{bmatrix} \qquad (5-3)$$

根据每一指标的属性，确定各评价方案最优和最劣评价指标，分别组成最优方案集U={u_1，u_2，…，u_n}和最劣方案集V={v_1，v_2，…，v_n}。集对{H_k，U}在区间{V，U}上的联系度μ为：

$$\begin{cases} \mu(H,U) = a_k + b_{ki} + c_{mj} \\ a_k = \sum w_p a_{kp} \\ c_k = \sum w_p c_{kp} \end{cases} \qquad (5-4)$$

式中，a_{kp}和c_{kp}分别为评价指标x_{kp}与集合{V_p，U_p}的同一度和对立度。当为正向指标时，计算公式为：

$$\begin{cases} a_{kp} = \dfrac{x_{kp}}{u_p + v_p} \\[3mm] c_{kp} = \dfrac{u_p v_p}{x_{kp}(u_p + v_p)} \end{cases} \tag{5-5}$$

当x_{kp}为负向指标时，计算公式为：

$$\begin{cases} a_{kp} = \dfrac{u_p v_p}{x_{kp}(u_p + v_p)} \\[3mm] c_{kp} = \dfrac{x_{kp}}{u_p + v_p} \end{cases} \tag{5-6}$$

方案H_k与最优方案的贴进度r_k可用公式表示为：

$$r_k = \frac{a_k}{a_k + c_k} \tag{5-7}$$

r_k越大表明所研究方案与最优方案贴近度越高，评价对象越接近最优评价标准。

在确定各指标权重时，为保证确权的客观性，选用熵权法进行确权。

3. 障碍度模型

运用障碍度模型，通过障碍因素分析法识别制约黄河三角洲生态脆弱型人地系统应对能力的主要障碍因素，公式可表示为：

$$A_i = w_i d_i \Big/ \sum_{i=1}^{n} w_i d_i \tag{5-8}$$

式中，A_i为评价指标对不同子系统应对能力的障碍度，w_i为指标权重，d_i为12个指标标准化值。

（四）评价结果

1. 经济子系统脆弱性

（1）时间演变

利用集对分析法，可以得出黄河三角洲生态脆弱型人地系统经济子系统敏感性、应对能力和脆弱性计算结果（图5-1）。

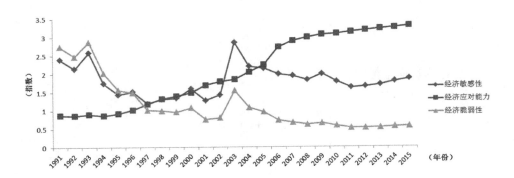

图5-1　1991—2015年经济子系统敏感性、应对能力和脆弱性评价结果

1991—2015年黄河三角洲生态脆弱型人地系统经济子系统敏感性演变过程可以分为四个阶段：1991—2001年经济子系统敏感性指数由2.3956下降到1.2726，敏感性整体呈现下降趋势；2001—2003年经济子系统敏感性指数由1.2726上升到2.8542，敏感性呈现明显上升趋势；2003—2011年经济子系统敏感性指数由2.8542下降到1.6198，敏感性整体呈现下降趋势；2011—2015年经济子系统敏感性指数由1.6198上升到1.8572，敏感性呈现上升趋势。从经济子系统敏感性指标层评价结果来看（图5-2），四个指标评价结果出现较大波动，导致经济子系统敏感性产生较大不稳定性，经济子系统敏感性变异系数为0.4160，整体呈现W形演变趋势，说明黄河三角洲生态脆弱型人地系统经济子系统内部要素变动产生的不利扰动以及外界不利扰动并没有出现减弱的现象，尤其是2011年以来，经济子系统的敏感性不断提高，说明经济子系统受到的不利扰动逐渐增加，根本原因在于新常态背景下随着经济增长速度减缓，直接导致黄河三角洲生态脆弱型人地系统经济发展对石油资源的依赖程度有所提高，并且导致财政收入的增长幅度减小。

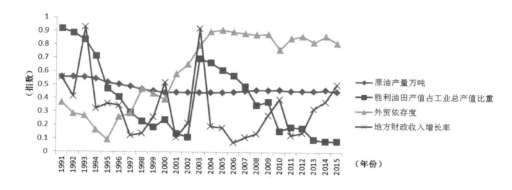

图5-2　1991—2015年经济子系统敏感性指标层评价结果

　　1991—2015年黄河三角洲生态脆弱型人地系统经济子系统应对能力指数由0.8718提高到3.2977，整体呈现逐年上升趋势，其中1991—2006年应对能力指数增长速度较快，2006—2015年应对能力指数增长速度开始减慢。根据障碍度模型的计算结果，人均GDP和工业全员劳动生产率的出现频率较高，分别为44%和40%，是制约经济子系统应对能力提高的两个主要障碍因素。从经济子系统应对能力指标层评价结果来看（图5-3），人均GDP和工业全员劳动生产率从2007年开始基本保持停滞，影响到经济子系统应对能力进一步提高，从而成为经济子系统应对能力提高的主要障碍因素。因此，提高经济发展质量和全要素生产率是黄河三角洲生态脆弱型人地系统经济子系统提高应对能力的必由之路。

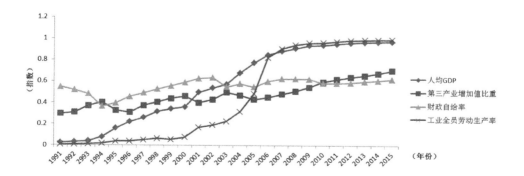

图5-3　1991—2015年经济子系统应对能力指标层评价结果

1991—2015年黄河三角洲生态脆弱型人地系统经济子系统脆弱性指数演变分为两个过程：第一阶段，1991—2011年脆弱性指数由2.7479下降到0.5162，整体呈现出下降趋势。这一阶段，由于经济子系统应对能力逐渐提高，遭受的不利影响和损害可能性逐渐降低，从而导致经济子系统脆弱性逐渐减小。第二阶段，2011—2015年脆弱性指数由0.5162上升到0.5632，呈现逐渐上升趋势。这一阶段，经济子系统敏感性逐渐增高但是应对能力增长速度减缓，直接造成经济子系统脆弱性增加。从根本上来讲，黄河三角洲生态脆弱型人地系统的经济子系统面临的不利扰动依然存在，尤其是在经济新常态的严峻形势下，对经济子系统产生较大不利扰动。因此，黄河三角洲生态脆弱型人地系统的经济子系统需要充分利用优势条件，提高面对不利扰动的应对能力，实现经济子系统的脆弱性逐渐降低。

（2）空间格局演变

根据1991年和2015年黄河三角洲生态脆弱型人地系统12个县域单元经济子系统脆弱性评价结果（图5-4），运用聚类分析法，把县域单元经济脆弱性划分为高度脆弱、中度脆弱和低度脆弱三种类型（图5-5）。

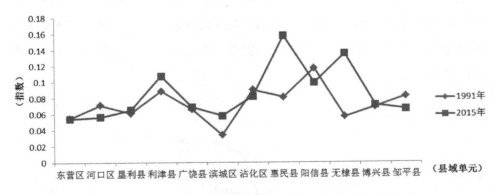

图5-4　1991年和2015年县域单元经济子系统脆弱性评价结果

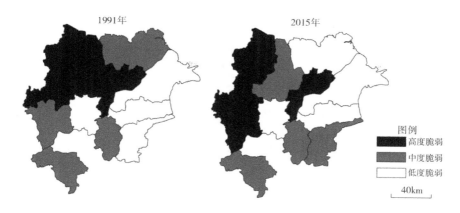

图5-5　经济子系统脆弱性空间格局演变

1991年黄河三角洲生态脆弱型人地系统经济子系统高度脆弱的县域单元是阳信县、沾化县、利津县、无棣县，2015年变化为惠民县、无棣县、利津县、阳信县；1991年经济子系统中度脆弱的县域单元是惠民县、博兴县、河口区、邹平县，2015年变化为沾化县、博兴县、广饶县、邹平县；1991年经济子系统低度脆弱的县域单元是广饶县、垦利县、东营区、滨城区，2015年变化为垦利县、滨城区、河口区、东营区。相比较而言，1991年和2015年黄河三角洲生态脆弱型人地系统县域单元空间格局变化并不明显，高度脆弱的县域主要位于滨州市，低度脆弱的县域主要位于东营市，呈现西高东低的格局；经济子系统的脆弱程度与县域经济发展水平具有明显的负相关性，县域经济越发达其经济子系统的脆弱程度越低，可见，降低县域单元经济脆弱性尤其需要提高县域经济发展水平。

2. 社会子系统脆弱性

（1）时间演变

利用集对分析法，可以得出黄河三角洲生态脆弱型人地系统社会子系统敏感性、应对能力和脆弱性计算结果（图5-6）。

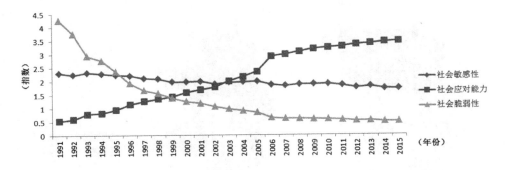

图5-6　1991—2015年社会子系统敏感性、应对能力和脆弱性评价结果

1991—2015年黄河三角洲生态脆弱型人地系统社会子系统敏感性由2.3074下降到1.7099，呈现波动下降的趋势，说明黄河三角洲社会子系统受到不利扰动的潜在影响不断减小。但是，敏感性指数下降幅度较小，基本保持稳定状态。总体而言，黄河三角洲生态脆弱型人地系统通过社会问题解决、社会内部结构优化促进社会子系统敏感性逐渐降低。从社会子系统敏感性指标层评价结果来看（图5-7），城乡收入差距、城镇登记失业率、农村人口比重整体呈现下降趋势，城市居民恩格尔系数2007年以来呈现上升趋势，因此，降低社会子系统敏感性尤其需要降低城市居民恩格尔系数，实现城市居民生活水平提高。

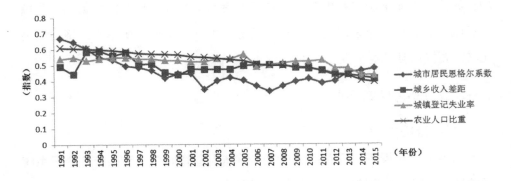

图5-7　1991—2015年社会子系统敏感性指标层评价结果

　　1991—2015年黄河三角洲生态脆弱型人地系统社会子系统应对能力指数由0.5418提高到3.4612，并且呈现逐年增加的趋势，说明社会子系统面对不利影响的应对能力不断提高。黄河三角洲生态脆弱型人地系统通过不断完善公共服务体系建设，促进各项社会事业不断发展，保证了社会子系统面对扰动的应对能力不断提高。从社会子系统应对能力指标层评价结果来看（图5-8），人均社会消费品零售额、职工平均工资、个体经济从业人员比重、第三产业从业人员比重均呈现不断提高的趋势。

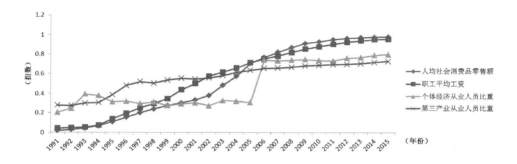

图5-8　1991—2015年社会子系统应对能力指标层评价结果

　　1991—2015年伴随敏感性逐渐下降、应对能力逐渐提高，黄河三角洲生态脆弱型人地系统社会子系统脆弱性指数由4.2585下降到0.4940，可见，黄河三角洲社会子系统遭受的不利影响和损害可能性逐年降低。其中，1991—2006年脆弱性指数年均下降11.88%，下降速度较快，2006—2015年脆弱性指数年均下降2.81%，下降速度逐渐减慢。黄河三角洲以保障和改善民生为重点，不断完善就业和社会保障体系，促进社会子系统脆弱性逐渐降低。

　　（2）空间格局演变

　　根据1991年和2015年黄河三角洲生态脆弱型人地系统12个县域单元社会子系统脆弱性评价结果（图5-9），运用聚类分析法，把县域单元社会脆弱性划分为高度脆弱、中度脆弱和低度脆弱三种类型（图5-10）。

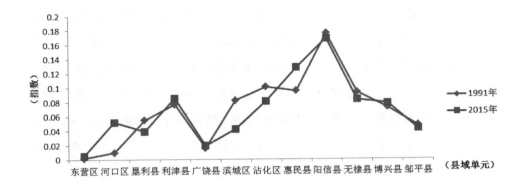

图5-9　1991年和2015年县域单元社会子系统脆弱性评价结果

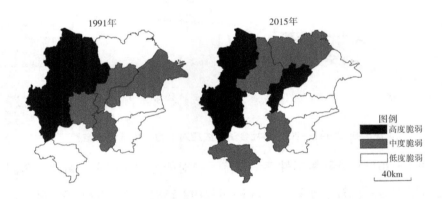

图5-10　社会子系统脆弱性空间格局演变

　　1991年黄河三角洲生态脆弱型人地系统社会子系统高度脆弱的县域单元是阳信县、沾化县、惠民县、无棣县，2015年变化为阳信县、惠民县、利津县、无棣县；1991年社会子系统中度脆弱的县域单元是滨城区、利津县、博兴县、垦利县，2015年变化为沾化县、博兴县、河口区、邹平县；1991年社会子系统低度脆弱的县域单元是邹平县、广饶县、河口区、东营区，2015年变化为滨城区、垦利县、广饶县、东营区。整体而言，黄河三角洲生态脆弱型人地系统社会子系统脆弱性空间格局变化并不显著，均呈现出西部高于东部的空间格局，并且东营市各区县的社会子系统脆弱性明显低于滨州市，与经济子系统脆弱性的空间格局基本吻合。

3. 生态环境子系统脆弱性

（1）时间演变

利用集对分析法，可以得出黄河三角洲生态脆弱型人地系统生态环境子系统敏感性、应对能力和脆弱性计算结果（图5-11）。

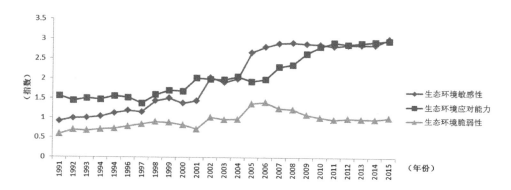

图5-11　1991—2015年生态环境子系统敏感性、应对能力和脆弱性评价结果

1991—2015年黄河三角洲生态脆弱型人地系统生态环境子系统敏感性指数由0.9128提高到3.0157，年均提高5.11%，整体呈现上升趋势。其中1991—2005年敏感性指数年均增长7.94%，增长速度较快，说明外界对生态环境子系统产生的不利扰动逐渐增强，生态问题和环境问题比较严重，从而导致生态环境子系统敏感性不断上升。2005—2015年敏感性指数年均增长1.26%，增长速度减慢，并且2008—2011年出现短暂的下降现象，说明外界对生态环境子系统产生的不利扰动有所减缓。从生态环境子系统敏感性指标层评价结果来看（图5-12），工业二氧化硫排放量、一般工业固体废物产生量、工业废水排放量、湿地面积的指数均整体呈现上升趋势，导致生态环境子系统敏感性指数逐渐增加。

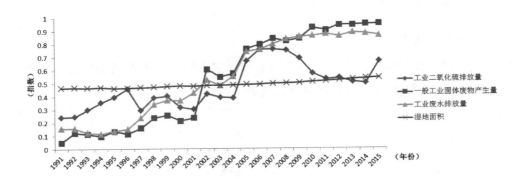

图5-12　1991—2015年生态环境子系统敏感性指标层评价结果

　　1991—2015年黄河三角洲生态脆弱型人地系统生态环境子系统应对能力指数由1.5585上升到2.9706，说明生态环境子系统应对外界不利扰动以及防止生态环境恶化的能力逐渐增强，原因在于黄河三角洲通过推进生态建设以及加大环境保护力度，促进生态环境子系统应对能力呈现提高趋势。从生态环境子系统应对能力指标层评价结果来看（图5-13），工业二氧化硫去除率、工业固体废物综合利用率、工业废水排放达标率、森林覆盖率指数整体而言有所提高，但是近年来增长幅度有所减缓。根据障碍度模型的计算结果，工业固体废物综合利用率的出现频率较高，是生态环境子系统应对能力的障碍因素。

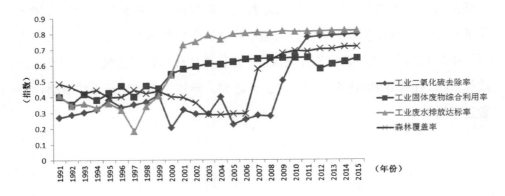

图5-13　1991—2015年生态环境子系统应对能力指标层评价结果

1991—2015年黄河三角洲生态脆弱型人地系统生态环境子系统脆弱性指数演变过程可以划分为两个阶段：1991—2006年脆弱性指数由0.5857上升到1.4089，整体呈现上升趋势，这一阶段虽然生态环境子系统应对能力逐渐提高，但是提高幅度小于生态环境敏感性，从而导致生态环境子系统脆弱性指数逐渐减小。2006—2015年，脆弱性指数由1.4089下降到1.0152，整体呈现下降趋势，这一阶段生态环境子系统敏感性指数保持平稳，但是应对能力指数依然保持较快增长，从而促进脆弱性指数逐渐下降，其根本原因在于黄河三角洲生态脆弱型人地系统的生态环境子系统整体水平不断提高。

（2）空间格局演变

根据1991年和2015年黄河三角洲生态脆弱型人地系统12个县域单元生态环境子系统脆弱性评价结果（图5-14），运用聚类分析法，把县域单元生态环境脆弱性划分为高度脆弱、中度脆弱和低度脆弱三种类型（图5-15）。

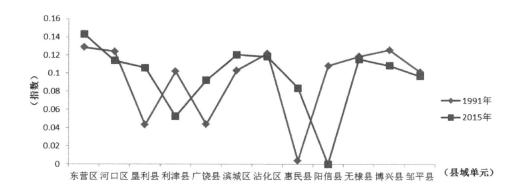

图5-14　1991年和2015年县域单元生态环境子系统脆弱性评价结果

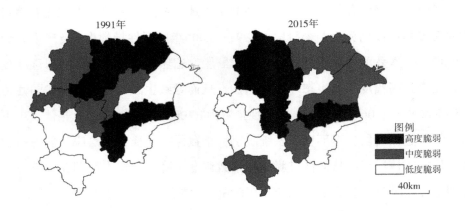

图5-15　生态环境子系统脆弱性空间格局演变

1991年黄河三角洲生态脆弱型人地系统生态环境子系统高度脆弱的县域单元是东营区、博兴县、河口区、沾化县，2015年变化为东营区、滨城区、沾化县、无棣县；1991年生态环境子系统中度脆弱的县域单元是无棣县、阳信县、滨城区、利津县，2015年变化为河口区、博兴县、垦利县、邹平县；1991年生态环境子系统低度脆弱的县域单元是邹平县、广饶县、垦利县、惠民县，2015年变化为广饶县、惠民县、利津县、阳信县。1991年和2015年东营市和滨州市高度脆弱、中度脆弱和低度脆弱的县域单元均为2个，说明黄河三角洲生态脆弱型人地系统12个县域单元生态环境子系统三种类型的脆弱程度在东营市和滨州市的空间分布比较均衡，两个地级市的生态环境脆弱性不存在明显的差异，生态环境状况具有较大的相似性与均质性。

4.黄河三角洲生态脆弱型人地系统脆弱性

（1）时间演变

在分析黄河三角洲生态脆弱型人地系统经济子系统、社会子系统和生态环境子系统脆弱性的基础上，利用集对分析法，可以得出黄河三角洲生态脆弱型人地系统敏感性、应对能力和脆弱性计算结果（图5-16）。

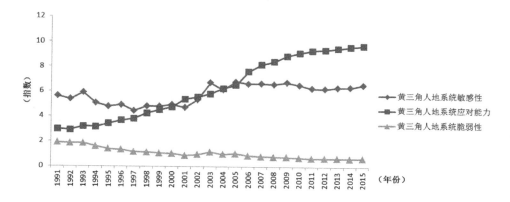

图5-16　1991—2015年黄河三角洲生态脆弱型人地系统敏感性、应对能力和脆弱性评价结果

敏感性是指在系统内部、不同系统之间相互作用的关系中，用来表征某个系统应对其内部或外部因素变化的响应程度。敏感性指数越强，人地系统越脆弱。1991—2015年黄河三角洲生态脆弱型人地系统敏感性指数演变过程可以分为两个阶段：1991—2003年敏感性指数由5.6158波动上升到6.7156，整体呈现上升趋势。这一时期，黄河三角洲生态脆弱型人地系统经济上比较依赖石油资源，形成了以重工业为主，结构比较单一的经济体系，并且在经济发展过程中产生一系列生态环境问题，从而导致黄河三角洲生态脆弱型人地系统受到的不利扰动逐渐增多。2003—2015年敏感性指数在6.1596—6.7566之间波动发展，变化幅度较小，整体保持稳定。在资源型区域转型的背景下，黄河三角洲生态脆弱型人地系统逐步弱化对石油资源的依赖，经济结构逐步改善，发展循环经济和生态经济减少污染排放、增加环境治理、改善环境质量，通过生态建设和增强生态系统服务功能，促进敏感性指数由上升转为稳定。

应对能力反映了系统对内外条件变化所做出调整的过程和目标，是系统的一种自我发展能力，目的是降低系统的脆弱性、增强系统的可持续性。应对能力越高，人地系统脆弱性越弱。1991—2015年黄河三角洲生态脆弱型人

地系统应对能力指数由2.9721上升到9.7294，基本呈现逐年递增的趋势，说明
黄河三角洲生态脆弱型人地系统面对内外部环境的不利扰动所具有的应对能
力在不断提高。随着经济发展、社会进步以及生态环境保护工作的共同发展，
推进黄河三角洲生态脆弱型人地系统应对能力逐渐提升。根据障碍度模型的
计算结果（表5-2），工业废水排放达标率和工业固体废物综合利用率的出现
频率较高，分别为56%和52%，可以视为黄河三角洲生态脆弱型人地系统应对
能力提高的主要障碍因素，这两个指标均属于生态环境子系统应对能力指标。
可见，提高黄河三角洲生态脆弱型人地系统的应对能力尤其需要提高生态环
境子系统的应对能力。

表5-2　1991—2015年黄河三角洲生态脆弱型人地系统应对能力障碍因素

年份	R_{b1}	R_{b2}	R_{b3}	R_{b4}	R_{b5}	R_{b6}	R_{b7}	R_{b8}	R_{b9}	R_{b10}	R_{b11}	R_{b12}
1991	0.00	0.00	0.04	0.00	0.00	0.00	0.00	0.00	0.01	0.01	0.02	0.04
1992	0.00	0.00	0.03	0.00	0.00	0.00	0.01	0.00	0.01	0.00	0.01	0.03
1993	0.00	0.02	0.02	0.00	0.00	0.00	0.03	0.00	0.02	0.01	0.02	0.03
1994	0.00	0.02	0.02	0.00	0.00	0.00	0.03	0.00	0.02	0.01	0.01	0.03
1995	0.01	0.01	0.01	0.00	0.01	0.01	0.00	0.02	0.03	0.01	0.02	0.02
1996	0.01	0.00	0.02	0.00	0.01	0.01	0.02	0.03	0.02	0.02	0.01	0.02
1997	0.02	0.02	0.03	0.00	0.01	0.02	0.01	0.03	0.03	0.01	0.00	0.03
1998	0.02	0.03	0.03	0.01	0.02	0.02	0.02	0.03	0.03	0.02	0.01	0.03
1999	0.02	0.03	0.04	0.01	0.02	0.02	0.01	0.04	0.04	0.01	0.02	0.03
2000	0.02	0.04	0.05	0.01	0.02	0.03	0.01	0.04	0.00	0.04	0.03	0.02
2001	0.03	0.04	0.05	0.02	0.02	0.04	0.01	0.04	0.02	0.04	0.05	0.02
2002	0.04	0.03	0.06	0.02	0.03	0.04	0.01	0.04	0.02	0.05	0.05	0.01
2003	0.04	0.05	0.04	0.02	0.04	0.05	0.02	0.04	0.01	0.05	0.06	0.00
2004	0.05	0.04	0.04	0.04	0.04	0.05	0.02	0.03	0.05	0.05	0.06	0.00
2005	0.05	0.03	0.04	0.04	0.05	0.05	0.01	0.05	0.00	0.06	0.06	0.00
2006	0.06	0.04	0.05	0.07	0.06	0.06	0.08	0.05	0.01	0.06	0.06	0.00
2007	0.06	0.04	0.05	0.08	0.06	0.06	0.08	0.05	0.01	0.06	0.06	0.06
2008	0.07	0.05	0.05	0.08	0.07	0.06	0.08	0.06	0.01	0.06	0.06	0.07

（续表）

年份	R_{b1}	R_{b2}	R_{b3}	R_{b4}	R_{b5}	R_{b6}	R_{b7}	R_{b8}	R_{b9}	R_{b10}	R_{b11}	R_{b12}
2009	0.07	0.06	0.05	0.09	0.07	0.06	0.08	0.06	0.05	0.06	0.06	0.08
2010	0.07	0.07	0.05	0.09	0.07	0.07	0.08	0.06	0.08	0.06	0.06	0.08
2011	0.07	0.07	0.05	0.09	0.07	0.07	0.08	0.06	0.10	0.06	0.06	0.08
2012	0.07	0.08	0.05	0.09	0.08	0.07	0.08	0.06	0.10	0.05	0.06	0.08
2013	0.07	0.08	0.05	0.09	0.08	0.07	0.08	0.06	0.10	0.05	0.06	0.08
2014	0.07	0.09	0.05	0.09	0.08	0.07	0.08	0.06	0.11	0.06	0.06	0.08
2015	0.07	0.09	0.05	0.09	0.08	0.07	0.08	0.06	0.11	0.06	0.06	0.08
次数（次）	11	7	7	10	11	11	10	11	7	13	14	9
频率（%）	44	28	28	40	44	44	40	44	28	52	56	36

　　1991—2015年，黄河三角洲生态脆弱型人地系统脆弱性指数整体呈现下降趋势，但是下降幅度并不明显，尤其是2011—2015年脆弱性指数基本保持稳定。黄河三角洲生态脆弱型人地系统作为典型的生态脆弱型人地系统，其脆弱性指数之所以呈现下降趋势，是经济子系统、社会子系统和生态环境子系统共同通过提高应对能力来应对敏感性的结果，虽然人地系统整体脆弱性不断减弱，但是可以明显看出生态环境子系统的脆弱性问题并没有完全解决，近年来有重新上升的趋势，所以黄河三角洲生态脆弱型人地系统需要利用建设高效生态经济区的机遇，进行生态文明建设，降低生态环境脆弱性，实现生态环境质量取得根本性好转。

　　（2）空间格局演变

　　根据1991年和2015年黄河三角洲生态脆弱型人地系统12个县域单元人地系统脆弱性评价结果（图5-17），运用聚类分析法，把县域单元生态环境脆弱性划分为高度脆弱、中度脆弱和低度脆弱三种类型（图5-18）。

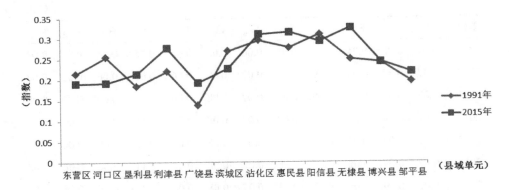

图5-17　1991年和2015年县域单元人地系统脆弱性评价结果

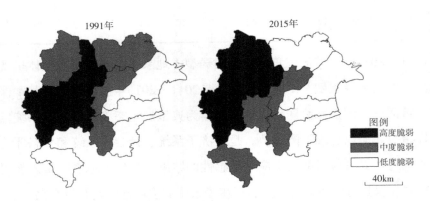

图5-18　黄河三角洲生态脆弱型人地系统脆弱性空间格局演变

　　1991年黄河三角洲生态脆弱型人地系统高度脆弱的县域单元是阳信县、沾化县、惠民县、滨城区，2015年变化为无棣县、惠民县、沾化县、阳信县；1991年人地系统中度脆弱的县域单元是河口区、无棣县、博兴县、利津县，2015年变化为利津县、博兴县、滨城区、邹平县；1991年人地系统低度脆弱的县域单元是东营区、邹平县、垦利县、广饶县，2015年变化为垦利县、河口区、广饶县、东营区。与1991年相比，2015年黄河三角洲生态脆弱型人地系统脆弱性空间格局变化并不显著，均呈现出西部地区高于东部地区的格局，即东营市县域单元人地系统脆弱性明显低于滨州市。整体来看，东营市县域单元应对能力较强、敏感性较低，尤其是经济子系统与社会子系统发展程度较高、脆弱性较低，从而降低了人地系统脆弱性。滨州市县域单元虽然同样面临生态环境脆弱的问题，但是与东营市县域单元相比，经济子系统和社会子系统也较脆弱，从而导致人地系统脆弱性较高。

二、黄河三角洲生态脆弱型人地系统脆弱性演变的影响因素

在分别得到黄河三角洲经济子系统、社会子系统、生态环境子系统和人地系统脆弱性演变过程的基础上，进一步分析黄河三角洲生态脆弱型人地系统脆弱性演变的影响因素，为规避黄河三角洲生态脆弱型人地系统的脆弱性提供依据。

（一）经济子系统脆弱性的影响因素

运用多元线性回归分析法，以1991—2015年经济子系统脆弱性指数为因变量，敏感性指数和应对能力指数为自变量，以反映敏感性与应对能力对黄河三角洲经济子系统脆弱性的影响程度。

使用时间序列数据直接建模，可能由于数据原本的非平稳性而产生伪回归问题，从而导致分析和检验结果是无效的。因此，在进行回归分析之前，运用ADF单位根检验时间序列数据的平稳性。ADF单位根检验基于的基本回归方程为：

$$\Delta y_t = \alpha + \beta y_{t-1} + \sum_{j=1}^{L} \gamma_j \, \Delta y_{t-j} + \delta t + \varepsilon_t \tag{5-9}$$

对此方程进行回归，检验 β 是否显著异于0，以确定是否具有单位根。对经济子系统脆弱性指数、敏感性指数和应对能力指数三个序列的ADF检验结果显示（表5-3），应对能力指数不平稳，不能拒绝存在单位根的假设，对其进行一阶差分后可以通过平稳性检验，所以应对能力指数为一阶差分平稳

序列。

表5-3　经济子系统脆弱性、敏感性和应对能力ADF单位根检验结果

变量	检验形式（C、T、L）	T统计量	P值	平稳性
经济敏感性	（1，0，0）	−2.971098	0.0521	平稳（10%水平下）
经济应对能力	（1，0，0）	−0.088578	0.9401	非平稳
经济应对能力差分	（1，0，0）	−2.885595	0.0625	平稳（10%水平下）
经济脆弱性	（1，0，0）	−2.563237	0.0128	平稳（5%水平下）

说明：（C、T、L）分别指含有常数项、趋势项和滞后阶数。

对时间序列数据进行平稳性检验之后，对1991—2015年经济子系统脆弱性指数与敏感性指数、差分后的应对能力指数进行回归分析，得出的回归模型为：

$$y_1 = 0.826 + 0.854x_1 - 0.606z_1 \qquad (5-10)$$

式中，y_1、x_1、z_1分别代表经济子系统脆弱性指数、敏感性指数、差分后应对能力指数，其中$R^2 = 0.877$，$F = 78.343$，可以通过显著性检验。从表5-4可以看出，在0.05显著性水平下，敏感性与经济子系统脆弱性呈现显著正相关关系，应对能力与经济子系统脆弱性呈现显著负相关关系，且敏感性指数每增加1个单位，可导致经济子系统脆弱性指数相应增加0.854，应对能力指数每增加1个单位，可导致经济子系统脆弱性指数相应降低0.606。可见，敏感性与脆弱性之间的相关性明显高于应对能力与脆弱性之间的相关性，敏感性对脆弱性的影响程度大于应对能力对脆弱性的影响程度，敏感性对黄河三角洲生态脆弱型人地系统的经济子系统脆弱性的影响发挥主导作用。

表5-4　经济子系统脆弱性影响因素回归分析结果

模型		非标准化系数		标准系数	t	Sig.
		B	标准误差	试用版		
1	（常量）	.826	.261		3.167	.004
	X_1	.854	.127	.501	6.701	.000
	Z_1	−.606	.056	−.804	−10.743	.000

黄河三角洲经历了农业经济、工业经济和生态经济三个阶段，并且经济形态不断优化，经济总量不断扩大，但是敏感性是黄河三角洲生态脆弱型人地系统的经济子系统脆弱性的主要影响因素，说明经济子系统的脆弱性为"内生性结构累积式脆弱"。经济子系统的内部结构与属性是脆弱性产生的主要原因，系统外部的不利扰动使其脆弱性直接放大，经济子系统的内部原因以及外部扰动共同导致敏感性成为经济子系统脆弱性的主要原因。分析敏感性内部指标可知，地方财政收入增长率近年来呈现快速增长趋势导致经济子系统敏感性上升，所以，可以认为财政收入因素是敏感性成为经济子系统脆弱性影响因素的直接原因。敏感性成为经济子系统脆弱性的主要影响因素，同时也可以反映出黄河三角洲生态脆弱型人地系统经济子系统应对能力较弱，规避经济子系统脆弱性，需要进一步以弱化对石油资源依赖、优化产业结构、提高生产效率、稳定财政收入为对策，提高经济子系统的应对能力。

（二）社会子系统脆弱性的影响因素

运用多元线性回归分析法，以1991—2015年社会子系统脆弱性指数为因变量，敏感性指数和应对能力指数为自变量，以反映敏感性与应对能力对黄河三角洲社会子系统脆弱性的影响程度。在进行回归分析之前，运用ADF单位根检验时间序列数据的平稳性（表5-5）。

表5-5　社会子系统脆弱性、敏感性和应对能力ADF单位根检验结果

变量	检验形式（C、T、L）	T统计量	P值	平稳性
社会敏感性	（1，0，0）	−2.153149	0.0327	平稳（5%水平下）
社会应对能力	（1，0，0）	−0.870736	0.7797	非平稳
社会应对能力差分	（1，0，0）	−4.017351	0.0055	平稳（5%水平下）
社会脆弱性	（0，0，1）	−8.931277	0.0000	平稳（5%水平下）

说明：（C、T、L）分别指含有常数项、趋势项和滞后阶数。

进行平稳性检验之后，对1991—2015年社会子系统脆弱性指数与敏感性

指数、差分后的应对能力指数进行回归分析，得出的回归模型为：

$$y_2 = -6.074 + 3.991x_2 - 0.223z_2 \qquad (5-11)$$

式中，y_2、x_2、z_2分别代表社会子系统脆弱性指数、敏感性指数、差分后的应对能力指数，其中$R^2 = 0.83$，$F = 53.517$，可以通过显著性检验。从表5-6可以看出，在0.1显著性水平下，敏感性与社会子系统脆弱性呈现显著正相关关系，应对能力与社会子系统脆弱性呈现显著负相关关系，且敏感性指数每增加1个单位，可导致社会子系统脆弱性指数相应增加3.991，应对能力指数每增加1个单位，可导致社会子系统脆弱性指数相应降低0.223。可见，类似于经济子系统，敏感性与脆弱性之间的相关性明显高于应对能力与脆弱性之间的相关性，敏感性对脆弱性的影响程度大于应对能力对脆弱性的影响程度，敏感性对黄河三角洲生态脆弱型人地系统的社会子系统脆弱性的影响发挥主导作用。

表5-6 社会子系统脆弱性影响因素回归分析结果

模型		非标准化系数		标准系数	t	Sig.
		B	标准误差	试用版		
1	（常量）	−6.074	3.172		−1.915	.069
	X_2	3.991	1.352	.705	2.953	.007
	Z_2	−.223	.246	−.217	−.909	.013

黄河三角洲生态脆弱型人地系统的社会子系统在生态经济带动下社会问题逐步解决、社会内部结构逐步优化促进敏感性不断下降，但是敏感性依然是社会子系统脆弱性的主要影响因素。原因在于黄河三角洲石油资源丰富，资源型产业比重长期过高，国有企业在经济社会发展中扮演重要角色，导致企业办社会现象存在，从而衍生出基础设施建设、教育文化事业等社会问题。尤其黄河三角洲国有经济和资源型产业比重偏高导致黄河三角洲就业结构的单一性，表现在第二产业就业人员比重过高，单一的就业结构导致黄河三角洲生态脆弱型人地系统面对扰动影响的缓冲能力差。通过分析社会子系统敏感性指标可知，城市居民恩格尔系数呈现上升趋势，是导致敏感性上升的潜

在因素。因此，黄河三角洲生态脆弱型人地系统的社会子系统需要增强集体经济、私营经济和个体经济的地位，以经济结构优化带动就业结构向多元化转变，并且进一步提高城市居民的生活质量，弱化社会子系统敏感性对脆弱性的影响。

（三）生态环境子系统脆弱性的影响因素

运用多元线性回归分析法，以1991—2015年生态环境子系统脆弱性指数为因变量，敏感性指数和应对能力指数为自变量，以反映敏感性与应对能力对黄河三角洲生态环境子系统脆弱性的影响程度。在进行回归分析之前，运用ADF单位根检验时间序列数据的平稳性（表5-7）。

表5-7　社会子系统脆弱性、敏感性和应对能力ADF单位根检验结果

变量	检验形式（C、T、L）	T统计量	P值	平稳性
生态环境敏感性	（1，0，0）	−0.730614	0.8204	非平稳
生态环境敏感性差分	（1，0，0）	−4.864321	0.0008	平稳（5%水平下）
生态环境应对能力	（1，1，0）	−2.856158	0.1948	非平稳
生态环境应对能力差分	（1，1，0）	−5.076547	0.0039	平稳（5%水平下）
生态环境脆弱性	（1，0，0）	−1.936174	0.3112	非平稳
生态环境脆弱性差分	（1，0，0）	−4.771861	0.001	平稳（5%水平下）

说明：（C、T、L）分别指含有常数项、趋势项和滞后阶数。

进行平稳性检验之后，对1991—2015年差分后的生态环境子系统脆弱性指数与敏感性指数、应对能力指数进行回归分析，得出的回归模型为：

$$y_3 = 0.905 + 0.522x_3 - 0.488z_3 \qquad (5-12)$$

式中，y_3、x_3、z_3分别代表差分后的生态环境子系统脆弱性指数、敏感性指数、应对能力指数，其中$R^2 = 0.987$，$F = 861.418$，可以通过显著性检验。从表5-8可以看出，在0.005显著性水平下，敏感性与生态环境子系统脆弱性呈现显著正相关关系，应对能力与生态环境子系统脆弱性呈现显著负相关关系，

且敏感性指数每增加1个单位，可导致生态环境子系统脆弱性指数相应增加0.522，应对能力指数每增加1个单位，可导致生态环境子系统脆弱性指数相应降低0.488。虽然敏感性与脆弱性之间的相关性高于应对能力与脆弱性之间的相关性，但是二者影响程度的差距并不明显，可以认为，黄河三角洲生态脆弱型人地系统生态环境子系统的脆弱性由敏感性强和应对能力弱共同导致而形成。

表5-8　生态环境子系统脆弱性影响因素回归分析结果

模型		非标准化系数		标准系数	t	Sig.
		B	标准误差	试用版		
1	（常量）	.905	.022		41.197	.000
	X_3	.522	.014	1.954	36.367	.000
	Z_3	−.488	.021	−1.271	−23.648	.000

黄河三角洲处于大气、河流、海洋与陆地的交接带，生态环境子系统面临土地盐碱化、荒漠化、旱涝、水资源短缺、风暴潮灾害、黄河入海泥沙淤积、海平面上升等一系列问题，同时，由于人类经济社会活动强度增大，环境污染、生态破坏等问题导致人类对生态环境产生的外部扰动作用明显增强，所以导致生态环境子系统的敏感性较高；生态环境子系统的应对能力虽然整体呈现上升趋势，但是相比于经济子系统和社会子系统，生态环境子系统应对能力产生的效果短时间内难以体现。在敏感性和应对能力的共同作用下，黄河三角洲生态脆弱型人地系统生态环境子系统的脆弱性具有典型性，生态环境子系统的脆弱性制约了经济社会发展，进一步导致黄河三角洲生态脆弱型人地系统的脆弱性。所以，规避生态环境子系统的脆弱性，既要加强生态保育与环境保护工作从而降低生态环境子系统的敏感性，也要通过资源节约型和环境友好型社会建设来提高生态环境子系统的应对能力。

（四）人地系统脆弱性的影响因素

运用多元线性回归分析法，以1991—2015年黄河三角洲生态脆弱型人地系统脆弱性指数为因变量，敏感性指数和应对能力指数为自变量，以反映敏感性与应对能力对黄河三角洲生态脆弱型人地系统脆弱性的影响程度。在进行回归分析之前，运用ADF单位根检验时间序列数据的平稳性（表5–9）。

表5–9　社会子系统脆弱性、敏感性和应对能力ADF单位根检验结果

变量	检验形式（C、T、L）	T统计量	P值	平稳性
人地系统敏感性	（1，0，0）	−1.204062	0.6554	非平稳
人地系统敏感性差分	（1，0，0）	−5.950843	0.0001	平稳（5%水平下）
人地系统应对能力	（1，0，0）	0.024416	0.9521	非平稳
人地系统应对能力差分	（1，0，0）	−3.988367	0.0059	平稳（5%水平下）
人地系统脆弱性	（0，0，1）	−3.295973	0.0021	平稳（5%水平下）

说明：（C、T、L）分别指含有常数项、趋势项和滞后阶数。

进行平稳性检验之后，对1991—2015年黄河三角洲生态脆弱型人地系统脆弱性指数与差分后的敏感性指数、差分后的应对能力指数进行回归分析，得出的回归模型为：

$$y_4 = 0.908 + 0.237x_4 - 0.106z_4 \qquad (5-13)$$

式中，y_4、x_4、z_4分别代表人地系统系统脆弱性指数、差分后的敏感性指数、差分后的应对能力指数，其中$R^2 = 0.889$，$F = 87.954$，可以通过显著性检验。从表5–10可以看出，在0.005显著性水平下，敏感性与人地系统系统脆弱性呈现显著正相关关系，应对能力与人地系统脆弱性呈现显著负相关关系，且敏感性指数每增加1个单位，可导致人地系统脆弱性指数相应增加0.237，应对能力指数每增加1个单位，可导致人地系统脆弱性指数相应降低0.106。可见，敏感性与脆弱性之间的相关性明显高于应对能力与脆弱性之间的相关性，敏感性对脆弱性的影响程度大于应对能力对脆弱性的影响程度，敏感性对黄河三角洲生态脆弱型人地系统脆弱性的影响发挥主导作用。

表5-10　黄河三角洲生态脆弱型人地系统脆弱性影响因素回归分析结果

模型		非标准化系数		标准系数	t	Sig.
		B	标准误差	试用版		
1	（常量）	.908	.239		3.807	.001
	X_4	.237	.053	.492	4.485	.000
	Z_4	−.106	.017	−1.262	−11.505	.000

　　黄河三角洲生态脆弱型人地系统的敏感性是在内部结构不稳定和外部扰动作用下由经济子系统、社会子系统和生态环境子系统敏感性耦合而形成，在经济子系统和社会子系统的敏感性成为其脆弱性的主要影响因素、敏感性与应对能力对生态环境子系统的影响程度相近的情况下，敏感性自然也就成为黄河三角洲生态脆弱型人地系统脆弱性的主要影响因素，同时，也说明黄河三角洲生态脆弱型人地系统的应对能力对于脆弱性的规避起到的作用有待提高。一方面，需要推进经济子系统、社会子系统和生态环境子系统协调发展，在共同降低各自敏感性的基础上进一步降低黄河三角洲生态脆弱型人地系统的敏感性；另一方面，需要通过经济建设、社会建设和生态建设，提高黄河三角洲生态脆弱型人地系统面临敏感性的应对能力，实现人地系统脆弱性规避到可控限度内。

　　通过以上分析可以看出，黄河三角洲生态脆弱型人地系统脆弱性是自然因素和人文因素综合作用的结果，同时导致黄河三角洲既面临生态环境脆弱性问题，也面临经济社会脆弱性问题，生态环境脆弱性和经济社会脆弱性交织耦合进一步导致人地系统脆弱性问题更加明显。

　　自然因素是黄河三角洲生态脆弱型人地系统脆弱性的基础性因素。特殊的地理位置和自然环境导致黄河三角洲处于不稳定的状态，因而进一步导致黄河三角洲人地系统中的自然要素长期暴露于负面扰动之中同时制约人文要素正常运行，比如，黄河三角洲因海陆相互作用尤其是风暴潮灾害导致近海岸生态系统受到破坏、农业发展遭受损失；生态环境问题复杂多样，不仅导致黄河三角洲属于典型的生态脆弱型人地系统，而且进一步造成黄河三角洲人地系统中自然要素的敏感性成为影响脆弱性的重要因素，比如，水资源短缺问题和水污染问题不仅限制了生态环境承载力提高，而且导致生产和生活用水受到影响；生态环境先天基础脆弱，不仅加剧了生态环境问题的复杂性，导致黄河三角洲人地系统中自然要素的适应性难以提高，而且加大了生态建设和生态修复的难度，比如，土壤盐碱化问题既是生态脆弱性的原因，也是农业发展和城市绿化受限的原因。

人文因素在自然因素基础上进一步加剧了黄河三角洲人地系统的脆弱性。资源开发带动下的高强度人类活动模式导致原本受到人类活动影响较小的黄河三角洲开始受到越来越多的人类活动扰动，因而黄河三角洲人地系统中的人文要素暴露程度不断上升；石油开采和油田建设过程中的石油泄漏和土地开发等问题导致原有生态系统的完整性受到影响；依托资源优势形成重工业为主导产业的产业结构模式，不仅环境污染和资源消耗问题难以解决，而且产业结构难以转型升级，人文要素的敏感性问题影响到资源型城市可持续发展；为了服务油田发展、加快黄河三角洲开发而设立东营市，城镇化进一步发展，人口逐渐集聚，但是由于石油和油田的特殊性，在经济社会发展过程中同时存在城乡、经济、人口、行政管理、发展战略等一系列"二元"对立特征。在人文因素影响下，黄河三角洲不仅经济社会发展面临诸多脆弱性问题，而且人文因素导致生态环境脆弱性问题更加严重，进一步导致黄河三角洲人地系统脆弱性问题更加复杂。

三、本章小结

本章主要研究了黄河三角洲生态脆弱型人地系统脆弱性的演变过程以及影响因素。黄河三角洲生态脆弱型人地系统经济子系统和社会子系统脆弱性均整体呈现下降趋势，并且空间格局变化并不显著，西部地区的脆弱性明显高于东部地区的脆弱性；生态环境子系统脆弱性呈现"先上升、再下降"的倒U形演变趋势，空间格局变化并不明显，内部的空间差异也不显著；黄河三角洲生态脆弱型人地系统脆弱性整体呈现下降趋势，东部脆弱性低西部脆弱性高的空间格局并未发生明显改变。黄河三角洲生态脆弱型人地系统经济子系统脆弱性的主要影响因素是敏感性，内部结构和外部扰动是主要原因，财政收入因素是直接原因；社会子系统脆弱性的主要影响因素是敏感性，国有经济和资源型产业比重高是其主要原因；生态环境子系统脆弱性是其敏感性高和应对能力低共同导致；并且，敏感性是黄河三角洲生态脆弱型人地系统脆弱性的主要影响因素，因此，规避黄河三角洲生态脆弱型人地系统脆弱性首先要降低其敏感性。

第六章　黄河三角洲生态脆弱型人地系统可持续发展模式选择

生态脆弱型人地系统建立可持续发展模式是解决脆弱性问题、实现人地关系协调的重要途径，对于黄河三角洲生态脆弱型人地系统的合理开发与建设具有指导意义。在典型生态脆弱型人地系统可持续发展模式借鉴的基础上，分析黄河三角洲生态脆弱型人地系统建立可持续发展模式的总体思路、基本原则与基础条件，提出黄河三角洲生态脆弱型人地系统的可持续发展模式。

一、典型生态脆弱型人地系统可持续发展模式及启示

北方农牧交错地区、西北干旱绿洲边缘地区、西南干热河谷地区和南方石灰岩山区是国内生态脆弱型人地系统，通过分析这四类地区建立可持续发展模式的经验，对黄河三角洲生态脆弱型人地系统建立可持续发展模式提供模式参考（刘燕华，2007）。

（一）北方农牧交错地区可持续发展模式

北方农牧交错地区处于中国半干旱半湿润农业区向干旱草原荒漠区过渡地带，由于生态环境的脆弱性而导致粮食生产具有不稳定性和农户生计脆弱性，属于典型的生态脆弱型人地系统。

1. 北方农牧交错地区约束条件

（1）气候波动对区域经济发展和生态环境造成不利影响

北方农牧交错区气候条件存在较大的季节和年际变化，导致了维持区域农业和畜牧业生产系统基础的脆弱性，造成农业和畜牧业生产产生较大波动性。农牧交错区农业和畜牧业对于区域经济发展具有基础性作用，农业和畜牧业产生波动性之后，直接影响到区域经济的稳定性。并且农业生产的不稳定性直接导致农民缺乏稳定的、持续的经济来源，从而采取过度垦殖和过度放牧的生产方式，进一步导致生态环境的恶化。

（2）水资源缺乏限制了区域经济社会发展

北方农牧交错区位于中国半干旱半湿润地区，地下和地表水资源相对缺乏，成为区域经济社会发展的限制因素。水利是农业发展的命脉，该区灌溉条件差，多年平均降水量低，年降水量集中在夏季，导致在农作物播种和生长季节水资源短缺，直接影响到农作物产量。由于水资源总量低，既存在资源型缺水现象也存在管理型缺水现象，导致工业用水和生活用水量受到限制，使得工业化和城镇化受到水资源短缺的影响。

（3）生态环境问题繁杂，不利于人地系统协调发展

在自然环境因素和人类活动因素的双重影响下，北方农牧交错地区水土流失、荒漠化、土壤次生盐碱化、生态资源安全、生态系统退化、点面源环境污染等问题均比较突出，并且部分地区霜冻、风沙等气候灾害频繁，使人地系统处于长期不稳定状态，从而对人地系统可持续发展带来负面影响。

2. 北方农牧交错地区可持续发展模式

由于生态环境和经济的波动性，为可持续发展模式的确立增加了难度，特别是对粮食生产产生的不利影响，使这一地区的农民无法得到持续而稳定的生活保障，因此，在制定可持续发展模式时，首先考虑了农业生产。加强农田基本建设，提高粮食生产的稳定性，在保障区域粮食基本供给的基础上，发展相关行业，增加国民经济来源的渠道。在促进经济发展的同时，实现生

态环境的改善。

（1）植树种草，营建防风固沙林模式

北方农牧交错地区干旱少雨，土地容易产生风蚀沙化，对区域农业发展产生较大影响。因此，该地区确立了营建防风固沙林模式，在农业发展地区的上风向地区，植树种草，实现灌草林相结合，以防治区域土地沙化扩大作为重点的治理措施，积极改善区域生态环境，使农田免遭土地沙化的危害。

（2）精耕细作，营建农田防护林模式

营建农田防护林模式是在农田地块周边地区建立适当宽度的以高大乔木为主要树种、结合灌木和草丛的防风固沙林。农田防护林是保护农田，并给农作物创造良好发育条件的防护林，具有减低风速、防止风沙危害、保土保肥、调节气温、降低蒸发、提高空气和土壤湿度的作用，对改变农业生产条件具有重要作用。

（3）发展畜牧业，提高农民收入模式

北方农牧交错地区由于具有发展畜牧业的优越条件，在稳定区域粮食生产的基础上，通过重点发展畜牧业和林业，特别是畜牧业发展，实现农、林、牧并举，结合区域生态环境条件，进行草场牧场建设，利用农业畜牧产品，实现多种经营提高农民收入。

（二）西北干旱绿洲边缘地区可持续发展模式

西北干旱绿洲边缘地区深居亚欧大陆腹地，由于距海遥远和地形阻挡，来自海洋的水汽很少能够抵达，除了6、7、8三个月外，全年大部分地区基本上为高压脊所控制，形成了明显干燥少雨的气候特点，导致水分奇缺、土壤贫瘠、植被稀疏、环境容量有限等严酷的生态环境特征。

1.西北干旱绿洲边缘地区约束条件

（1）水资源量有限，导致干旱区域面积广大

水是西北干旱绿洲边缘地区"人"和"地"共同依赖的基础：水不仅带

来建造绿洲的土壤，是绿洲植物养分的携带者，而且绿洲地区许多环境变化和其他信息由水量、水质的变化反映出来；水资源在绿洲间和绿洲内的时空分布很大程度上决定了绿洲地区基础产业的结构和空间布局，直接影响区域中心的空间、职能和规模结构以及绿洲经济发展的总量。但是西北干旱绿洲边缘地区由于深居内陆，降水量极少，导致干旱区域面积广大，对区域可持续发展带来影响。

（2）土地资源限制了人类生产和生活空间

虽然西北干旱绿洲边缘地区面积广大，但是适于人类生存的地区仅局限在面积有限的绿洲地区，广大荒漠地区无法为人类提供生产和生活空间。受到自然环境和人类活动的双重影响，一旦对绿洲的开发利用不当，将导致绿洲生态系统向荒漠化演变。充分有效利用绿洲地区有限的土地资源，防治土地荒漠化，是干旱绿洲边缘可持续发展的关键。

（3）经济基础薄弱、交通不便制约了区域经济发展

与东部沿海地区相比，西北干旱绿洲边缘地区经济比较落后，并且交通条件十分不便，不同绿洲系统几乎散布在广大西北荒漠地区，不同绿洲地区之间成为一个独立小岛，绿洲系统之间缺乏必要的经济联系，导致该区无法形成必要的经济生产活动。完善交通条件、提高区域经济发展水平是该地区可持续发展需要解决的问题。

2. 西北干旱绿洲边缘地区可持续发展模式

（1）基于节水的生态环境保护模式

由于水资源短缺是西北干旱绿洲边缘地区可持续发展的主要约束条件，并且生态环境极为脆弱，因此，基于节水的生态环境保护模式，成为该地区的可持续发展模式之一。该模式具体包括沙漠边缘自然植被的恢复与重建、绿洲外援防风阻沙灌木林营造、绿洲前缘窄带多带式防风固沙林网营建、绿洲内部农田防护林建设。

（2）绿洲地区生态农业模式

绿洲生态农业是以保护绿色植被为原则，通过改造荒漠生态环境建立一个相对稳定的人工生态系统，是人为有目的建立以水、林（草）、土为中心，在林带保护下的灌溉农业。主要类型有农林草牧复合型、间作套种型、立体种养。生态农业模式改变了防护林树种选择的单一化，增加了生态经济林树种比例，在保证防护效益前提下，增加了经济效益。

（三）西南干热河谷地区可持续发展模式

西南干热河谷脆弱生态地区是横断山区河面以上300—800米的干旱、半干旱河谷地带，干燥度大于1.5，原始植被为干旱草原、稀树草原和河谷季雨林，土壤以燥红土为主，土层瘠薄，有机质含量低，水土流失严重。

1. 西南干热河谷地区约束条件

（1）气候干旱、水资源季节分配不均限制农业发展

气候干旱，水热不平衡是西南干热河谷地区生态环境脆弱的主要原因。干旱河谷区降水量少，蒸发量大，降雨年内分配非常不均，长达7个月以上的旱季降水不足年降水量的20%，特别是4—5月旱季末期，气温高，蒸发强烈，土壤干旱严重，极不利于植物生长。

（2）水土流失严重，造成农田退化

干热河谷部分平原地区灌溉农业发达，原始的干旱草原、稀树草原生态系统已被改造为干旱河谷灌溉农业生态系统，但河谷平原两岸的山地下部，生态环境严重退化，主要表现在植被退化、林线上升、森林覆盖率下降、水土流失严重、冲沟发育、土地质量下降。两岸山地严重的水土流失产生大量泥沙堆积于谷地，掩埋农田，造成河谷平原的农田退化。

（3）土壤胀缩性高，影响植物生长发育

西南干热河谷地区分布有较大范围的变性土，胀缩性非常强。土壤胀缩

时，对周围土壤产生强大压力，对植物根系产生机械损伤；同时，会使土壤变得更为紧实、透水困难，气体交换和热量状况受到阻碍。在干热变性土上的作物不仅产量低、品质差，而且多难以存活，导致部分区域寸草不生。

（4）土地荒漠化和自然灾害影响区域经济发展

由于自然因素和人为因素的影响，西南干热河谷地区土地荒漠化比较严重，主要表现在土地资源逐渐丧失、土壤退化、植被退化；并且自然灾害发生的频率增大，部分地区滑坡、泥石流达到无法预防的程度。土地荒漠化和自然灾害严重威胁着工农业生产和人民生命财产的安全。

2. 西南干热河谷地区可持续发展模式

（1）荒地资源的开发利用模式

西南干热河谷地区坚持"因地制宜""适地种树"的原则，贯彻"以灌为主，乔、灌、草相结合，宜乔则乔、宜灌则灌、宜草则草"的策略，将开发利用与恢复植被、保持水土有机结合。根据不同生态层次，在过渡区以营造水源涵养林为主，提高森林生态系统的稳定性和抵御自然灾害的能力；在稀树草原区以保水保土、减少土壤流失为主，营造水土保持林；在河谷农业区以立体农业布局为基础，发展经济林木。

（2）植物资源的开发利用模式

西南干热河谷地区植被的形成是长期适应局地干旱生态环境的结果，无论是植物群落的外貌与结构还是种类组成，个体的形态与生态等都具有明显的旱生特征。由于该区水分条件较西部干旱地区优越，气候分类上虽属于半干旱类型，由于部分河段偏湿润，所以几乎未出现以真正旱生植物为主的群落。该地区植物资源的开发利用模式主要包括热带亚热带水果开发利用、饲料植物资源利用、纤维植物资源利用、香料植物开发利用、植物油开发利用、饮料植物资源开发利用、蚕桑植物资源开发利用。

（3）坝区农地和旱坡地的开发利用模式

西南干热河谷地区具有热带和亚热带地区的气候特征，并且垂直地带性变化明显，为区域农业的综合发展提供了有利条件。该地区坝区农地和旱坡地的开发利用模式主要表现在：合理调整粮、蔗、菜生产布局，在有限的土地上获取最大的经济效益；大力发挥庭院的生产功能和生态优势，发展南亚热带名、优、特水果；适度发展特色养殖业；对于水资源较差的缓坡、斜坡地，以发展节水或雨养经济林及经济水保林为主要手段。

（四）南方石灰岩山区可持续发展模式

南方石灰岩山区涉及滇、黔、桂、川、湘、鄂、粤七省的喀斯特地区，面临贫困和环境恶化的双重难题，是世界上典型的生态脆弱型人地系统。

1. 南方石灰岩山区约束条件

（1）资源开发不当，生态系统日趋脆弱

南方石灰岩山区不合理的资源开发利用方式主要有毁林开荒、陡坡垦殖、顺坡直耕、乱砍滥伐以及用而不养、重用轻养的掠夺式生产方式等，其危害是森林破坏、水源减少、自然灾害和水土流失加重，造成土壤退化、植被生长困难。因此，资源开发不当致使环境退化、生物量下降，生态系统稳定性降低、敏感性增强，从而导致生态系统日趋脆弱。

（2）耕地面积少，土地生产率低

南方石灰岩山区的边坡一般在40°以上，有的甚至直立，土壤只见于负地形之中，而且土壤层薄，从而导致耕地面积少。并且石灰岩是可溶岩类，在侵蚀溶蚀过程中，大部分物质都溶解于水并被带走，所以产生的土壤具有黏性高、持水能力低、易板结等特点，导致土地瘠薄、土壤肥力低，严重制约了该地区土地生产率的提高。

（3）基础设施落后，产业结构单一

南方石灰岩山区交通、通讯、电力、供水、教育、医疗等基础设施落后，导致投资环境差，弱化了市场发育程度和外部区域经济增长对这些地区的辐射作用，导致经济比较落后。由于国民经济以农业为主，农业以种植业为主，种植业以粮食生产为主，导致产业结构过于单一，第二、三产业比重偏小，这种单一的产业结构致使经济发展水平低下。

2. 南方石灰岩山区可持续发展模式

（1）生态环境重建模式

南方石灰岩山区石漠化土地在人类历史尺度上已难以恢复，需要进行生态环境重建，通过社会物质和能量投入，定向加速土地系统的演替过程。通过选择适宜石灰岩土类生长的灌木，比如，经济价值高的紫穗槐、多花木兰、马棘、胡枝子等，实现石灰岩山区生态重建的"顺向演替"模式。

（2）生态农业模式

对于传统落后的农业生产经营方式，南方石灰岩山区建立了"种养多样、循环利用"和"层次开发、综合发展"两种生态农业模式。"种养多样、循环利用"模式是在合适地点推广水旱轮作，提高复种指数，将具有不同生态习性、不同植株形态的农业植物有目的地结合在一起，实行多样化种植，可以提高对光热水土的综合利用效率。"层次开发、综合发展"模式是根据山区农业自然环境的垂直结构与优势农业自然资源组合的不同，划分出不同的农业自然资源地带，有针对性地发展农业。

（3）生态旅游模式

南方石灰岩山区拥有丰富且独特的旅游资源，建立生态旅游模式，通过资源开发与保护之间的相互促进，经济效益和社会效益之间的相互协调，来实现资源的可持续利用和区域的可持续发展。南方石灰岩山区建立的生态旅游模式主要有城郊旅游农业模式、丘陵山地农业旅游优化模式、小流域石漠化治理生态旅游模式、水域渔业旅游模式等不同类型。

（五）启示

上述北方农牧交错地区、西北干旱绿洲边缘地区、西南干热河谷地区和南方石灰岩山区均是典型的生态脆弱型人地系统，它们的可持续发展模式表明，生态脆弱型人地系统建立可持续发展模式需要立足于当地的实际情况，明确建立可持续发展模式的约束条件尤其是自然地理环境的约束条件，以改善生态环境为主要手段规避人地系统脆弱性，以实现经济、社会和生态环境协调发展为最终目标，充分认识优势、劣势、机遇、挑战等不同条件，因地制宜地建立生态脆弱型人地系统可持续发展模式。

二、黄河三角洲生态脆弱型人地系统建立可持续发展模式的思路与原则

建立可持续发展模式是黄河三角洲生态脆弱型人地系统经济、社会、生态环境协调发展的必然选择，对于推进高效生态经济发展，改善脆弱的生态环境，实现开发建设与生态保护有机统一具有重要意义。为黄河三角洲生态脆弱型人地系统建立可持续发展模式提出如下总体思路与基本原则。

（一）总体思路

以社会—经济—自然复合生态系统理论、人地关系理论、可持续发展理论、生态经济理论为指导，充分借鉴已有可持续发展模式，以经济、社会和生态环境协调发展为核心，以经济新常态为引领转变经济发展的传统思维实现高效生态发展，以提升民生保障水平为动力实现社会进步与小康社会建设，以生态文明建设为契机重视生态环境保护并且改善脆弱的生态环境，以经济—社会—生态环境效益协同发展、开发与保护并重、渐进式发展与跨越

式发展相结合为基本原则，充分挖掘优势、规避劣势、抓住机遇、迎接挑战，把生态环境建设与经济社会发展紧密结合起来，充分发挥政府、企业和社会的力量，构筑经济、社会、生态环境相互协调的可持续发展模式，以实现黄河三角洲生态脆弱型人地系统"经济优化发展、社会文明进步、生态良性循环、环境质量良好"。

（二）基本原则

1. 经济—社会—生态环境效益协同发展原则

区域可持续发展追求区域内人地系统的整体协调发展，包括经济子系统、社会子系统和生态环境子系统之间的相互协调，统筹兼顾区域经济效益、社会效益和生态环境效益是黄河三角洲生态脆弱型人地系统可持续发展的基本要求。在黄河三角洲生态脆弱型人地系统建立可持续发展模式的过程中，不能由于生态环境脆弱且受到破坏而矫枉过正，只重视提高生态效率而忽视经济效益和社会效益，而是需要经济、社会、生态环境效益实现协同发展。

2. 开发与保护并重原则

黄河三角洲生态脆弱型人地系统是典型生态脆弱型人地系统，应坚持生态优先，转变经济增长方式，保护生态环境，增强可持续发展能力。根据《黄河三角洲高效生态经济区发展规划》的指导思想，实现黄河三角洲生态脆弱型人地系统可持续发展需要坚持开发与保护并重的原则，在保护生态环境过程中实现经济社会发展，通过经济社会发展来巩固生态环境保护的成果。

3. 渐进式发展与跨越式发展相结合原则

黄河三角洲生态脆弱型人地系统生态环境脆弱，在实现可持续发展过程中需要坚持渐进式发展原则，实现试点先行，典型带路，逐步推进，体现不同层次和不同发展阶段的要求；学习发达国家和地区提供的发展循环经济的技术和管理经验，充分发挥黄河三角洲生态脆弱型人地系统的后发优势，实现跨越式发展。因此，黄河三角洲生态脆弱型人地系统可持续发展需要坚持渐进式发展与跨越式发展相结合的原则。

4. 整体推进与重点突破相结合的原则

黄河三角洲生态脆弱型人地系统建立可持续发展模式既具有优势也具有劣势，既存在整体性问题也存在局部性问题，因此，不能采取在整个区域平均用力的做法，应坚持整体推进与重点突破相结合的原则，在整体推进的同时，实行重点问题率先突破，集中力量突出抓好重点区域的可持续发展模式建设以及重点问题的集中解决，实现"重点突破，以点带面"。

三、黄河三角洲生态脆弱型人地系统建立可持续发展模式的基本条件

在第四、五、六章基本观点基础上，综合分析黄河三角洲生态脆弱型人地系统的经济、社会和生态环境条件，可以归纳出黄河三角洲生态脆弱型人地系统建立可持续发展模式既具有优势条件也具有劣势条件，既面临机遇也面临挑战（图6-1）。

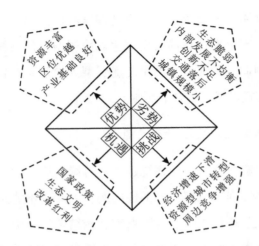

图6-1 黄河三角洲生态脆弱型人地系统建立可持续发展模式的基本条件

（一）优势（Strength）条件

1. 资源丰富

黄河三角洲生态脆弱型人地系统土地资源、能源资源、矿产资源、旅游资源、海洋资源、生物资源比较丰富，丰富的资源具有转化为经济优势的巨大潜力，为经济社会发展提供了空间和物质支持，尤其重要的是丰富的资源为黄河三角洲生态脆弱型人地系统建立可持续发展模式提供了坚实的基础承载功能、基础生产功能和基本反馈功能，为建立可持续发展模式奠定了良好的资源基础。

2. 区位条件优越

黄河三角洲生态脆弱型人地系统位于中国环渤海经济圈南翼、京津冀城市群与山东半岛城市群的结合部，与天津滨海新区最近距离仅80公里，与辽东半岛城市群隔海相望，是环渤海地区的重要组成部分，向西可连接广阔中西部腹地，向南可通达长江三角洲北翼，向东出海与东北亚各国邻近。优越的区位条件保证了黄河三角洲生态脆弱型人地系统在开放的区域中处于有利位置，便于与其他地区的交流与合作，为黄河三角洲生态脆弱型人地系统建立可持续发展模式奠定了区位基础。

3. 形成了较好的产业基础

黄河三角洲生态脆弱型人地系统的经济子系统经过持续而稳定的发展，形成了石油和石油化工、盐和盐化工、纺织、造纸、机电、建筑建材、食品加工的产业体系，形成了一批竞争能力较强的支柱产业、实力雄厚的骨干企业和市场占有率高的知名品牌，良好的产业基础为黄河三角洲生态脆弱型人地系统建立可持续发展模式提供了生产功能、交换功能和消费功能。

（二）劣势（Weakness）条件

1. 生态环境脆弱

黄河三角洲生态脆弱型人地系统生态环境脆弱的主要表现是处于多种生态系统交错带、自然灾害较多、淡水资源短缺。脆弱的生态环境对经济社会发展的支撑能力有限，导致黄河三角洲生态脆弱型人地系统经济社会与资源环境协调发展任务繁重；由于生态环境脆弱，导致近海地区生态保护及地方修复压力较大。可见，脆弱的生态环境对黄河三角洲生态脆弱型人地系统建立可持续发展模式形成严重阻碍。

2. 交通基础设施落后

黄河三角洲生态脆弱型人地系统内部重大交通基础设施建设滞后，东营胜利机场仅为地方支线机场，缺少与周边区域连接贯通的干线铁路，港口建设规模较小、功能较弱、配套能力不强，内连外接的高速公路网络尚未形成。落后的交通基础设施制约了黄河三角洲生态脆弱型人地系统的对外联系，导致优越的区位优势难以最大程度地得到实现，从而成为建立可持续发展模式的制约因素。

3. 创新能力不足

黄河三角洲生态脆弱型人地系统科研力量匮乏，缺少著名院校和研究机构支撑；科技人才，尤其是高端科技创新人才缺乏，并且在人才培养、人才引进和人才使用等方面都存在着较大的困难。由于科研力量薄弱、人才短缺，导致黄河三角洲生态脆弱型人地系统创新能力不足，从而使科技驱动可持续发展的作用难以发挥，从而制约黄河三角洲生态脆弱型人地系统建立可持续发展模式。

4. 产业结构性矛盾突出

黄河三角洲生态脆弱型人地系统产业结构层次偏低，传统农业、高资源消耗产业、高污染密集产业比重大，资源再生利用产业和生态系统恢复与建设产业比重低，导致黄河三角洲生态脆弱型人地系统产业结构性矛盾突出，对生态环境产生的压力较大，不利于循环经济和高效生态经济的发展，影响可持续发展模式的建立。

5. 系统内部发展不均衡

黄河三角洲生态脆弱型人地系统内部存在较大的发展差距，东营市发展水平明显优于滨州市，并且东营市各区县的发展水平同样较高，整体呈现"东强西弱"的发展格局，导致系统内部发展不均衡，影响区域之间协调发展。系统内部发展水平的梯度差导致黄河三角洲生态脆弱型人地系统建立可持续发展模式时需要具体问题具体分析，不能采取一刀切的办法。

6. 城镇规模小、分布稀疏

受到缺乏大容量和高效率的交通联系，以及矿产资源分布等因素的影响，黄河三角洲生态脆弱型人地系统的城镇分布分散，导致系统内尚未形成显著的空间聚合态势，并且尚未形成具有较大规模的城市，中心城市和县城缺乏辐射和集聚能力，各个城镇之间功能相对独立，城镇体系处于半离散、不成熟的发展阶段。东营中心城市呈东西分布，城镇集聚带动能力未能充分发挥。滨州是传统的鲁北经济塌陷地带，经济发展比较迟缓，导致城镇规模偏小。

（三）机遇（Opportunities）条件

1. 国家政策大力支持

进入21世纪以来，黄河三角洲的开发建设逐步得到国家重视，2009年《黄河三角洲高效生态经济区发展规划》批复更是把"黄三角"上升为国家战略，从而在国家层面对黄河三角洲高效生态经济发展的支持和指导逐渐增多，为黄河三角洲生态脆弱型人地系统建立可持续发展模式提供了良好的政策环境。并且在发展海洋经济成为国家战略的背景下，作为沿海地区的黄河三角洲必将从中获得更大支持。

2. 生态文明提供理念指导

党的十八大以来，生态文明建设在"五位一体"总体布局中的战略位置更加凸显，认识高度、推进力度、实践深度前所未有，构建人与自然和谐发展的现代化建设新格局取得积极进展，并且绿色化和绿色发展理念逐渐深入人心。生态文明建设展现出旺盛生机和光明前景，为黄河三角洲生态脆弱型人地系统建立可持续发展模式、实现高效生态之路提供了理念指导。

3. 改革红利释放

经历了改革开放30多年的快速发展，中国的改革红利、人口红利、资源红利基本用尽，政府从供给侧出发重新焕发的新一轮"改革红利"，重点推进劳动力、土地、资本、制度创造、创新等问题改革，矫正要素配置扭曲，扩大有效供给，促进人流、物流、信息流更加通畅，重新带来经济社会发展的活力，为黄河三角洲生态脆弱型人地系统建立可持续发展模式提供机遇。

（四）挑战（Threats）条件

1. 资源型城市转型困难

黄河三角洲生态脆弱型人地系统内部的东营市是典型的资源型城市，在新旧矛盾交互影响下转型发展的内生动力不强，转型发展的长效机制尚未健全，资源型城市转型困难，不仅导致东营市作为资源型城市面临可持续发展的问题，而且对于黄河三角洲生态脆弱型人地系统建立可持续发展模式形成挑战：一方面由于开发强度过大对于生态环境带来破坏，另一方面对于资源型产业过于依赖导致接续替代产业发展滞后。

2. 经济增速下滑

进入新常态之后，中国经济增长速度由高速增长转为中高速增长，国内需求持续不足，将对黄河三角洲生态脆弱型人地系统的建筑材料、机械制造、化工制造等行业带来挑战。当前世界经济低迷，受到国际油价不稳定的影响，上游石油勘探开采企业的利润受到影响，不利于勘探开采业发展，并且使黄河三角洲生态脆弱型人地系统的优势产业——石油装备制造业受到较大影响。

3. 周边地区竞争力强劲

随着中国经济由南向北递次推进，环渤海地区继珠江三角洲和长江三角洲之后成为中国经济的热点地区，特别是在国家实施发展天津滨海新区、振兴东北老工业基地、京津冀协同发展、雄安新区等战略之后，这些地区必将通过资金、技术、人才的"抽离效应"对黄河三角洲地区经济发展带来挑战，从而影响黄河三角洲生态脆弱型人地系统建立可持续发展模式。

四、黄河三角洲生态脆弱型人地系统可持续发展模式

总体而言，黄河三角洲生态脆弱型人地系统建立可持续发展模式优势与劣势同在，机遇与挑战并存，所以应该进一步强化内部优势、抢抓外部机遇、克服已有劣势、战胜不利挑战，将优势、劣势、机遇和挑战等条件按照轻重缓急程度进行排序，将内部因素与外部因素进行组合，得到优势条件和机遇条件相结合的SO模式、发挥优势条件应对挑战条件的ST模式以及在机遇条件下克服劣势条件的OW模式（图6-2），以实现黄河三角洲生态脆弱型人地系统可持续发展。

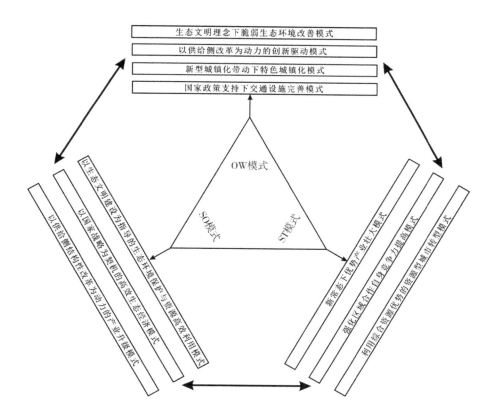

图6-2 黄河三角洲生态脆弱型人地系统可持续发展模式

（一）SO模式

黄河三角洲生态脆弱型人地系统可持续发展的SO模式是在利用外部机遇的条件下充分发挥自身优势的模式，也可以认为是内涵增长型可持续发展模式。具体包括在以国家战略为契机的高效生态经济模式、以生态文明建设为指导的生态建设与环境保护模式、以供给侧结构性改革为动力的产业升级模式。

1. 以国家战略为契机的高效生态经济模式

黄河三角洲是中国第一个以高效生态为功能定位的国家区域发展战略，也是山东省第一个进入国家层面的发展规划，上升为国家战略之后，黄河三角洲得到了更多的政策支持。高效生态经济是具有可持续发展理念的以典型生态系统为特征的节约集约经济发展模式。因此，以国家战略为契机的高效生态经济模式可以视为黄河三角洲可持续发展模式之一。

以国家战略为契机的高效生态经济模式需要根据"人"与"地"、经济与生态相互协调的要求，把绿色发展、循环发展和低碳发展作为建立高效生态经济模式的基本途径，通过构建高效生态产业体系，实现以高效生态农业为基础、环境友好型工业为重点、现代服务业为支撑的黄河三角洲生态脆弱型人地系统可持续发展的高效生态经济模式，并且实现黄河三角洲国家级高效生态经济区的建设目标。

在高效生态农业方面，可以充分发挥土地资源优势、规避水资源短缺的劣势，以现代农业和节水农业为发展方向，以绿色种植业、生态畜牧业、生态渔业为发展目标，并且鼓励发展高科技农业、城郊农业和都市农业。把发展循环经济作为环境友好型工业的突破口，逐步发展循环型高新技术产业和加强传统工业的循环型高新技术改造，在自然资源消耗大和生态环境破坏严重的行业逐步推广工业循环经济，推进产品经济向功能经济转变。在现代服务业方面，以构筑结构合理、功能完备、特色鲜明的现代服务业体系为目标，以市场化、产业化、社会化为方向，重点发展现代物流业、生态旅游业、金融保险业、商务服务业。

2. 以生态文明建设为指导的生态环境保护与资源高效利用模式

生态文明中尊重自然、顺应自然、保护自然的理念与可持续发展理念一脉相承，形成人与自然和谐发展的现代化建设新格局的要求与人地关系思想中"人"与"地"协调发展的高度一致，资源利用高效和生态环境质量改善是生态文明建设的主要目标之一。因此，以生态文明建设为指导的生态环境保护与资源高效利用模式可以对黄河三角洲的可持续发展具有积极影响。

以生态文明建设为指导的生态环境保护与资源高效利用模式需要根据生态文明的要求，以生态环境条件为基础，牢牢把握高效生态主线，通过加强生态建设、大力保护环境、推进资源高效利用，促进黄河三角洲生态脆弱型人地系统实现可持续发展。

在生态建设方面，需要加强生态林、自然保护区、水源涵养区、湿地、草地和滩涂的保护，并且维护生物多样性和植物原生态，增强生态系统的服务功能；加强沿海防护林体系工程建设，构筑近海生态防护屏障；进行生态功能区划，为维护区域生态安全、资源合理利用与工农业生产优化布局提供科学依据；多渠道拓展绿化空间，提高林木覆盖率，拓展绿化空间，加强城乡园林绿化建设，构筑绿色大环境。在环境保护方面，严格执行环境保护标准和污染物排放总量控制制度，以改善和提高环境质量为目标，以强化油区污染防治为重点，以工业污染防治、城市环境保护与建设、农业与农村环境保护、海洋环境保护、危险废物控制与辐射环境保护为基本领域，实现水环境质量有明显提高，城乡空气环境质量有明显改善。在资源高效利用方面，统筹土地资源的开发利用和保护，实现土地资源集约化利用、规模化经营；加大城乡节水力度、限制发展高耗水行业，提高水资源集约利用水平；严格管理矿产资源，避免矿产资源流失；统筹协调不同行业与不同领域用海，实现沿海滩涂资源合理利用。

3. 以供给结构性侧改革为动力的产业升级模式

与需求相比，主要包括要素供给、结构供给和制度供给的供给侧是中长期潜在经济增长率的决定因素，供给侧结构性改革是用改革的办法推进结构调整，使要素实现最优配置，从而提高全要素生产率。结构供给是供给侧的重要方面，推进经济结构性改革是适应和引领经济发展新常态的重大创新。黄河三角洲生态脆弱型人地系统长期重化工业比重过大，产业结构性矛盾突出，以供给侧结构性改革为动力的产业升级模式是解决这一问题，实现黄河三角洲生态脆弱型人地系统可持续发展的有效模式。

以供给侧结构性改革为动力的产业升级模式通过加快结构调整实现产业转型升级，在产业升级的同时融入可持续发展理念，推进产业结构生态化、经济形态高级化，从而进一步促进经济体系高效运转和高度开放。黄河三角洲生态脆弱型人地系统产业升级尤其需要以产业布局优化、清洁绿色生产、科技创新带动为主要途径。

在产业布局优化方面，把生态环境承载力作为布局的基本依据，着力发展生态产业和临港经济，依托东营临港产业区和滨州临港产业区，发挥重大项目的集聚效应和辐射带动作用，以产业集群集聚发展带动产业的调整优化。在清洁绿色生产方面，将清洁生产理念引入产业集聚基地和产业园区的生产与建设中，对耗能量和耗水量大的企业实施清洁生产审核，从产品生命周期全过程控制资源与能源消耗，推动实现生产全过程的清洁无害化。在科技创新带动方面，大力发展高新技术产业，包括电子信息、生物工程和新材料等产业，培育海洋生物医药、海洋功能食品、海洋工程材料、海水综合利用等海洋高技术产业，鼓励开发具有自主知识产权的核心产品。

（二）ST模式

黄河三角洲生态脆弱型人地系统可持续发展的ST模式是在充分发挥自身优势基础上的克服外部挑战的模式，具体包括利用综合资源优势的资源型城市转型模式、新常态下优势产业壮大模式、强化区域合作自身竞争力提高模式。

1.利用综合资源优势的资源型城市转型模式

东营市是典型的资源型城市，黄河三角洲已由单纯依靠土地资源和石油资源发展为可以利用自然和人文不同类型的综合资源。黄河三角洲生态脆弱型人地系统的东营市是成熟型资源型城市，然而内部部分县区已进入衰退枯竭阶段，面临资源逐渐枯竭、产业结构单一、经济增长乏力、就业岗位不足、居民收入下降、生态环境恶化、地质灾害和矿难等问题影响到黄河三角洲生态脆弱型人地系统的可持续发展。因此，需要根据时代要求，充分利用综合资源优势实现资源型城市转型。

利用综合资源优势的资源型城市转型模式是充分利用土地资源、能源资源、矿产资源、旅游资源、海洋资源、生物资源、区位资源、政策资源等不同类型的资源，摆脱产业上对石油资源的过于依赖，通过形成合理发展机制、有序开发综合利用资源、构建多元产业体系等不同方式，实现资源型城市转型。

在形成合理发展机制方面，黄河三角洲生态脆弱型人地系统可以结合自身实际，形成开发秩序约束机制、资源开发补偿机制、接续替代产业扶持机制，来破解经济社会发展过程中存在的体制性、机制性矛盾，构建黄河三角洲生态脆弱型人地系统资源型城市转型的长效机制。在有序开发综合利用资源方面，需要加大矿产资源勘查力度，提高石油资源和天然气资源的保障能力；加强油气资源的储备与保护，建设石油资源储备体系；统筹推进油气资源开发与新型城镇化发展，依托现有城市产业园区作为后勤保障和资源加工基地，避免形成新的孤立居民点和工矿区。在构建多元产业体系方面，可以依托黄河三角洲生态脆弱型人地系统的产业基础，大力发展循环经济，推进资源产业向下游延伸，淘汰落后产能，提升产品档次和质量；积极发展传统优势产业和战略性新兴产业，努力培育新的支柱产业，形成新的接续替代产业。

2. 经济新常态下优势产业壮大模式

虽然进入新常态后国内经济由高速增长向中高速增长转变，经济长期向好的基本面没有变，经济结构优化调整的前进态势没有变，但是经济发展下行压力不断加大，发展中深层次矛盾和问题逐步凸显，稳定经济增长的任务繁重。所以，中国经济发展进入新常态，导致黄河三角洲生态脆弱型人地系统可持续发展既面临机遇更面临挑战。因此，在经济下行压力增大的背景下，黄河三角洲生态脆弱型人地系统需要利用优势产业壮大模式克服新常态带来的挑战。

黄河三角洲生态脆弱型人地系统的新常态下优势产业壮大模式，需要根据黄河三角洲高效生态经济区"四点、四区、一带"产业发展总体布局，着力围绕东营市和滨州市优势产业，促进高效生态农业、石油装备制造、汽车及零部件、轻工纺织、生态旅游和现代物流等5大产业快速发展，建设全国重要的高效生态农业示范区、国家石油装备工程技术研发中心、全国重要的汽车零部件生产基地、全国重要的轻纺工业基地、具有全国影响力的黄河口休闲旅游度假区、环渤海南部的区域性物流中心。通过优势产业不断壮大，带动黄河三角洲生态脆弱型人地系统整体实力提升，克服经济增速减缓产生的压力，从而推进黄河三角洲生态脆弱型人地系统可持续发展。

3. 强化区域合作自身竞争力提高模式

"一带一路"、京津冀协同发展、长江经济带三大战略是中国今后相当长时期全面对外开放和经济合作的总体战略布局，也是促进区域协调发展的重要战略，国家发布环渤海地区合作发展纲要对黄河三角洲生态脆弱型人地系统发展具有重要意义。强化区域合作自身竞争力提高模式，是在周边地区竞争力逐渐增强的背景下，黄河三角洲生态脆弱型人地系统需要强化与周边区域的交流与合作，充分利用"一带一路"和京津冀协同发展战略来提高自身的竞争力。

黄河三角洲生态脆弱型人地系统是环渤海地区的重要组成部分，濒临京津冀，具有广泛参与"一带一路"和京津冀战略以及环渤海规划实施的区位优势，在跨区域重大基础设施建设、推进产业对接合作、构建开放型经济格局等方面具有良好的资源禀赋和经济基础。实现强化区域合作自身竞争力提高模式，黄河三角洲生态脆弱型人地系统需要站高位、宽视野，深化改革创新，积极融入国家战略，避免被边缘化，通过广泛参与全球市场竞争，积极承接北京、天津优势产业转移，在更广阔的开放平台提高自身竞争力、实现可持续发展，推动区域联动发展取得突破。

（三）OW模式

黄河三角洲生态脆弱型人地系统可持续发展的OW模式是通过利用外部机遇并且克服自身劣势的模式，具体包括生态文明理念下的脆弱生态环境改善模式、国家政策支持下的交通基础设施完善模式、以供给侧改革为动力的创新驱动模式。

1. 生态文明理念下的脆弱生态环境改善模式

生态环境脆弱是黄河三角洲生态脆弱型人地系统最直接、最明显的特征，也是制约经济与社会发展的重要因素，改善脆弱的生态环境对于黄河三角洲生态脆弱型人地系统可持续发展具有关键作用。生态文明要求加大自然生态系统和环境保护力度，有助于脆弱生态环境的改善，以生态高效为主线的《黄河三角洲高效生态经济区发展规划》对脆弱生态环境的保护具有直接影响。因此，生态文明理念下的脆弱生态环境改善模式可被视为黄河三角洲生态脆弱型人地系统可持续发展模式之一。

生态文明理念下的脆弱生态环境改善模式需要根据《黄河三角洲高效生态经济区发展规划》的空间布局，重点加强对自然保护区、水源地保护区、海岸线自然保护带等核心保护区的保护。加强对水源地保护区、矿区地面塌陷区、落地油污染区、海（咸）水入侵区等生态脆弱区和水土流失、海沙开采退化区的综合治理。针对淡水资源短缺的问题，加快引供水体系建设以及水利设施建设，统筹调配淡水资源，合理利用地下水，扩大再生水、海水和微咸水利用规模，提高水资源的保障能力。建设海洋自然保护区和特别保护区，实施典型海洋生态系统修复示范工程。加大重点河流污染治理力度，加强小流域综合治理。通过加强保护与强化管理相结合，在促进脆弱生态环境得到保护的基础上逐渐实现脆弱生态环境改善。

2. 国家政策支持下的交通基础设施完善模式

交通基础设施落后制约了黄河三角洲生态脆弱型人地系统与外部联系的通达性，导致区位优势不能完全得到发挥，限制了黄河三角洲生态脆弱型人地系统的可持续发展。上升为国家区域发展战略有助于黄河三角洲充分利用国家政策改善对外交通条件，因此黄河三角洲生态脆弱型人地系统需要充分利用国家政策的支持，实现交通基础设施逐步完善。

国家政策支持下的交通基础设施完善模式需要以形成便捷、通畅、高效、安全的现代综合运输网络为目标，以打通连接京津冀、长三角和东北地区的陆海通道为方向，优先发展铁路和港口，稳步发展公路，适度发展机场。在铁路方面，重点加快区域内城际快速通道建设。在港口方面，建设散杂货、多用途和液体化工等深水泊位以及航道、防波堤等公用基础设施建设，扩大通航能力，提升综合服务功能。在公路方面，加快高速公路建设和普通路网升级改造，进一步优化路网结构，提高通达能力。在机场方面，合理规划机场布局及规模，积极增加航线航班，加快发展通用航空。

3. 以供给侧结构性改革为动力的创新驱动模式

创新是推动供给侧结构性改革的关键变量，供给侧结构性改革需要创新驱动来引领并且关键点在于创新，同时，推动供给侧结构性改革也将促进创新水平提高。而黄河三角洲生态脆弱型人地系统创新能力不足限制了其可持续发展，供给侧结构性改革可以为黄河三角洲生态脆弱型人地系统创新水平的提高带来机遇。因此，以供给侧改革为动力的创新驱动模式可以视为黄河三角洲生态脆弱型人地系统的可持续发展模式。

供给侧结构性改革为动力的创新驱动模式需要把科技进步和自主创新作为经济社会发展的重要推动力量，培养和引进大量高素质人才，加大奖励力度，吸引高素质人才集聚，建立跨地区、跨部门、跨行业人才交流机制，完善人才培养、选拔和流动机制，形成良好的人才创造和人才集聚环境。搭建完善创新平台，整合高校、企业、科研机构的研发资源，组建协同创新中心，集中力量突破关键性、紧迫性和实用性技术，形成拥有自主知识产权的成果。通过加快建设具有国际先进水平的科技、教育和人才中心，建设高水平企业技术中心、工程研发中心和重点实验室，推动高端创新要素的集聚水平，为黄河三角洲生态脆弱型人地系统可持续发展提高科技引领能力以及科技人才支撑能力。

4. 新型城镇化带动下的特色城镇化模式

由于受到自然环境和社会经济因素的影响，黄河三角洲生态脆弱型人地系统内部城镇分布稀疏、城镇规模偏小，导致城镇化发展不能照搬发达地区的传统模式，需要结合自身特点。新型城镇化以城市发展模式科学合理为目标，以优化布局、集约高效为基本原则，对于黄河三角洲生态脆弱型人地系统的城镇化模式提供了指导。因此，黄河三角洲生态脆弱型人地系统需要在新型城镇化的带动下走出特色城镇化模式。

新型城镇化带动下的特色城镇化模式可以从城镇空间布局优化、城镇综合承载力提升和城镇化体制机制改革方面入手。在城镇空间布局优化方面，需要提高中心城市东营和滨州的辐射带动能力，推进城市、县（市）城镇和重点镇建设，形成空间布局合理、服务功能健全、城乡一体化发展的城镇体系。在城镇综合承载力提升方面，需要加快城中村综合改造、适度超前配置城镇设施供给、提高城镇资源利用效益、彰显城镇特色和建设品位。在城镇化体制机制改革方面，需要进行户籍管理制度改革、量化农村集体资产，建立农村产权交易机制以及就业创业支持机制。

五、本章小结

本章主要研究了黄河三角洲生态脆弱型人地系统可持续发展模式。首先，总结了北方农牧交错地区、西北干旱绿洲边缘地区、西南干热河谷地区、南方石灰岩山区的可持续发展模式，为黄河三角洲生态脆弱型人地系统建立可持续发展模式提供经验借鉴与启示。其次，系统分析了黄河三角洲生态脆弱型人地系统建立可持续发展模式的总体思路，提出黄河三角洲生态脆弱型人地系统建立可持续发展模式的经济—社会—生态环境效益协同发展原则、开发与保护并重原则、渐进式发展与跨越式发展相结合原则。然后，分析了黄河三角洲生态脆弱型人地系统建立可持续发展模式的条件，包括优势条件、劣势条件、机遇条件和挑战条件。最后，提出黄河三角洲生态脆弱型人地系统可持续发展的SO模式、ST模式、OW模式，具体包括以国家战略为契机的高效生态经济模式、以生态文明建设为指导的生态环境保护与资源高效利用模式、以供给侧结构性改革为动力的产业升级模式、利用综合资源优势的资源型城市转型模式、新常态下优势产业壮大模式、强化区域合作自身竞争力提高模式、生态文明理念下的脆弱生态环境改善模式、国家政策支持下的交通基础设施完善模式、以供给侧结构性改革为动力的创新驱动模式、新型城镇化带动下的特色城镇化模式。

第七章　结论与展望

　　人地系统是地理学的研究主题与研究核心，但是生态脆弱型人地系统是人地系统研究领域的薄弱环节，在典型区域人文—自然复合系统的演化成为中国地理科学未来发展的战略方向、"未来地球"计划为人地系统和区域可持续发展研究提供新机遇的背景下，对生态脆弱型人地系统人文要素与自然要素相互关系与综合集成研究，建立生态脆弱型人地系统的可持续发展模式，可促进典型区域人文—自然复合系统研究进一步深化，是丰富人地系统研究内容与基本范式的有效途径，并且可有效贯穿人地关系理论在区域可持续发展研究中的理论指导作用。在中国人地关系走向恶化的过程中，生态脆弱型人地系统在人为和自然因素的双重影响下矛盾与问题集中，黄河三角洲作为典型的生态脆弱型人地系统，亟须建立可持续发展模式应对当前的问题与挑战，因此以黄河三角洲生态脆弱型人地系统为案例进行生态脆弱型人地系统研究，不仅对于黄河三角洲规避当前的风险、优化国土空间开发宏观格局、推进生态文明建设具有重要意义，从一定意义上讲，对全球告急的三角洲降低损失和风险具有警示作用。

　　在此背景下，首先在生态脆弱型人地系统国内外研究进展和理论基础进行分析的基础上系统剖析了生态脆弱型人地系统内涵、分类、构成与演变机理等基本理论问题，为后续研究奠定理论基础。然后选择黄河三角洲生态脆弱型人地系统作为生态脆弱型人地系统的案例进行实证研究与定量研究。运用综合指数模型评价了黄河三角洲生态脆弱型人地系统整体演变过程和空间格局演变，运用耦合度和耦合协调度模型评价了三个子系统耦合状态和耦合协调状态演变过程和空间格局演变，运用响应指数和响应度模型评价了"人"

和"地"的响应关系演变过程和空间格局演变；从"人""地"和供需两个视角，分析了黄河三角洲生态脆弱型人地系统演变的驱动力。运用脆弱性评价模型和集对分析法评价了黄河三角洲生态脆弱型人地系统脆弱性时空格局演变，运用多元线性回归分析法分析了黄河三角洲生态脆弱型人地系统脆弱性演变的影响因素。在典型生态脆弱型人地系统可持续发展模式借鉴和分析黄河三角洲生态脆弱型人地系统建立可持续发展模式的总体思路、基本原则与基本条件的基础上，提出黄河三角洲生态脆弱型人地系统可持续发展模式。

一、主要结论

1. 在生态脆弱型人地系统的内涵与特征、分类、构成与演变机理等基本理论问题方面：生态脆弱型人地系统是具有特殊性和典型性的人地系统类型，具有位于生态过渡带或交错区、先天生态环境基础脆弱、后天人类开发强度大、生态脆弱性导致人地系统脆弱性等特征。对于生态脆弱型人地系统分类，可以差异性、动态性和典型性为目标，以综合、主要因素、发生学、区域共轭性和相对一致性为原则，依据脆弱性出现的阶段分为先天脆弱型、后天脆弱型和未来脆弱型，依据地球表层要素组合与成因形成的类型与特点分为林草交错型、农牧交错型、荒漠绿洲交接型、青藏高原复合侵蚀型、红壤丘陵山地型、岩溶山地石漠化型、沿海水陆交接型，依据人类高强度开发导致的生态失衡状况分为生态空间减少型、资源承载力下降型、环境质量下降型、生态系统不稳定型。对于生态脆弱型人地系统构成，从经济、社会和生态环境三个角度，把生态脆弱型人地系统分解为要素、结构、功能和子系统。对于生态脆弱型人地系统演变机理，把生态脆弱型人地系统演变过程划分为形成、恶化、多方向演变三个阶段，其演变受到"人"和"地"、供给和需求等不同因素的驱动作用。

2. 在黄河三角洲生态脆弱型人地系统的演变过程及其驱动力方面：

1991—2015年，黄河三角洲生态脆弱型人地系统呈现"先下降、再上升"的U形演变趋势，空间格局呈现东高西低的特点，但是差异有所减小；黄河三角洲生态脆弱型人地系统三个子系统的耦合度和耦合协调度整体呈现不断上升的趋势，空间格局亦呈现出东部高于西部的特点；黄河三角洲"人"与"地"之间的响应指数由负响应逐步演变为正响应，响应度波动幅度较大，人地关系的稳定性仍有待提高。黄河三角洲生态脆弱型人地系统演变是受"人"和"地"、供给和需求等多种因素共同驱动而产生的结果，石油资源与工业经济活动、要素供给和投资需求对黄河三角洲生态脆弱型人地系统产生的驱动以明显的负向作用力为主，导致黄河三角洲生态脆弱型人地系统综合指数呈现下降趋势；综合资源与生态经济活动、结构供给和制度供给对黄河三角洲生态脆弱型人地系统产生的驱动以明显的正向作用力为主，推动黄河三角洲生态脆弱型人地系统综合指数呈现上升趋势。

3. 在黄河三角洲生态脆弱型人地系统脆弱性的演变过程及其影响因素方面：1991—2015年，黄河三角洲生态脆弱型人地系统脆弱性整体呈现下降趋势，但是空间格局变化并不明显，1991年和2015年均呈现东部脆弱性低西部脆弱性高的空间格局。黄河三角洲生态脆弱型人地系统经济子系统脆弱性的主要影响因素是敏感性，内部结构和外部扰动是主要原因，财政收入因素是直接原因；社会子系统脆弱性的主要影响因素是敏感性，国有经济和资源型产业比重高是其主要原因；生态环境子系统脆弱性是其敏感性高和应对能力低共同导致；在经济子系统和社会子系统的敏感性成为脆弱性影响因素的基础上，敏感性也成为黄河三角洲生态脆弱型人地系统脆弱性的主要影响因素。因此，规避黄河三角洲生态脆弱型人地系统脆弱性首先要降低其敏感性。

4. 在黄河三角洲生态脆弱型人地系统可持续发展模式方面：在分析典型生态脆弱型人地系统可持续发展模式以及黄河三角洲生态脆弱型人地系统可持续发展模式思路、原则和条件分析的基础上，提出包括以国家战略为契机的高效生态经济模式、以生态文明建设为指导的生态环境保护与资源高效利用模式、以供给侧结构性改革为动力的产业升级模式在内的SO模式，包括利用综合资源优势的资源型城市转型模式、经济新常态下优势产业壮大模式、强化区域合作自身竞争力提高模式在内的ST模式，包括生态文明理念下的脆弱生态环境改善模式、国家政策支持下的交通基础设施完善模式、以供给侧结构性改革为动力的创新驱动模式、新型城镇化带动下的特色城镇化模式在内的OW模式。

二、不足与展望

生态脆弱型人地系统研究是一个复杂的系统性问题，虽然本书围绕生态脆弱型人地系统的理论与实证进行了详细探索，但是由于议题本身的复杂性，加之本人知识水平的有限性、研究时间的紧迫性、部分资料数据难以获取，导致本书虽然初步探索了生态脆弱型人地系统的基本理论和基本研究框架，并且以黄河三角洲生态脆弱型人地系统为典型案例展开实证研究，但仍存在部分不足之处。在今后生态脆弱型人地系统研究过程中，将着重从以下方面进行突破。

1. 基础理论研究有待进一步深化。本书从生态脆弱型人地系统的基本内涵、分类、构成与演变机理等方面展开基础理论的研究工作，初步建立了生态脆弱型人地系统的理论分析框架，一定程度上丰富了生态脆弱型人地系统的理论储备，能够为相关领域实践工作的开展提供理论指导。然而本书的相关部分仍存在不足之处：（1）分析生态脆弱型人地系统要素、结构、功能和子系统过程中，从经济、社会和生态环境三个方面展开分析，对于三个子系统内部的结构关系及微观要素的影响尚未涉及；（2）对于生态脆弱型人地系统的演变过程只是在现有认知基础上的一个初步判断，需要在对不同类型的生态脆弱型人地系统进行综合比较研究的基础上进行深化完善；（3）基于供给—需求视角分析人地系统演化过程仅仅是一个初步设想，有待于进一步强化供给—需求视角下人地系统和人地关系的理论研究。总之，生态脆弱型人地系统的基础理论研究仍是今后相关研究工作的重要方向之一，而且本书仍需在现有研究基础上进一步完善与深化。

2. 研究方法与技术手段创新有待加强。研究方法和技术手段是开展生态脆弱型人地系统定量研究和实践活动的基本依据。本书按照定性分析和定量分析相结合的思路，通过建立评价指标体系，运用综合指数模型、耦合度和耦合协调度模型、响应指数和响应度模型、集对分析法、障碍度模型、多元线性回归分析法等定量方法对生态脆弱型人地系统进行了研究，对直观反映生态脆弱型人地系统起到基础支撑作用。但是本书在这一方面仍有不足之处：（1）指标体系虽力求完备，但因生态脆弱型人地系统的复杂性，以及部分数据的难获取性，导致与理想的指标体系仍有差距，尤其是生态环境指标增加生态安全、自然灾害、生物多样性指标可进一步增加研究结果的可信性；（2）本书较多运用数理统计方法，需要进一步实现数理统计方法与"3S"技术相结合，全面准确反映出生态脆弱型人地系统的演变过程；（3）对于黄河三角洲生态脆弱型人地系统演变的驱动力可以进一步进行定量模拟；（4）研究黄河三角洲生态脆弱型人地系统不同子系统的耦合关系时仅仅基于近程耦合的视角进行了实证分析，由于人地系统具有开放性特征，需要进一步强化受到系统外部因素影响的子系统之间的远程耦合关系。因此，今后仍需加强生态脆弱型人地系统研究方法和技术手段的创新。

3. 实证研究有待进一步丰富。研究方法和技术手段是开展生态脆弱型人地系统定量研究和实践活动的基本依据，而实证研究过程的提炼与总结又可以使基础理论研究得到丰富。基于前文的基础理论研究，本书选择黄河三角洲生态脆弱型人地系统作为生态脆弱型人地系统的典型案例区，分别研究了黄河三角洲生态脆弱型人地系统的演变过程和驱动力、脆弱性演变过程和影响因素以及可持续发展模式选择等问题，较好验证了相关思路方法的可行性。但是研究过程中缺乏横向对比，比如，可以进行生态脆弱型人地系统和其他类型人地系统进行对比，以及不同类型的生态脆弱型人地系统之前的比较；本书在进行空间格局演变研究时，选择以县域为基本研究对象，但是空间格局的变化并不明显，导致结论的普适性需要进一步检验，所以今后可以选择更加微观尺度的区域，进行生态脆弱型人地系统空间格局演变研究。因此，今后有待进一步丰富实证研究，从而能够更好地指导实践工作。

参考文献

一、中文文献

波德纳尔斯基:《古代的地理学》,商务印书馆1986年版,第60页。

步伟娜、方创琳:《黄河三角洲二元结构与多元可持续发展初探》,《自然资源学报》2005年第2期。

蔡博峰、张力小、宋豫秦:《我国北方农牧交错带人地系统脆弱性刍议》,《环境保护》2001年第11期。

蔡学军、张新华、谢静:《黄河三角洲湿地生态环境质量现状及保护对策》,《海洋环境科学》2006年第2期。

蔡运龙:《论城市人地系统》,《地理研究》1997年增刊。

蔡运龙:《人地关系思想的演变》,《自然辩证法研究》1989年第5期。

蔡运龙:《人地关系研究范型:地域系统实证》,《人文地理》1998年第2期。

蔡运龙:《人地关系研究范型:全球实证》,《人文地理》1996年第3期。

蔡运龙:《人地关系研究范型:哲学与伦理思辩》,《人文地理》1996年第1期。

常春艳、赵庚星、李晋等:《黄河三角洲典型生态脆弱区土壤退化遥感反演》,《农业工程学报》2015年第9期。

陈国阶:《可持续发展的人文机制——人地关系矛盾反思》,《中国人口·资源与环境》2000年第3期。

陈慧琳:《南方岩溶区人地系统的基本地域分异探讨》,《地理研究》2000年第1期。

陈佳、杨新军、尹莎等：《基于VSD框架的半干旱地区社会—生态系统脆弱性演化与模拟》，《地理学报》2016年第7期。

陈建、王世岩、毛战坡：《1976—2008年黄河三角洲湿地变化的遥感监测》，《地理科学进展》2011年第30期。

陈晴、侯西勇、吴莉：《基于土地利用数据和夜间灯光数据的人口空间化模型对比分析——以黄河三角洲高效生态经济区为例》，《人文地理》2014年第5期。

陈为峰、周维芝、史衍玺：《黄河三角洲湿地面临的问题及其保护》，《农业环境科学学报》2003年第4期。

陈兴鹏、郭晓佳、王国奎等：《1980年以来西北贫困地区人地系统演变轨迹——以定西市为例》，《兰州大学学报（自然科学版）》2012年第4期。

陈佑启、武伟：《城乡交错带人地系统的特征及其演变机制分析》，《地理科学》1998年第5期。

陈忠祥：《宁夏南部回族社区人地关系及可持续发展研究》，《人文地理》2002年第1期。

程叶青：《基于系统动力学方法的人地系统优化调控研究》，《中国科学院研究生院学报》2006年第1期。

程叶青：《农业地域系统演变的动态模拟与优化调控研究——以东北地区为例》，《地理科学》2010年第1期。

程钰、刘凯、徐成龙等：《山东半岛蓝色经济区人地系统可持续性评估及空间类型比较研究》，《经济地理》2015年第5期。

程钰、任建兰、徐成龙：《生态文明视角下山东省人地关系演变趋势及其影响因素》，《中国人口·资源与环境》2015年第11期。

程钰、任建兰、徐成龙：《资源衰退型城市人地系统脆弱性评估——以山东枣庄市为例》，《经济地理》2015年第3期。

程钰、王亚平、任建兰等：《黄河三角洲地区人地关系演变趋势及其影响因素》，《经济地理》2017年第2期。

慈福义、张晖：《黄河三角洲高效生态经济区循环经济发展的SWOT分析与战略目标选择》,《工业技术经济》2009年第2期。

慈福义：《黄河三角洲高效生态经济区循环型农业、工业的发展思路研究》,《生态经济》2010年第2期。

崔秀萍、吕君、王珊：《生态脆弱区资源型城市生态环境影响评价与调控》,《干旱区地理》2015年第1期。

丁任重、李标：《供给侧结构性改革的马克思主义政治经济学分析》,《中国经济问题》2017年第1期。

丁兆庆：《黄河三角洲高效生态经济区创新发展研究》,《理论学刊》2011年第12期。

董会忠、吴朋、丛旭辉：《第三产业发展与城镇化水平互动关系研究——以黄河三角洲高效生态经济区为例》,《华东经济管理》2016年第8期。

董会忠、吴朋、万里洋：《基于NC-AHP的区域生态安全评价与预警——以黄河三角洲高效生态经济区为例》,《科技管理研究》2016年第9期。

董锁成、刘桂环、李岱等：《黄土高原生态脆弱区循环经济发展模式研究——以甘肃省陇西县为例》,《资源科学》2005年第4期。

段晓峰、许学工：《黄河三角洲地区资源—环境—经济系统可持续性的能值分析》,《地理科学进展》2006年第1期。

恩格斯：《自然辩证法》,人民出版社1971年版,第27—164页。

樊杰、蒋子龙：《面向"未来地球"计划的区域可持续发展系统解决方案研究——对人文—经济地理学发展导向的讨论》,《地理科学进展》2015年第1期。

樊杰、周侃、孙威等：《人文—经济地理学在生态文明建设中的学科价值与学术创新》,《地理科学进展》2013年第2期。

樊杰：《"人地关系地域系统"学术思想与经济地理学》,《经济地理》2008年第2期。

樊杰：《人地系统可持续过程、格局的前沿探索》,《地理学报》2014年第8期。

樊杰：《中国主体功能区划方案》,《地理学报》2015年第2期。

方创琳：《区域发展规划论》,科学出版社2000年版。

方创琳：《区域人地系统的优化调控与可持续发展》,《地学前缘》2003年第4期。

方创琳：《中国人地关系研究的新进展与展望》，《地理学报》2005年增刊第1期。

方修琦、殷培红：《弹性、脆弱性和适应——IHDP三个核心概念综述》：《地理科学进展》2007年第5期。

方修琦、张兰生：《论人地关系的异化与人地系统研究》，《人文地理》1996年第4期。

方修琦：《论人地关系的主要特征》，《人文地理》1999年第2期。

费孝通：《江村农民生活及其变迁》，敦煌文艺出版社1997年版。

冯端、冯少彤：《溯源探幽：熵的世界》，科学出版社2005年版。

傅伯杰、冷疏影、宋长青：《新时期地理学的特征与任务》，《地理科学》2015年第8期。

傅伯杰：《地理学综合研究的途径与方法：格局与过程耦合》，《地理学报》2014年第8期。

龚建华、承继成：《区域可持续发展的人地关系探讨》，《中国人口·资源与环境》1997年第1期。

龚胜生：《论中国可持续发展的人地关系协调》，《地理学与国土研究》2000年第1期。

顾朝林：《论黄河三角洲城镇体系布局基础》，《经济地理》1992年第2期。

郭伟峰、王武科：《关中平原人地关系地域系统SD模型及仿真》，《西北农林科技大学学报（社会科学版）》2010年第1期。

郭伟峰、王武科：《关中平原人地关系地域系统结构耦合的关联分析》，《水土保持研究》2009年第5期。

郭晓佳、陈兴鹏、张满银：《甘肃少数民族地区人地系统物质代谢和生态效率研究——基于能值分析理论》，《干旱区资源与环境》2010年第7期。

郭晓佳、陈兴鹏、张子龙等：《宁夏人地系统的物质代谢和生态效率研究——基于能值分析理论》，《生态环境学报》2009年第3期。

郭训成：《黄河三角洲高效生态产业发展研究》，《山东社会科学》2012年第9期。

哈斯巴根、李同昇、佟宝全：《生态地区人地系统脆弱性及其发展模式研究》，《经济地理》2013年第4期。

哈斯巴根、佟宝全：《农业地区人地系统脆弱性及其发展模式研究》，《干旱区地理》

2014年第3期。

哈斯巴根：《基于空间均衡的不同主体功能区脆弱性演变及其优化调控研究》，2013年西北大学博士学位论文。

韩传峰、廖少纲、刘惠敏：《基于循环经济的黄河三角洲区域发展战略研究》，《科技进步与对策》2007年第2期。

韩春鲜、熊黑钢：《18世纪中期以来新疆奇台人工绿洲开发下的人地关系研究》，《中国历史地理论丛》2008年第1期。

韩美、杜焕、张翠等：《黄河三角洲水资源可持续利用评价与预测》，《中国人口·资源与环境》2015年第7期。

韩美、刘园：《黄河三角洲高效生态经济区水安全评价研究》，《理论学刊》2013年第9期。

韩美、王一、崔锦龙：《基于价值损失的黄河三角洲湿地生态补偿标准研究》，《中国人口·资源与环境》2012年第6期。

韩美：《黄河三角洲湿地生态研究》，山东人民出版社2009年版。

韩瑞玲、佟连军、佟伟铭等：《基于集对分析的鞍山市人地系统脆弱性评估》，《地理科学进展》2012年第3期。

韩永学：《人地关系协调系统的建立——对生态伦理学的一个重要补充》，《自然辩证法研究》2004年第5期。

韩增林、刘桂春：《人海关系地域系统探讨》，《地理科学》2007年第6期。

何书金、李秀彬、朱会义等：《黄河三角洲土地持续利用优化分析》，《地理科学进展》2001年第4期。

洪佳、卢晓宁、王玲玲：《1973—2013年黄河三角洲湿地景观演变驱动力》，《生态学报》2016年第4期。

胡宝清：《喀斯特人地系统研究》，科学出版社2014年版。

胡启武、尧波、刘影等：《鄱阳湖区人地关系转变及其驱动力分析》，《长江流域资源与环境》2010年第6期。

胡兆量：《人地关系发展规律》，《四川师范大学学报（自然科学版）》1996年第

1期。

黄成敏、艾南山、姚建等：《西南生态脆弱区类型及其特征分析》，《长江流域资源与环境》2003年第5期。

黄鹄、缪磊磊、王爱民：《区域人地系统演进机制分析——以民勤盆地为例》，《干旱区资源与环境》2004年第1期。

黄茄莉：《基于系统演化视角的可持续性评价方法》，《生态学报》2015年第8期。

黄泰岩：《中国经济的第三次动力转型》，《经济学动态》2014年第2期。

黄晓军、黄馨、崔彩兰等：《社会脆弱性概念、分析框架与评价方法》，《地理科学进展》2014年第11期。

姜东杰：《加快黄河三角洲临港产业区发展的思考》，《宏观经济管理》2014年第5期。

孔翔、陆韬：《传统地域文化形成中的人地关系作用机制初探——以徽州文化为例》，《人文地理》2010年第3期。

冷疏影、刘燕华：《中国脆弱生态区可持续发展指标体系框架设计》，《中国人口·资源与环境》1999年第2期。

李广杰：《黄河三角洲农业可持续发展的思路及对策》，《山东社会科学》2007年第6期。

李鹤、张平宇：《矿业城市经济脆弱性演变过程及应对时机选择研究——以东北三省为例》，《经济地理》2014年第1期。

李鹤：《东北地区矿业城市脆弱性特征与对策研究》，《地域研究与开发》2011年第5期。

李后强、艾南山：《人地协同论——兼论人地系统的若干非线性动力学问题》，《地球科学进展》1996年第2期。

李经纬、刘志锋、何春阳等：《基于人类可持续发展指数的中国1990—2010年人类—环境系统可持续性评价》，《自然资源学报》2015年第7期。

李君甫、王选庆：《中国的区域结构对可持续发展的影响》，《金融与经济》2006年第9期。

李连伟、刘展、宋冬梅等：《黄河三角洲环境脆弱性评价方法及其应用》，《中国农业大学学报》2013年第1期。

李鹏：《黄河三角洲国家可持续发展实验区发展机制研究》，《中国人口·资源与环境》2011年第7期。

李秋颖：《城市群地区国土空间利用质量评价与提升路径研究——以山东半岛城市群为例》，2015年中国科学院地理科学与资源研究所博士学位论文。

李小建、许家伟、任星等：《黄河沿岸人地关系与发展》，《人文地理》2012年第1期。

李小云、杨宇、刘毅：《中国人地关系的历史演变过程及影响机制》，《地理研究》2018年第8期。

李旭旦：《人文地理学论丛》，人民教育出版社1985年版。

李扬、汤青：《中国人地关系及人地关系地域系统研究方法述评》，《地理研究》2018年第8期。

李玉江、吴玉麟、李新运等：《黄河三角洲人口承载力研究》，《人口研究》1996年第3期。

李治国：《区域经济顶点城市科技创新与经济发展互动研究——以黄河三角洲为例》，《科技管理研究》2014年第4期。

栗云召、于君宝、韩广轩等：《黄河三角洲自然湿地动态演变及其驱动因子》，《生态学杂志》2011年第7期。

连煜、王新功、黄翀等：《基于生态水文学的黄河口湿地生态需水评价》，《地理学报》2008年第5期。

刘超、林晓乐：《城镇化与生态环境交互协调行为研究——以黄河三角洲为例》，《华东经济管理》2015年第7期。

刘海猛、石培基、杨雪梅等：《人水系统的自组织演化模拟与实证》，《自然资源学报》2014年第4期。

刘继生、陈彦光：《基于GIS的细胞自动机模型与人地关系的复杂性探讨》，《地理研究》2002年第2期。

刘继生、那伟、房艳刚：《辽源市社会系统的脆弱性及其规避措施》，《经济地理》2010年第6期。

刘静、左其亭：《环境变化对人水系统影响的关键问题探讨》，《南水北调与水利科技》2015年第6期。

刘军会、邹长新、高吉喜等：《中国生态环境脆弱区范围界定》，《生物多样性》2015年第6期。

刘凯、任建兰、程钰等：《黄河三角洲地区社会脆弱性评价与影响因素》，《经济地理》2016年第7期。

刘凯、任建兰、程钰等：《中国城镇化的资源环境承载力响应演变与驱动因素》，《城市发展研究》2016年第1期。

刘凯、任建兰、李雅楠：《基于供需视角的黄河三角洲人地关系演变》，《经济地理》2018年第6期。

刘凯、任建兰、张理娟等：《人地关系视角下城镇化的资源环境承载力响应——以山东省为例》，《经济地理》2016年第9期。

刘凯、任建兰：《基于"未来地球"科学计划的绿色经济研究启示》，《生态经济》2016年第3期。

刘庆林、汪明珠：《黄河三角洲特色产业园区发展研究》，《山东社会科学》2012年第7期。

刘卫东等著：《经济地理学思维》，科学出版社2013年版，第55—77页。

刘贤赵、王渊、张勇等：《黄河三角洲地区经济发展与生态环境建设互动度研究》，《地域研究与开发》2013年第6期。

刘小青、李艳春、田刚元：《黄河三角洲生产性服务业对区域城市化发展的作用——以东营市为例》，《中国石油大学学报（社会科学版）》2014年第2期。

刘艳华、徐勇：《中国农村多维贫困地理识别及类型划分》，《地理学报》2015年第6期。

刘燕华、李秀彬：《脆弱生态环境与可持续发展》，商务印书馆2007年版，第199—264页。

刘耀彬、李仁东、宋学锋：《中国城市化与生态环境耦合度分析》，《自然资源学报》2005年第1期。

刘毅：《论中国人地关系演进的新时代特征》，《地理研究》2018年第8期。

刘兆德：《黄河三角洲农业综合开发研究》，《经济地理》2000年第2期。

陆大道、樊杰：《区域可持续发展研究的兴起与作用》，《中国科学院院刊》2012年第3期。

陆大道：《"未来地球"框架文件与中国地理科学的发展——从"未来地球"框架文件看黄秉维先生论断的前瞻性》，《地理学报》2014年第8期。

陆大道：《变化发展中的中国人文与经济地理学》，《地理科学》2017年第5期。

陆大道：《地理科学的价值与地理学者的情怀》，《地理学报》2015年第10期。

陆大道：《关于地理学的"人—地系统"理论研究》，《地理研究》2002年第2期。

陆大道：《人文—经济地理学的方法论及其特点》，《地理研究》2011年第3期。

罗静、陈彦光：《论全球化时代的人地关系与政策调整》，《人文地理》2003年第5期。

吕拉昌：《人地关系操作范式探讨》，《人文地理》1998年第2期。

马蔼乃：《地理科学导论：自然科学与社会科学的"桥梁科学"》，高等教育出版社2005年版。

马海龙：《西部限制开发区人地关系调控的机理与途径》，2008年中国科学院地理科学与资源研究所博士学位论文。

马骏、李昌晓、魏虹等：《三峡库区生态脆弱性评价》，《生态学报》2015年第21期。

马世骏、王如松：《社会—经济—自然复合生态系统》，《生态学报》1984年第1期。

毛汉英：《人地系统与区域持续发展研究》，中国科学技术出版社1995年版，第48—60页。

毛晓曦、郭云继、崔江慧等：《滨海生态脆弱区土地生态系统服务价值动态变化分析——以黄骅市为例》，《水土保持研究》2016年第2期。

美国国家科学院研究理事会：《理解正在变化的星球：地理科学的战略方向》，科学出版社2011年版。

孟德斯鸠：《论法的精神（上册）》，商务印书馆1978年版，第231页。

牟安平：《论经济快速增长与经济效率》，《浙江学刊》1998年第2期。

牛文元：《生态环境脆弱带ECOTONE的基础判定》，《生态学报》1989年第2期。

潘竟虎：《中国地级及以上城市GDP含金量时空分异格局》，《地理科学》2015年第12期。

潘玉君、武友德：《地理科学导论》，科学出版社2009年版。

潘玉君：《人地关系地域系统协调共生应用理论初步研究》，《人文地理》1997年第3期。

普雷斯顿·詹姆斯：《地理学思想史》，商务印书馆1982年版，第232—366页。

钱学森、于景元、戴汝为：《一个科学新领域——开放的复杂巨系统及其方法论》，《自然杂志》1990年第1期。

乔标、方创琳：《城市化与生态环境协调发展的动态耦合模型及其在干旱区的应用》，《生态学报》2005年第11期。

乔家君、李小建：《村域人地系统状态及其变化的定量研究——以河南省三个不同类型村为例》，《经济地理》2006年第2期。

任建兰、常军、张晓青等：《黄河三角洲高效生态经济区资源环境综合承载力研究》，《山东社会科学》2013年第1期。

任建兰、徐成龙、陈延斌等：《黄河三角洲高效生态经济区工业结构调整与碳减排对策研究》，《中国人口·资源与环境》2015年第4期。

任建兰：《区域可持续发展导论》，科学出版社2014年版，第1—2页、31—35页。

任启平、陈才：《东北地区人地关系百年变迁研究——人口、城市与交通发展》，《人文地理》2004年第5期。

任启平：《人地关系地域系统要素及结构研究》，中国财政经济出版社2007年版。

佘之祥、董雅文、沈道齐：《地球表层的人地系统及其调控》，《地球科学进展》1991年第2期。

申玉铭：《论人地关系的演变与人地系统优化研究》，《人文地理》1998年第4期。

盛科荣：《黄河三角洲农村城镇化的问题——以高青县为例》，《城市问题》2010年第9期。

史培军、王静爱、陈婧等：《当代地理学之人地相互作用研究的趋向——全球变化人类行为计划（IHDP）第六届开放会议透视》，《地理学报》2006年第2期。

束锡红、牛建军、张跃东：《历史时期宁夏区域环境及人地关系变迁特征》，《水土保持通报》2003年第5期。

宋晓龙、李晓文、白军红等：《黄河三角洲国家级自然保护区生态敏感性评价》，《生态学报》2009年第9期。

宋豫秦、张力小、曹淑艳等：《淮河流域人地系统的自组织分析》，《中国人口·资源与环境》2002年第4期。

苏飞、应蓉蓉、张慧敏等：《可持续性科学研究热点及其知识基础——以Sustainability Science载文数据为例》，《生态学报》2016年第9期。

苏昕、段升森、张淑敏：《黄河三角洲地区城镇化与生态环境协调发展关系实证研究》，《东岳论丛》2014年第10期。

孙才志、张坤领、邹玮等：《中国沿海地区人海关系地域系统评价及协同演化研究》，《地理研究》2015年第10期。

孙峰华、方创琳、王振波等：《中国风水地理哲学基础与人地关系》，《热带地理》2014年第5期。

孙峰华：《基于易学与堪舆学的人地关系和谐论思辨》，《地理学报》2012年第2期。

孙海燕、刘贤赵、王渊：《近10年黄河三角洲经济与生态要素演变及相互作用——以东营市、滨州市为例》，《经济地理》2012年第11期。

孙晓宇、苏奋振、吕婷婷等：《黄河三角洲湿地资源时空变化分析》，《资源科学》2011年第12期。

孙兴丽：《河北省2005—2014年生态经济系统发展趋势及可持续性评价》，《生态经济》2016年第4期。

汤青：《可持续生计的研究现状及未来重点趋向》，《地球科学进展》2015年第7期。

汪小钦、王钦敏、励惠国等：《黄河三角洲土地利用覆盖变化驱动力分析》，《资源科学》2007年第5期。

王爱民、樊胜岳、刘加林等：《人地关系的理论透视》，《人文地理》1999年第2期。

王爱民、刘加林、高翔：《青藏高原东北缘及其毗邻地区人地关系地域系统研究》，《经济地理》2000年第2期。

王爱民、刘宇:《干旱区内陆河流域人地系统分类与评述》,《干旱区资源与环境》2001年第4期。

王爱民、缪磊磊:《临夏地区人地系统地域差异及发展对策》,《干旱区资源与环境》2000年第3期。

王恩涌:《人文地理学》,高等教育出版社2000年版,第40—41页。

王建华、顾元勋、孙林岩:《人地关系的系统动力学模型研究》,《系统工程理论与实践》2003年第1期。

王介勇、吴建寨:《黄河三角洲区域生态经济系统动态耦合过程及趋势》,《生态学报》2012年第15期。

王磊、宋乃平:《宁夏盐池县人地关系的演变及调适对策》,《资源科学》2007年第6期。

王黎明:《面向PRED问题的人地关系系统构型理论与方法研究》,《地理研究》1997年第2期。

王乃举、周涛发、黄翔:《矿业城市人地系统脆弱性评价——以安徽省铜陵市为例》,《华中师范大学学报(自然科学版)》2012年第6期。

王青、顾晓薇、郑友毅:《中国环境载荷与环境减压分析》,《环境科学》2006年第9期。

王瑞、吴晓飞、范玉波:《国家区域发展战略对地区投资的影响——以黄河三角洲高效生态经济区为例》,《经济地理》2015年第8期。

王少剑、方创琳、王洋:《京津冀地区城市化与生态环境交互耦合关系定量测度》,《生态学报》2015年第7期。

王圣云:《人地系统演进的太极图式与模型构建》,《系统科学学报》2013年第3期。

王武科:《关中平原全新世以来人地关系地域系统时空演变分析》,《地域研究与开发》2009年第6期。

王雪梅、席瑞:《基于GIS的渭干河流域生态环境脆弱性评价》,《生态科学》2016年第4期。

王岩:《城市脆弱性的综合评价与调控研究》,2014年中国科学院地理科学与资源研究所博士学位论文。

王义民：《论人地关系优化调控的区域层次》，《地域研究与开发》2006年第2期。

王玉明：《地理环境演化趋势的熵变化分析》，《地理学报》2011年第11期。

王长征、刘毅：《沿海地区人地关系演化及优化分析》，《中国人口·资源与环境》2003年第6期。

韦仕川、吴次芳、杨杨：《黄河三角洲未利用地适宜性评价的资源开发模式——以山东省东营市为例》，《中国土地科学》2013年第1期。

魏建兵、肖笃宁、解伏菊：《人类活动对生态环境的影响评价与调控原则》，《地理科学进展》2006年第2期。

魏学文、刘文烈：《黄河三角洲城市群发展格局与战略研究》，《中国石油大学学报（社会科学版）》2014年第1期。

魏学文：《黄河三角洲产业结构生态化发展路径研究》，《生态经济》2016年第6期。

温晓金、杨新军、王子侨：《多适应目标下的山地城市社会—生态系统脆弱性评价》，《地理研究》2016年第2期。

邬建国、郭晓川、杨劼等：《什么是可持续性科学？》，《应用生态学报》2014年第1期。

吴传钧：《论地理学的研究核心——人地关系地域系统》，《经济地理》1991年第3期。

吴传钧：《中国农业与农村经济可持续发展问题：不同类型地区实证研究》，中国环境科学出版社2001年版。

吴晓飞、李长英：《国家级区域发展战略是否促进了地区创新？——以"黄三角"战略为例》，《科学学与科学技术管理》2016年第1期。

伍引风：《城乡二元结构对农村生态环境治理的影响机理研究》，2015年四川农业大学硕士学位论文。

夏可慧、李铭、武弘麟：《甘肃省区域发展进程中的人地关系研究》，《经济地理》2015年第8期。

项目建议书起草小组：《关于地球表层动态机制与人地系统调控的研究》，《地球科学进展》1992年第1期。

谢高地、甄霖、鲁春霞等：《中国发展的可持续性状态与趋势——一个基于自然资源基础的评价》，《资源科学》2008年第9期。

谢红彬、钟巍：《关于极端干旱地区人地关系历史演变的初步研究——以塔里木盆地为例》，《人文地理》2002年第2期。

辛馨、张平宇：《基于三角图法的矿业城市人地系统脆弱性分类》，《煤炭学报》2009年第2期。

徐成龙、程钰、任建兰：《黄河三角洲地区生态安全预警测度及时空格局》，《经济地理》2014年第3期。

徐勇、张雪飞、李丽娟等：《我国资源环境承载约束地域分异及类型划分》，《中国科学院院刊》2016年第1期。

许学工、林辉平、付在毅：《黄河三角洲湿地区域生态风险评价》，《北京大学学报（自然科学版）》2001年第1期。

许学工：《黄河三角洲的适用生态农业模式及农业地域结构探讨》，《地理科学》2000年第1期。

许学工：《黄河三角洲地域结构、综合开发与可持续发展》，海洋出版社1998年版。

颜廷真、韩光辉：《清代以来西辽河流域人地关系的演变》，《中国历史地理论丛》2004年第1期。

杨海波、王宗敏、王世岩：《基于RS与GIS的黄河三角洲生态环境质量综合评价》，《水利水电技术》2011年第7期。

杨浩、陈光燕、庄天慧等：《气象灾害对中国特殊类型地区贫困的影响》，《资源科学》2016年第4期。

杨青山、梅林：《人地关系、人地关系系统与人地关系地域系统》，《经济地理》2001年第5期。

杨青山：《东北经济区人地关系地域系统区划的初步研究》，《人文地理》2000年第1期。

杨青山:《对人地关系地域系统协调发展的概念性认识》,《经济地理》2002年第3期。

杨廷锋、蒋焕洲、吴显春:《西南岩溶石山地区人地关系可持续发展状态的演变及调控研究——以贵州为例》,《西南师范大学学报(自然科学版)》2014年第12期。

杨吾扬:《地理学思想简史》,高等教育出版社1989年版。

杨新军、张慧、王子侨:《基于情景分析的西北农村社会—生态系统脆弱性研究——以榆中县中连川乡为例》,《地理科学》2015年第8期。

杨杨、吴次芳、韦仕川:《浙江省人地关系变化阶段特征及调整策略》,《中国人口·资源与环境》2007年第1期。

杨玉珍、于利涛:《黄河三角洲高效生态经济区科技创新基础条件平台建设研究》,《山东社会科学》2012年第11期。

杨育武、汤洁、麻素挺:《脆弱生态环境指标库的建立及其定量评价》,《环境科学研究》2002年第4期。

杨志明、高德健、魏建:《黄河三角洲高效生态(工业)经济区增长绩效研究》,《技术经济》2015年第2期。

姚吉成、李新、杜立晖等:《高效生态视域下黄河三角洲文化产业发展SWOT分析与战略构想》,《东岳论丛》2011年第8期。

姚玉璧、张秀云、杨金虎:《甘肃省脆弱生态环境定量评价及分区评述》,《水土保持通报》2007年第5期。

叶岱夫:《人地关系地域系统与可持续发展的相互作用机理初探》,《地理研究》2001年第3期。

尹莎、陈佳、吴孔森等:《干旱环境胁迫下农户适应性研究——基于民勤绿洲地区农户调查数据》,《地理科学进展》2016年第5期。

湛垦华、沈小峰:《普利高津与耗散结构理论》,陕西科学技术出版社1998年版。

张成扬、赵智杰:《近10年黄河三角洲土地利用/覆盖时空变化特征与驱动因素定量分析》,《北京大学学报(自然科学版)》2015年第1期。

张东升、柴宝贵、丁爱芳等:《黄河三角洲城镇空间发展动力与趋势研究》,《规划师》2012年第12期。

张东升、柴宝贵、丁爱芳等：《黄河三角洲城镇空间格局的发展历程及驱动力分析》，《经济地理》2012年第8期。

张复明：《人地关系的危机和性质及协调思维》，《中国人口·资源与环境》1993年第1期。

张洁、李同昇、王武科：《渭河流域人地关系地域系统模拟》，《地理科学进展》2010年第10期。

张洁、李同昇、王武科：《渭河流域人地关系地域系统耦合状态分析》，《地理科学进展》2010年第6期。

张洁、李同昇、周杜辉：《流域人地关系地域系统研究进展》，《干旱区地理》2011年第2期。

张洁：《渭河流域（干流地区）人地关系地域系统演变及其优化研究》，2010年西北大学博士学位论文。

张军涛、傅小锋：《东北农牧交错生态脆弱区可持续发展研究》，《中国人口·资源与环境》2005年第5期。

张雷：《罗士培与中国地理学》，《地理学报》2015年第10期。

张雷：《我国现代人地关系与资源环境基础》，《中国人口·资源与环境》1999年第4期。

张雷：《资源环境基础论：中国人地关系研究的出发点》，《自然资源学报》2008年第2期。

张立新、杨新军、陈佳等：《大遗址区人地系统脆弱性评价及影响机制——以汉长安城大遗址区为例》，《资源科学》2015年第9期。

张淑敏、张宝雷：《国家战略背景下黄河三角洲地区国土开发适宜性格局》，《资源科学》2016年第5期。

张欣、范明元、陈华伟等：《黄河三角洲水资源承载力多目标优化计算》，《人民黄河》2013年第12期。

张绪良、陈东景、徐宗军等：《黄河三角洲滨海湿地的生态系统服务价值》，《科技导报》2009年第10期。

张绪良、张朝晖、苏蔚潇:《黄河三角洲海岸带生态承载力综合评价》,《安全与环境学报》2015年第6期。

张耀光:《从人地关系地域系统到人海关系地域系统——吴传均院士对中国海洋地理学的贡献》,《地理科学》2008年第1期。

张振鹏、栾晓平:《黄河三角洲文化产业发展再思考》,《山东社会科学》2013年第2期。

张志强、孙成权:《全球变化研究十年新进展》,《科学通报》1999年第5期。

张志新、孙照吉、薛翘:《黄河三角洲区域科技创新能力综合分析与评价研究》,《经济问题》2014年第4期。

赵建军、郝栋、董津:《黄河三角洲高效生态区生态补偿制度研究》,《中国人口·资源与环境》2012年第2期。

赵克勤:《集对分析及其初步应用》,浙江科学技术出版社2000年版。

赵明华、韩荣青:《地理学人地关系与人地系统研究现状评述》,《地域研究与开发》2004年第5期。

赵英奎:《加快黄河三角洲低碳经济发展的探索》,《理论学刊》2011年第2期。

赵跃龙、张玲娟:《脆弱生态环境定量评价方法的研究》,《地理科学》1998年第1期。

郑冬子:《并协与泛协——关于地理实在的性质和人地关系的解释》,《人文地理》2003年第4期。

郑度:《21世纪人地关系研究前瞻》,《地理研究》2002年第1期。

郑度:《人地关系与环境伦理》,《云南师范大学学报》2005年第3期。

郑度:《中国21世纪议程与地理学》,《地理学报》1994年第6期。

中国科学院可持续发展战略研究组:《2014中国可持续发展报告——创建生态文明的制度体系》,科学出版社2014年版。

中国科学院自然科学史研究所地学史组:《中国古代地理学史》,科学出版社1984年版,第9页。

钟祥浩:《加强人山关系地域系统为核心的山地科学研究》,《山地学报》2011年第1期。

仲俊涛、米文宝、樊新刚等：《可持续生计框架下连片特困区发展机理——以宁夏限制开发生态区为例》，《应用生态学报》2015年第9期。

周文佐：《近10年黄河三角洲LUCC及其驱动因素分析》，《农业工程学报》2010年第1期。

周晓芳：《基于易经阴阳的人地关系地域系统模型》，《地理研究》2015年第2期。

周鑫、许学工：《黄河三角洲（东营市）高效生态渔业综合效益评估》，《北京大学学报（自然科学版）》2015年第3期。

朱国宏：《人地关系论——中国人口与土地关系问题的系统研究》，复旦大学出版社1996年版，第45—47页。

诸大建：《循环经济2.0：从环境治理到绿色增长》，同济大学出版社2009年版，第178—202页。

左其亭：《人水系统演变模拟的嵌入式系统动力学模型》，《自然资源学报》2007年第2期。

左伟、周慧珍、李硕等：《人地关系系统及其调控》，《人文地理》2001年第1期。

二、英文文献

Adalberto Vallega, "Ocean geography for ocean science". GeoJournal, 1999, 47: 511-522.

Ahjond S. Garmestani, "Sustainability science: accounting for nonlinear dynamics in policy and social–ecological systems". Clean Techn Environ Policy, 2014,16: 731–738.

Ahlqvist O., Loffing T., et al., "Geospatial human-environment simulation through integration of massive multiplayer online games and geographic information systems". Transactions in GIS, 2012, 16(3):331-350.

Alberti M., Asbjornsen H., Baker L. A., et al., "Research on coupled human and natural systems (CHANS): Approach, challenges, and strategies". Bull Ecol Soc Am, 2011, 92: 218–228.

Arika Virapongse, Samantha Brooks, Elizabeth Covelli Metcalf d., et al., "A social-ecological systems approach for environmental management". Journal of Environmental Management, 2016, (178):83-91.

Arnim Wiek, Barry Ness, Petra Schweizer-Ries, et al., "From complex systems analysis to transformational change: a comparative appraisal of sustainability science projects". Sustain Sci, 2012,7(7):5-24.

Belay Simane, Benjamin F. Zaitchik, Jeremy D. Foltz, "Agroecosystem specific climate vulnerability analysis: application of the livelihood vulnerabilityindex to a tropical highland region". Mitig Adapt Strateg Glob Change, 2016, 21: 39–65.

Bich Ngoc P., "Mechanism of social vulnerability to industrial pollution in peri-urban Danang City, Vietnam". International Journal of Environmental Science and Development, 2014,5(1): 37-44.

Birkmann J., Ebrary I., "Measuring Vulnerability to Natural Hazards: Towards Disaster Resilient Societies". Tokyo: United Nations University, 2006.

Brian Walker, Holling C. S., Carpenter S. R., et al., "Resilience, adaptability and transformability in social-ecological systems". Ecology and Society, 2004,9(2):5-12.

Chambers R., Conway G., "Sustainable rural livelihood: Practical concepts for the 21st century" //IDS Discussion Paper 296. Brighton, England: Institute of Development Studies,1992.

Claudia F. Benham, Katherine A., "Daniell. Putting transdisciplinary research into practice: A participatory approach to understanding change in coastal social-ecological systems". Ocean & Coastal Management, 2016, 128:29-39.

Cutter S. L., Finch C., "Temporal and spatial changes in social vulnerability to natural hazards". PNAS,2008,105(7):2301-2306.

Cutter S. L., "The Vulnerability of Science and the Science of Vulnerability". Annals of the Association of American Geographers, 2003, 93(1):1-12.

Dearing J. A., Battarbee R. W., "Human–environment interactions: learning from the past". Regional Environmental Change, 2006, 6(1-2):1-16.

DFID, "Sustainable livelihood Guidance Sheets". London: Department for International Development, 2000:68-125.

Dietz S., Neumayer E., "Weak and strong sustainability in the SEEA: Concepts and measurement". Ecological Economics,2007,61(4):617-626.

Downing T. E., "Towards a vulnerability science?". IHDP Newsletter Update 3, 2000.

Elizabeth M. Cook, Sharon J. Hall, Kelli L. Larson, "Residential landscapes as social-ecological systems: a synthesis of multi-scalar interactions between people and their home environment". Urban Ecosyst, 2012,15: 19-52.

Fan Jie, "Chinese human geography and its contributions". Journal of Geographical Sciences, 2016, 26(8): 987-1000.

Ferdouz V. Cochran, Nathaniel A. Brunsell, Aloisio Cabalzar, et al., "Indigenous ecological calendars define scales for climate change and sustainability assessments". Sustain Sci, 2016, 11:69-89.

Frankenberger T. D., Maxwell M., "Operational Household Livelihood Security: A Holistic Approach for Addressing Poverty and Vulnerability". CARE, 2000.

Giannecchini M., Twine W., Vogel C., "Land-cover change and human–environment interactions in a rural cultural landscape in South Africa". The Geographical Journal, 2007, 173(1):26-42.

Giddings B., Hopwood B., O'brien G., "Environment, economy and society: fitting them together into sustainable development". Sustainable Development, 2002, 10(4): 187-196.

Gimblett R., Daniel T., et al., "The simulation and visualization of complex human–environment interactions". Landscape and Urban Planning, 2001, 54(1):63-79.

Giulio Guarini, Gabriel Porcile, "Sustainability in a post-Keynesian growth model for an open economy". Ecological Economics, 2016,126:14-22.

Gunderson L. H., Holling C. S., "Panarchy: Understanding transformations in human and natural systeras". Washington D. C.: Island Press, 2002.

Hardi Shahadu, "Towards an umbrella science of sustainability". Sustain Sci,

2016,11:1-12.

Holling C. S., "Resilience and stability of ecological systems". Annual review of ecology and systematics, 1973, 7(4):1-23.

Huntington E., "Civilization and Climate" New Haven: Yale University Press, 1915.

Janssen M. A., Schoon M. L., Ke W. M., et al., "Scholarly networks on resilience, vulnerability and adaptation within the human dimensions of global environmental change". Global Environmental Change, 2006, 16(3): 240-252.

Janssen M. A., "An update on the scholarly networks on resilience, vulnerability and adaptation within the human dimensions of global environmental change". Ecology and Society, 2007, 12(2):1-18.

Jerneck A., Olsson L., Ness B., et al., "Structuring sustainability science". Sustainability Science, 2011, 6:69- 82.

Jordi Revelles, "Archaeoecology of Neolithisation. Human-environment interactions in the NE Iberian Peninsula during the Early Neolithic". Journal of Archaeological Science: Reports, 2017, 15: 437-445.

Jose Luis Iriarte, Humberto E. González, Laura Nahuelhual, "Patagonian Fjord Ecosystems in Southern Chile as a Highly Vulnerable Region: Problems and Needs". AMBIO, 2010, (39):463-466.

Kates R. W., Clark W. C., Corell R., et al., "Environment and development: Sustainability science". Science, 2001, 292(5517): 641-642.

Kates R. W., Clark W. C., Corell R., et al., "Environment and development: Sustainability science". Science, 2001, 292(5517):641-642.

Lasse K., "The Sustainable Livelihood Approach for Poverty Reduction". Stockholm: Swedish International Development Cooperation Agency, 2001: 42-98.

Leichenko R., O'Brien K., "Environmental change and globalization: Double exposures". New York: Oxford University Press, 2008.

M. Kissinger, Y. Karplus, "IPAT and the analysis of local human–environment impact processes: the case of indigenous Bedouin townsin Israel". Environ Dev Sustain, 2015, 17: 101-121.

Mario Parise, Damien Closson, Francisco Gutiérrez, et al., "Anticipating and managing engineering problems in the complex karst environment". Environ Earth Sci, 2015, 74: 7823–7835.

Martensa P., McEvoya D., Chang C., "The climate change challenge: linking vulnerability, adaptation, and mitigation". Current Opinion in Environmental Sustainability, 2009, 1(1): 14-18.

Pattison W. D., "The four traditions of geography". Journal of Geography, 1964,63(5):211-216.

Pramod K. Singh, Abhishek Nair, "Livelihood vulnerability assessment to climate variability and change using fuzzy cognitive mapping approach". Climatic Change, 2014, 127: 475–491.

Roberts C. A., Stallman D., Bieri J. A., "Modeling complex human–environment interactions: the grand ganyon river trip simulator". Ecological Modelling, 2002, 153(1): 181-196.

Roopam Shukla, Anusheema Chakraborty, P. K. Joshi, "Vulnerability of agro-ecological zones in India under the earth system climate model scenarios". Mitig Adapt Strateg Glob Change, 2015,(8):1-27.

Roxby, Percy M., "Review". Pacific Affairs, 1934, 7(2): 213.

Rutger Hoekstra, Jeroen C. J. M., "Structural Decomposition Analysis of Physical Flows in the Economy". Environmental and Resource Economics, 2002, (23):357-378.

Semple E. C., "Influences of Geographic Environment on the Basis of Ratzel's System of Anthropo-geography". New York: Henry Holt, 1911.

Sen A., "Famines and Poverty". London: Oxford University Press, 1981.

Shah K. U., Dulal H. B., Johnson C., et al., "Understanding livelihood vulnerability to climate change: applying the livelihood vulnerability index in Trinidad and Tobago".

Geoforum, 2013, 47: 125-137.

Sirak Robele Gari, Alice Newton, John D. Icely, "A review of the application and evolution of the DPSIR framework with an emphasis on coastal social-ecological systems". Ocean & Coastal Management, 2015,103:63-77.

Tate E., "Uncertainty analysis for a social vulnerability index". Annals of the Association of American Geographers, 2013, 103(3): 526-543.

Tatiana Kluvánková,Veronika Gězík, "Survival of commons? Institutions for robust forest social – ecological systems". Journal of Forest Economics, 2016,22:1-11.

Timmerman P., "Vulnerability, resilience and the collapse of society: A review of models and possible climatic applications". Toronto: Institute for Environmental Studies, University of Toronto, 1981.

Timmerman P., "Vulnerability, resilience and the collapse of society: A review of models and possible climatic applications". Toronto: Institute for Environmental Studies, University of Toronto, 1981.

Tomas M. Koontz, Divya Gupta, Pranietha Mudliar, et al., "Adaptive institutions in social-ecological systems governance: A synthesis framework". Environmental Science & Policy, 2015, 53:139-151.

Turner B. L., Kasperson R. E., Matson P. A., et al., "A framework for vulnerability analysis in sustainability science". Proceedings of the National Academy of Sciences of the United States of America, 2003, 100(14): 8074-8079.

Turner II B. L., Kasperson R. E., Matson P. A., et al., "A framework for vulnerability analysis in sustainability science". PNAS, 2003, 100(14): 8074-8079.

Turner II B. L., Matsond P. A., McCarthye J. J., et al., "Illustrating the coupled human-environment system for vulnerability analysis: three case studies". PNAS, 2003, 100(14): 8080-8085.

Turner II B. L., "Contested identities: human-environment geography and disciplinary implications in a restructuring academy". Annals of the Association of American

Geographers, 2003,92(1):52-74.

Vaibhav Kaul, Thomas F. Thornton, "Resilience and adaptation to extremes in a changing Himalayan environment". Regional Environmental Change, 2014, 14(2):683-698.

Wachernagel M., Rees W., "Our ecological footprint: reducing human impact on the earth". Gabriola Island: New Society Publishers, 1996:56-76.

White G. F., "Natural Hazards". Oxford: Oxford University Press, 1974.

Wiebke Kirleis,Valério D. Pillar, Hermann Behling, "Human-environment interactions in mountain rainforests: archaeobotanical evidence from central Sulawesi, Indonesia". Veget Hist Archaeobot, 2011, 20:165-179.

Wu J., "Landscape sustainability science: ecosystem services and human well-being in changing landscapes". Landscape Ecology, 2013, 28(6): 999-1023.

Yakovlev A. S., Plekhanova I. O., Kudryashov S. V., et al., "Assessment and regulation of the ecological state of soils in the impact zone of mining and metallurgical enterprises of NorilskNickel Company". Eurasian Soil Science, 2008, 41(6):737-750.

Yongdeng Lei, Jing'ai Wang, Yaojie Yue, et al., "Rethinking the relationships of vulnerability, resilience, and adaptation from a disaster risk perspective". Nat Hazards, 2014, 70: 609-627.

Yuya Kajikawa, "Research core and framework of sustainability science". Sustain Sci, 2008, 3: 215-239.

Zheng Du, Dai Erfu, "Environmental ethics and regional sustainable development". J. Geogr. Sci., 2012, 22(1): 86-92.

Ziad A. M., Amjad A., "Intrinsic vulnerability, hazard and risk mapping for karst aquifers: A case study". Journal of Hydrology, 2009, 364 (3-4): 298-310.